허세 없는 기본 문제집

스쿨피아 연구소 **임미연** 지음

나 혼자 완성 프로젝트
바빠 중학 수학 시리즈

바쁜 중3을 위한
빠른 중학연산

1권 3학년 1학기 (1, 2단원)

제곱근과 실수, 다항식의 곱셈, 인수분해 영역

이지스에듀

스쿨피아 연구소의 대표 저자 소개

임미연 선생님은 대치동 학원가의 소문난 명강사로, 10년이 넘게 중고등학생에게 수학을 지도하고 있다. 명강사로 이름을 날리기 전에는 동아출판사와 디딤돌에서 중고등 참고서와 교과서를 기획, 개발했다. 이론과 현장을 모두 아우르는 저자로, 학생들이 어려워하는 부분을 잘 알고 학생에 맞는 수준별 맞춤형 수업을 하는 것으로도 유명하다. 그동안의 경험을 집대성해, 〈바빠 중학연산〉 시리즈와 〈바빠 중학도형〉시리즈를 집필하였다.

대표 도서
《바쁜 중1을 위한 빠른 중학연산 ①》— 소인수분해, 정수와 유리수 영역
《바쁜 중1을 위한 빠른 중학연산 ②》— 일차방정식, 그래프와 비례 영역
《바쁜 중1을 위한 빠른 중학도형》— 기본 도형과 작도, 평면도형, 입체도형, 통계
《바쁜 중2를 위한 빠른 중학연산 ①》— 수와 식의 계산, 부등식 영역
《바쁜 중2를 위한 빠른 중학연산 ②》— 연립방정식, 함수 영역
《바쁜 중2를 위한 빠른 중학도형》— 도형의 성질, 도형의 닮음과 피타고라스 정리, 확률
《바쁜 중3을 위한 빠른 중학연산 ①》— 제곱근과 실수, 다항식의 곱셈, 인수분해 영역
《바쁜 중3을 위한 빠른 중학연산 ②》— 이차방정식, 이차함수 영역
《바쁜 중3을 위한 빠른 중학도형》— 삼각비, 원의 성질, 통계
《바빠 고등수학으로 연결되는 중학수학 총정리》
《바빠 고등수학으로 연결되는 중학도형 총정리》

'바빠 중학 수학' 시리즈
바쁜 중3을 위한 빠른 중학연산 1권 – 제곱근과 실수, 다항식의 곱셈, 인수분해 영역
개정판 1쇄 발행 2019년 11월 5일
개정판 8쇄 발행 2024년 8월 20일
　　　　　　　(2016년 10월에 출간된 초판을 새 교과과정에 맞춰 개정했습니다.)
지은이 스쿨피아 연구소 임미연
발행인 이지연
펴낸곳 이지스퍼블리싱(주)
출판사 등록번호 제313-2010-123호
주소 서울시 마포구 잔다리로 109 이지스 빌딩 5층(우편번호 04003)
대표전화 02-325-1722　　　　　　　　팩스 02-326-1723
이지스퍼블리싱 홈페이지 www.easyspub.com　　이지스에듀 카페 www.easysedu.co.kr
바빠 아지트 블로그 blog.naver.com/easyspub　　인스타그램 @easys_edu
페이스북 www.facebook.com/easyspub2014　　이메일 service@easyspub.co.kr

기획 및 책임 편집 박지연, 조은미, 정지연, 김현주, 이지혜　교정 교열 정미란, 서은아　문제풀이 서포터즈 김민우
표지 및 내지 디자인 이유경, 트윈글터　일러스트 김학수　전산편집 아이에스　인쇄 보광문화사
영업 및 문의 이주동, 김요한(support@easyspub.co.kr)　마케팅 박정현, 라혜주, 이나리　독자 지원 오경신, 박애림

ISBN 979-11-6303-112-3 54410
ISBN 979-11-87370-62-8(세트)
가격 12,000원

• **이지스에듀**는 이지스퍼블리싱의 교육 브랜드입니다.

"전국의 명강사들이 추천합니다!"

기본부터 튼튼히 다지는 중학 수학 입문서!
'바쁜 중3을 위한 빠른 중학연산'

〈바빠 중학연산〉은 쉽게 해결할 수 있는 연산 문제부터 배치하여 아이들에게 성취감을 줍니다. 또한 명강사에게만 들을 수 있는 꿀팁이 책 안에 담겨 있어서, 수학에 자신이 없는 학생도 혼자 충분히 풀 수 있겠어요. 수학을 어려워하는 친구들에게 자신감을 느끼게 해 줄 교재가 출간되어 기쁩니다.

송낙천 원장(강남, 서초 최상위에듀학원/최상위 수학 저자)

새 교육과정이 반영된 〈바빠 중학연산〉은 1학기 내용을 두 권으로 분할했다는 점에서 시중 교재들과 차별화되어 있습니다. 학교 진도별 단원 또는 부족한 영역이 있는 교재만 선택하여 학습할 수 있어요. 특히 영역별 문항 수가 충분히 구성되어 학생이 어떤 부분을 잘하고, 어떤 부분이 취약한지 한 눈에 파악할 수 있는 교재입니다.

이소영 원장(인천 아이샘영수학원)

중학 수학은 초등보다 추상화, 일반화의 정도가 높습니다. 따라서 원리를 깊이 이해하고, 심화 문제까지 해결할 문제 해결력을 길러야 합니다. 그러려면 기초 문제를 충분히 훈련해야 합니다. 기본기가 없으면 심화 문제를 풀 때 힘이 분산되어서 성과가 낮기 때문이죠. 이 책은 중학 수학의 기본기를 완벽하게 숙달시키기에 적합합니다.

이현수 특목입시센터장(분당 수학의아침)

연산 과정을 제대로 밟지 않은 학생은 학년이 올라갈수록 어려움을 겪습니다. 어려운 문제를 풀 수 있다 하더라도, 계산 속도가 느리거나 연산 실수로 문제를 틀리면 아무 소용이 없지요. 이 책은 영역별로 연산 문제를 해결할 수 있어, 바쁜 중학생들에게 큰 도움이 될 것입니다.

송근호 원장(용인 송근호수학학원)

처음부터 너무 어려운 문제를 접하면 아이들의 뇌는 움츠러들 대로 움츠러들어, 공부 의욕을 잃게 됩니다. 〈바빠 중학연산〉은 중학생이라면 충분히 해결할 수 있는 문제들이 체계적으로 잘 배치되어 있네요. 이 책으로 공부한다면 아이들이 수학에 움츠러들지 않고, 성취감을 느끼게 될 것 같아 '강추' 합니다!

김재헌 본부장(일산 명문학원)

특목·자사고에서 요구하는 심화 수학 능력도 빠르고 정확한 연산 실력이 뒷받침되어야 합니다. 〈바빠 중학연산〉은 명강사의 비법을 책 속에 담아 개념을 이해하기 쉽고, 연산 속도와 정확성을 높일 수 있도록 문제가 잘 구성되어 있습니다. 이 책을 통해 심화 수학의 기초가 되는 연산 실력을 완벽하게 쌓을 수 있을 것입니다.

김종명 원장(분당 GTG사고력수학 본원)

연산을 어려워하는 학생일수록 수학을 싫어하게 되고 결국 수학을 포기하는 경우도 많죠. 〈바빠 중학연산〉은 '앗! 실수' 코너를 통해 학생들이 자주 틀리는 실수 포인트를 짚어 주고, 실수 유형의 문제를 직접 풀도록 설계한 점이 돋보이네요. 이 책으로 훈련한다면 연산 실수를 확 줄일 수 있을 것입니다.

이혜선 원장(인천 에스엠에듀학원)

대부분의 문제집은 훈련할 문제 수가 많이 부족합니다. 〈바빠 중학연산〉은 영역별 최다 문제가 수록되어, 아이들이 문제를 풀면서 스스로 개념을 잡을 수 있겠네요. 예비중학생부터 중학생까지, 자습용이나 학원 선생님들이 숙제로 내주기에 최적화된 교재입니다.

김승태 원장(부산 JBM수학학원/수학자가 들려주는 수학 이야기 저자)

중3 수학은 고등 수학의 기초!
어떻게 공부해야 효율적일까?

자기 학년의 수학 먼저 튼튼히 다지고 넘어가자!

수학은 계통성이 강한 과목으로, 중학 수학부터 고등 수학 과정까지 많은 단원이 연결되어 있습니다. 중학 수학 1학기 과정은 1, 2, 3학년 모두 대수 영역으로, 중1부터 중3까지 내용이 연계됩니다. 특히 중3 과정의 제곱근과 실수, 인수분해, 이차방정식, 이차함수는 고등 수학 대수 영역의 기본이 되는 중요한 단원입니다. 이 책은 중3 과정에서 알아야 할 가장 기본적인 문제에 충실한 책입니다.

그럼 중3 수학을 효율적으로 공부하려면 무엇부터 해야 할까요?
① 쉬운 문제부터 차근차근 푸는 게 낫다.
② 어려운 문제를 많이 접하는 게 낫다.

힌트를 드릴게요. 공부 전문가들은 이렇게 이야기합니다. "학습하기 어려우면 오래 기억하는 데 도움이 된다. 그러나 학습자가 배경 지식이 없다면 그 어려움은 바람직하지 못하게 된다." 배경 지식이 없어서 수학 문제가 너무 어렵다면, 두뇌는 피로감을 이기지 못해 공부를 포기하게 됩니다. 그러니까 수학을 잘하는 학생이라면 ②번이 정답이겠지만, 보통의 학생이라면 ①번이 정답입니다.

연산과 기본 문제로 수학의 기초 체력을 쌓자!

연산은 수학의 기초 체력이라 할 수 있습니다. 중학교 때 다진 기초 실력 위에 고등학교 수학을 쌓아야 하는데, 연산이 힘들다면 고등학교에서도 수학 성적을 올리기 어렵습니다. 또한 기본 문제집부터 시작하는 것이 어려운 문제집을 여러 권 푸는 것보다 오히려 더 빠른 길입니다. 개념 이해와 연산으로 기본을 먼저 다져야, 어려운 문제까지 풀어낼 근력을 키울 수 있습니다!

<바빠 중학연산>은 수학의 기초 체력이 되는 연산과 기본 문제를 풀 수 있는 책으로, 현재 시중에 나온 책 중 선생님 없이 **혼자 풀 수 있도록 설계된 독보적인 책입니다.**

나 혼자 풀 수 있다는 게 완전 신기해!

이 책은 허세 없는
기본 문제 모음 훈련서입니다.

명강사의 바빠 꿀팁! 얼굴을 맞대고 듣는 것 같다.

기존의 책들은 한 권의 책에 지식을 모아 놓기만 할 뿐, 그것을 공부할 방법은 알려주지 않았습니다. 그래서 선생님께 의존하는 경우가 많았죠. 그러나 이 책은 선생님이 얼굴을 맞대고 알려주시는 것처럼 세세한 공부 팁까지 책 속에 담았습니다.

각 단계의 개념마다 친절한 설명과 함께 **명강사의 노하우가 담긴 '바빠 꿀팁'**을 수록, 혼자 공부해도 개념을 쉽게 이해할 수 있습니다.

1학기를 두 권으로 구성, 유형별 최다 문제 수록!

개념을 이해했다면 이제 개념이 익숙해질 때까지 문제를 충분히 풀어 봐야 합니다. 《바쁜 중3을 위한 빠른 중학연산》은 충분한 연산 훈련을 위해, **기본 문제부터 학교 시험 유형까지** 영역별로 최다 문제를 수록했습니다. 그래서 3학년 1학기 수학을 두 권으로 나누어 구성했습니다. 이 책의 문제를 풀다 보면 머릿속에 유형별 문제풀이 회로가 저절로 그려질 것입니다.

아는 건 틀리지 말자! 중3 학생 70%가 틀리는 문제, '앗! 실수' 코너로 해결!

수학을 잘하는 친구도 연산 실수로 점수가 깎이는 경우가 많습니다. 이 책에서는 기초 연산 실수로 본인 실력보다 낮은 점수를 받지 않도록 특별한 장치를 마련했습니다.

모든 개념 페이지에 있는 **'앗! 실수'** 코너를 통해, 중3 학생의 70%가 자주 틀리는 실수 포인트를 정리했습니다. 또한 '앗! 실수' 유형의 문제를 직접 풀며 확인하도록 설계해, 연산 실수를 획기적으로 줄이는 데 도움을 줍니다.

또한, 매 단계의 마지막에는 **'거저먹는 시험 문제'**를 넣어, 이 책에서 연습한 것만으로도 풀 수 있는 중학교 내신 문제를 제시했습니다. 이 책에 나온 문제만 다 풀어도 맞을 수 있는 학교 시험 문제는 많습니다.

중학생이라면, 스스로 개념을 정리하고 문제 해결 방법을 터득해야 할 때!

'바빠 중학연산'이 바쁜 여러분을 도와드리겠습니다. 이 책으로 중학 수학의 기초를 튼튼하게 다져 보세요!

'바빠 중학연산' 구성과 특징

1단계 | 개념을 먼저 이해하자! — 단계마다 친절한 핵심 개념 설명이 있어요!

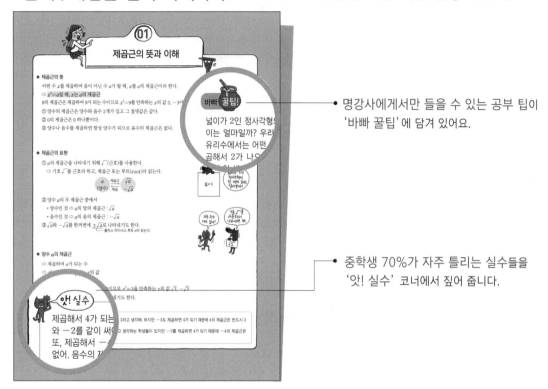

명강사에게서만 들을 수 있는 공부 팁이
'바빠 꿀팁'에 담겨 있어요.

중학생 70%가 자주 틀리는 실수들을
'앗! 실수' 코너에서 짚어 줍니다.

2단계 | 체계적인 연산 훈련! — 쉬운 문제부터 유형별로 풀다 보면 개념이 잡혀요.

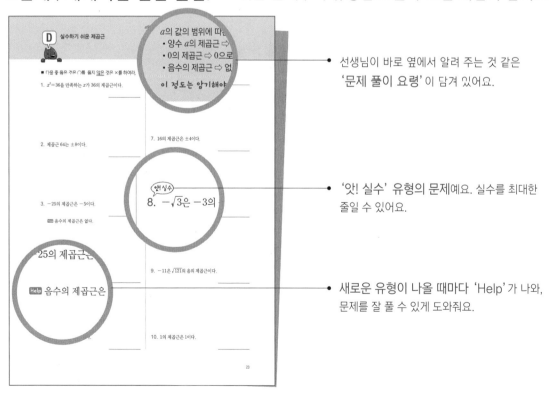

선생님이 바로 옆에서 알려 주는 것 같은
'문제 풀이 요령'이 담겨 있어요.

'앗! 실수' 유형의 문제예요. 실수를 최대한
줄일 수 있어요.

새로운 유형이 나올 때마다 'Help'가 나와,
문제를 잘 풀 수 있게 도와줘요.

3단계 | 시험에 자주 나오는 문제로 마무리! — 이 책만 다 풀어도 학교 시험 문제없어요!

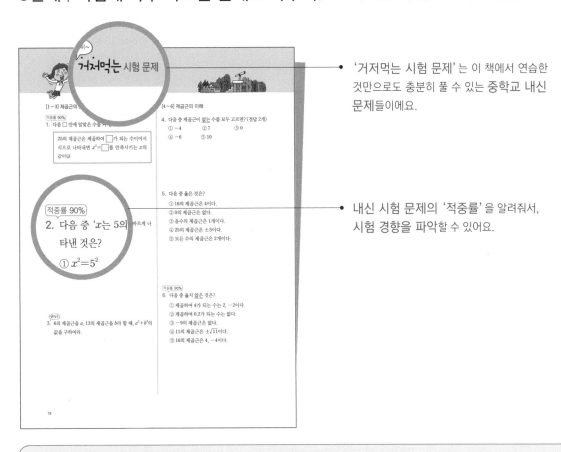

'거저먹는 시험 문제'는 이 책에서 연습한 것만으로도 충분히 풀 수 있는 중학교 내신 문제들이에요.

내신 시험 문제의 '적중률'을 알려줘서, 시험 경향을 파악할 수 있어요.

♥ 체크해 보세요!

나는 어떤 학생인가?

☐ 연산 실수가 잦은 학생

☐ 수학 문제만 보면 급격히 피곤해지는 학생

☐ 문제 하나 푸는 데 시간이 오래 걸리는 학생

☐ 쉬운 문제로 기초부터 탄탄히 다지고 싶은 학생

☐ 중3 수학을 처음 공부하는 학생

위 항목 중 하나라도 체크했다면 중학연산 훈련이 꼭 필요합니다.
바빠 중학연산은 쉬운 문제부터 차근차근 유형별로 풀면서 스스로 깨우치도록 설계되었습니다.

《바쁜 중3을 위한 빠른 중학 수학》을 효과적으로 보는 방법

〈바빠 중학 수학〉은 1학기 과정이 〈바빠 중학연산〉 두 권으로, 2학기 과정이 〈바빠 중학도형〉 한 권으로 구성되어 있습니다.

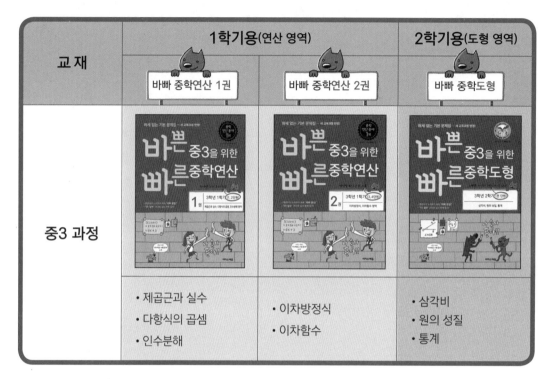

교재	1학기용(연산 영역)		2학기용(도형 영역)
	바빠 중학연산 1권	바빠 중학연산 2권	바빠 중학도형
중3 과정	• 제곱근과 실수 • 다항식의 곱셈 • 인수분해	• 이차방정식 • 이차함수	• 삼각비 • 원의 성질 • 통계

1. 취약한 영역만 보강하려면? ─ 3권 중 한 권만 선택하세요!

중3 과정 중에서도 제곱근이나 인수분해가 어렵다면 중학연산 1권 〈제곱근과 실수, 다항식의 곱셈, 인수분해 영역〉을, 이차방정식이나 이차함수가 어렵다면 중학연산 2권 〈이차방정식, 이차함수 영역〉을, 도형이 어렵다면 중학도형 〈삼각비, 원의 성질, 통계〉를 선택하여 정리해 보세요. 중3뿐 아니라 고1이라도 자신이 취약한 영역을 집중적으로 공부하여 학습 결손을 빠르게 보충하세요.

2. 중3이지만 수학이 약하거나, 중3 수학을 준비하는 중2라면?

중학 수학 진도에 맞게 중학연산 1권 → 중학연산 2권 → 중학도형 순서로 공부하세요. 기본 문제부터 풀 수 있어서, 중학 수학의 기초를 탄탄히 다질 수 있습니다.

3. 학원이나 공부방 선생님이라면?

1) 기초가 부족한 학생에게는 개념을 간단히 설명한 후 자습용 교재로 이용하세요.

2) 개념을 익힌 학생에게는 과제용 교재로 이용하세요.

3) 가벼운 선행 학습과 학습 결손을 보강하기 위한 방학용 초단기 교재로 적합합니다.

바빠 중학연산 1권은 26단계, 2권은 20단계, 중학도형은 16단계로 구성되어 있습니다.

 차례

 유튜브
'대치동 임쌤 수학'을
검색하세요!

저자 직강
개념 강의 보기

바쁜 중3을 위한 빠른 중학연산 1권
— 제곱근과 실수, 다항식의 곱셈, 인수분해 영역

나만의 공부 계획을 세워 보자

나의 권장 진도 _____일

나는 어떤 학생인가?	권장 진도
∨ 중학 3학년이지만, 수학이 어렵고 자신감이 부족하다. ∨ 한 문제 푸는 데 시간이 오래 걸린다. ∨ 중학 2학년 또는 1학년이지만, 도전하고 싶다.	26일 진도 권장
∨ 중학 3학년으로, 수학 실력이 보통이다.	20일 진도 권장
∨ 어려운 문제도 잘 푸는데, 연산 실수로 점수가 깎이곤 한다. ∨ 수학을 잘하는 편이지만, 속도와 정확성을 높여 기본기를 　완벽하게 쌓고 싶다.	14일 진도 권장

권장 진도표

*26일 진도는 하루에 1과씩 공부하면 됩니다.

날짜	□ 1일차	□ 2일차	□ 3일차	□ 4일차	□ 5일차	□ 6일차	□ 7일차
14일 진도	1~2과	3~4과	5~6과	7~8과	9~10과	11~12과	13~14과
20일 진도	1~2과	3~4과	5~6과	7~8과	9과	10과	11과

날짜	□ 8일차	□ 9일차	□ 10일차	□ 11일차	□ 12일차	□ 13일차	□ 14일차
14일 진도	15~16과	17~18과	19과	20~21과	22과	23~24과	25~26과 → 끝!
20일 진도	12과	13~14과	15과	16과	17과	18과	19과

날짜	□ 15일차	□ 16일차	□ 17일차	□ 18일차	□ 19일차	□ 20일차
20일 진도	20~21과	22과	23과	24과	25과	26과 → 끝!

바쁘니까
바빠 중학연산이다!

첫째 마당

제곱근과 실수

첫째 마당에서는 새로운 수와 그 기호에 대해 배우게 돼. 예를 들어 넓이가 2인 정사각형의 한 변의 길이는 유리수로는 표현할 수가 없어서, 이를 표현할 수 있는 새로운 수가 필요했던 거지. 이 새로운 수는 무리수이고, 유리수와 무리수를 합하여 실수라고 해. 우리가 초등학교 때부터 보았던 수직선은 실수에 대응하는 점으로 완전히 메울 수 있어. 처음 보는 기호와 수가 어색하겠지만, 차근차근 공부하다 보면 금방 익숙해질 거야.

공부할 내용!

스스로 계획을 세워 봐!

	14일 진도	20일 진도	
01. 제곱근의 뜻과 이해	1일차	1일차	____월 ____일
02. 근호를 사용하지 않고 나타내기			____월 ____일
03. 제곱근의 성질	2일차	2일차	____월 ____일
04. $\sqrt{a^2}$의 성질			____월 ____일
05. $\sqrt{a}$가 자연수가 되는 조건	3일차	3일차	____월 ____일
06. 제곱근의 대소 관계			____월 ____일
07. 무리수	4일차	4일차	____월 ____일
08. 실수와 수직선			____월 ____일

제곱근의 뜻과 이해

개념 강의 보기

● 제곱근의 뜻

어떤 수 x를 제곱하여 음이 아닌 수 a가 될 때, x를 a의 제곱근이라 한다.

⇨ $x^2 = a$일 때, x는 a의 제곱근

9의 제곱근은 제곱하여 9가 되는 수이므로 $x^2 = 9$를 만족하는 x의 값 3, -3이다.

① 양수의 제곱근은 양수와 음수 2개가 있고 그 절댓값은 같다.

② 0의 제곱근은 0 하나뿐이다.

③ 양수나 음수를 제곱하면 항상 양수가 되므로 음수의 제곱근은 없다.

바빠 꿀팁!

넓이가 2인 정사각형의 한 변의 길이는 얼마일까? 우리가 알고 있는 유리수에서는 어떤 유리수를 두 번 곱해서 2가 나오는 수가 없어. 그래서 이 새로운 수를 기호 $\sqrt{}$ 를 사용하여 $\sqrt{2}$로 나타내기로 한 거야. 이 수는 존재하지 않는 수를 만들어 낸 것이 아니라 실제로 존재하는 수야.

● 제곱근의 표현

① a의 제곱근을 나타내기 위해 $\sqrt{}$(근호)를 사용한다.

⇨ 기호 $\sqrt{}$를 근호라 하고, 제곱근 또는 루트(root)라 읽는다.

② 양수 a의 두 제곱근 중에서

• 양수인 것 ⇨ a의 양의 제곱근 : $\sqrt{a}$

• 음수인 것 ⇨ a의 음의 제곱근 : $-\sqrt{a}$

③ $\sqrt{a}$와 $-\sqrt{a}$를 한꺼번에 $\pm\sqrt{a}$로 나타내기도 한다.

└─ 플러스 마이너스 루트 a라 읽는다.

넓이가 2인 정사각형의 한 변의 길이는 얼마일까?

넓이 2

그런 수가 어디 있어?

기호 $\sqrt{}$를 사용해서 나타내면 돼.

$\sqrt{2}$

● 양수 a의 제곱근

⇨ 제곱하여 a가 되는 수

⇨ $x^2 = a$를 만족시키는 x의 값

⇨ $\pm\sqrt{a}$

3의 제곱근은 제곱하여 3이 되는 수이므로 $x^2 = 3$을 만족하는 x의 값 $\sqrt{3}$, $-\sqrt{3}$

이고 이것을 한꺼번에 $\pm\sqrt{3}$으로 나타내기도 한다.

앗! 실수

제곱해서 4가 되는 수를 구할 때 많은 학생들이 2라고 생각해. 하지만 -2도 제곱하면 4가 되기 때문에 4의 제곱근은 반드시 2와 -2를 같이 써야 옳은 답이야.

또, 제곱해서 -4가 되는 수를 구할 때 -2라고 생각하는 학생들이 있지만 -2를 제곱하면 4가 되기 때문에 -4의 제곱근은 없어. 음수의 제곱근은 없는 거지.

A 제곱하여 어떤 수가 되는 수

어떤 수의 제곱인 수를 알면 제곱근을 구하는 데 도움이 되므로 구구단
에 있는 수는 반드시 알아야 하고 11부터 15까지의 수의 제곱수도 알
아두자.

$11^2=121, 12^2=144, 13^2=169, 14^2=196, 15^2=225$

이 정도는 암기해야 해~ 암암!

■ 제곱하여 다음 수가 되는 수를 모두 구하여라.

1. 1

_____

Help 제곱하여 1이 되는 수는 음수와 양수로 두 개이다.

2. 9

_____

3. 25

_____

4. 49

_____

5. 16

_____

6. 36

_____

앗! 실수

7. 144

_____

Help $144 = \boxed{}^2$

8. 64

_____

9. 100

_____

10. 81

_____

앗! 실수

11. 121

_____

12. 400

_____

B 제곱근의 뜻

■ 다음 □ 안에 알맞은 수를 써넣어라.

1. $2^2=\boxed{}$
   $(-2)^2=\boxed{}$ } $\boxed{}$의 제곱근은 2, -2

2. $3^2=\boxed{}$
   $(-3)^2=\boxed{}$ } $\boxed{}$의 제곱근은 3, -3

3. $5^2=\boxed{}$
   $(-5)^2=\boxed{}$ } $\boxed{}$의 제곱근은 5, -5

4. $7^2=\boxed{}$
   $(-7)^2=\boxed{}$ } $\boxed{}$의 제곱근은 7, -7

5. $8^2=\boxed{}$
   $(-8)^2=\boxed{}$ } $\boxed{}$의 제곱근은 8, -8

6. $9^2=\boxed{}$
   $(-9)^2=\boxed{}$ } $\boxed{}$의 제곱근은 9, -9

7. $10^2=\boxed{}$
   $(-10)^2=\boxed{}$ } $\boxed{}$의 제곱근은 10, -10

8. $12^2=\boxed{}$
   $(-12)^2=\boxed{}$ } $\boxed{}$의 제곱근은 12, -12

9. $\left(\frac{1}{4}\right)^2=\boxed{}$
   $\left(-\frac{1}{4}\right)^2=\boxed{}$ } $\boxed{}$의 제곱근은 $\frac{1}{4}$, $-\frac{1}{4}$

10. $\left(\frac{1}{6}\right)^2=\boxed{}$
    $\left(-\frac{1}{6}\right)^2=\boxed{}$ } $\boxed{}$의 제곱근은 $\frac{1}{6}$, $-\frac{1}{6}$

C 제곱근 구하기

9의 제곱근을 구하려면 어떤 수를 제곱해서 9가 되는지 생각해 보면 돼. 3이라고 생각하는 학생들도 많지만 −3도 제곱하면 9가 되므로 9의 제곱근은 3, −3인 거지.
양수는 제곱근이 언제나 2개이고 0의 제곱근은 1개야.

■ 다음 수의 제곱근을 구하여라.

앗실수

1. 0

　　Help 0의 제곱근은 한 개이다.

2. 1

　　Help 양수의 제곱근은 두 개이다.

3. 49

4. 100

5. 64

6. 0.01

앗실수

7. 169

8. 196

　　Help $196 = \boxed{}^2$

9. $\dfrac{1}{121}$

10. $\dfrac{25}{144}$

15

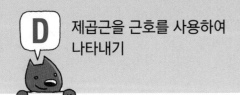

D 제곱근을 근호를 사용하여
나타내기

$a>0$일 때, a의 제곱근은 $\pm\sqrt{a}$야.
$+\sqrt{a}$는 a의 양의 제곱근이고, $-\sqrt{a}$는 a의 음의 제곱근이야.

잊지 말자. 꼬~옥!

■ 다음 수의 제곱근을 근호를 사용하여 나타내어라.

1. 7

_____

Help 양수의 제곱근을 근호를 사용하여 나타낼 때 양의
제곱근과 음의 제곱근이 있다.

2. 3

_____

3. 5

_____

4. 10

_____

5. 6

_____

6. 13

_____

7. 17

_____

8. 11

_____

9. 15

_____

10. 21

_____

• 양수의 제곱근은 2개, 0의 제곱근은 1개, 음수의 제곱근은 없다.
• $x^2=a$의 식과 'x는 음이 아닌 수 a의 제곱근이다.'는 같은 뜻이다.

아하! 그렇구나~

■ 다음 중 옳은 것은 ○를, 옳지 <u>않은</u> 것은 ×를 하여라.

1. 모든 정수의 제곱근은 2개이다.
_____

2. 제곱하여 64가 되는 수는 8, −8이다.
_____

3. −5의 제곱근은 없다.
_____

4. 0의 제곱근은 없다.
_____

5. 81의 제곱근은 9이다.
_____

6. 'x는 7의 제곱근이다.'와 식 $x^2=7$은 같은 뜻이다.
_____

7. 10의 제곱근을 x라 하면 $x^2=10$이다.
_____

8. 12의 제곱근은 $\sqrt{12}$, $-\sqrt{12}$이다.
_____

9. 음수의 제곱근은 1개이다.
_____

10. 제곱하여 3이 되는 수는 없다.
_____

[1~3] 제곱근의 뜻

적중률 90%

1. 다음 □ 안에 알맞은 수를 써 넣으시오.

> 25의 제곱근은 제곱하여 □가 되는 수이어서 식으로 나타내면 $x^2 = $ □를 만족시키는 x의 값이다.

적중률 90%

2. 다음 중 'x는 5의 제곱근이다.'를 식으로 바르게 나타낸 것은?

① $x^2 = 5^2$ 　　② $5 = \sqrt{x}$

③ $x^2 = 5$ 　　④ $x = 5^2$

⑤ $5 = -\sqrt{x}$

앗실수

3. 6의 제곱근을 a, 13의 제곱근을 b라 할 때, $a^2 + b^2$의 값을 구하여라.

[4~6] 제곱근의 이해

4. 다음 중 제곱근이 <u>없는</u> 수를 모두 고르면? (정답 2개)

① -4 　　② 7 　　③ 0

④ -6 　　⑤ 10

5. 다음 중 옳은 것은?

① 16의 제곱근은 4이다.

② 0의 제곱근은 없다.

③ 음수의 제곱근은 1개이다.

④ 25의 제곱근은 ± 5이다.

⑤ 모든 수의 제곱근은 2개이다.

적중률 90%

6. 다음 중 옳지 <u>않은</u> 것은?

① 제곱하여 4가 되는 수는 2, -2이다.

② 제곱하여 0.2가 되는 수는 없다.

③ -9의 제곱근은 없다.

④ 11의 제곱근은 $\pm\sqrt{11}$이다.

⑤ 16의 제곱근은 4, -4이다.

근호를 사용하지 않고 나타내기

● 근호를 사용하지 않고 나타내기

9의 제곱근을 근호를 사용하여 나타내면 양의 제곱근은 $\sqrt{9}$, 음의 제곱근은 $-\sqrt{9}$이다. 그런데 제곱하여 9가 되는 수는 3과 -3이므로 다음이 성립한다.

$$\sqrt{9}=3, \quad -\sqrt{9}=-3$$

이와 같이 어떤 수의 제곱인 수의 제곱근은 근호를 사용하지 않고 나타낼 수 있다.

$\sqrt{16}$은 16의 양의 제곱근이므로 $\sqrt{16}=4$

$\sqrt{0.04}$는 0.04의 양의 제곱근이므로 $\sqrt{0.04}=0.2$

$-\sqrt{36}$은 36의 음의 제곱근이므로 $-\sqrt{36}=-6$

$-\sqrt{\dfrac{4}{25}}$는 $\dfrac{4}{25}$의 음의 제곱근이므로 $-\sqrt{\dfrac{4}{25}}=-\dfrac{2}{5}$

바빠 꿀팁!

a의 제곱근과 제곱근 a의 차이를 묻는 문제가 시험에 많이 출제되는 이유는 많은 학생들이 헷갈려하기 때문이야.
이해가 잘 안 된다면 a의 제곱근은 $+$, $-$ 2개가 나오고 제곱근이 먼저 오는 제곱근 a는 $+$ 한 개만 나온다고 외워도 좋아.

● 근호를 사용한 수의 제곱근

$\sqrt{49}$의 제곱근을 구해 보자.

$\sqrt{49}=7$이므로 7의 제곱근을 구하면 된다.

따라서 $\sqrt{49}$의 제곱근은 $\pm\sqrt{7}$이다.

● a의 제곱근과 제곱근 a의 차이

$a>0$일 때

① a의 제곱근 : 제곱하여 a가 되는 수, 즉 $\pm\sqrt{a}$

② 제곱근 a : a의 양의 제곱근, 즉 $\sqrt{a}$

	a의 제곱근	제곱근 a
뜻	제곱하여 a가 되는 수	a의 양의 제곱근
표현	$\sqrt{a}, -\sqrt{a}$	$\sqrt{a}$
개수	2개	1개

5의 제곱근 ⇨ 제곱하여 5가 되는 수 ⇨ $\pm\sqrt{5}$

제곱근 5 ⇨ 5의 양의 제곱근 ⇨ $\sqrt{5}$

 앗! 실수

$\sqrt{16}$의 제곱근은 무엇일까? 많은 학생들이 4, -4라고 말해. 하지만 $\sqrt{16}=4$이므로 이 문제는 4의 제곱근을 묻는 문제야.
따라서 $\sqrt{16}$의 제곱근은 2, -2인 거지. 이와 같이 $\sqrt{}$로 되어 있는 수의 제곱근을 묻는 문제가 나오면 이 수를 반드시 $\sqrt{}$를 사용하지 않은 수로 나타낸 후 제곱근을 구해야 실수하지 않아.

4의 제곱근은 2, −2이지. 그런데 4의 제곱근을 근호를 사용하여 나타내면 $\sqrt{4}$, $-\sqrt{4}$이므로 $\sqrt{4}=2$, $-\sqrt{4}=-2$가 돼.
따라서 $\sqrt{(\text{유리수})^2}$꼴이면 근호를 사용하지 않고 나타낼 수 있어.

아하! 그렇구나~

■ 근호를 사용하지 않고 □ 안에 알맞은 수를 구하여라.

1. $\sqrt{1}=\square$

　　Help $1=1^2$

2. $\sqrt{16}=\square$

앗! 실수

3. $-\sqrt{25}=\square$

　　Help 근호 앞의 부호는 그대로 써준다.

4. $\sqrt{100}=\square$

5. $\pm\sqrt{196}=\square$

6. $\sqrt{\dfrac{1}{36}}=\square$

7. $-\sqrt{\dfrac{1}{9}}=\square$

8. $\sqrt{\dfrac{4}{25}}=\square$

9. $\sqrt{0.01}=\square$

10. $-\sqrt{0.64}=\square$

B 근호를 사용하여 나타낸 수의 제곱근

$\sqrt{81}$의 제곱근을 구하는 문제에 9, -9라고 말하는 학생이 대부분이야. 하지만 $\sqrt{81}=9$이므로 이 문제는 9의 제곱근을 구하라는 문제야. 따라서 3, -3이 답이야. 이처럼 근호를 사용하여 나타낸 수의 제곱근을 구할 때는 반드시 근호를 사용하지 않은 수로 나타낸 후 제곱근을 구해야 실수가 없어.

■ 다음을 구하여라.

1. $\sqrt{4}$의 제곱근

Help $\sqrt{4}=2$이므로 $\sqrt{4}$의 제곱근은 2의 제곱근과 같다.

2. $\sqrt{9}$의 제곱근

3. $\sqrt{25}$의 제곱근

4. $\sqrt{121}$의 제곱근 (앗실수)

5. $\sqrt{144}$의 제곱근

6. $\sqrt{\dfrac{1}{4}}$의 제곱근

7. $\sqrt{\dfrac{1}{36}}$의 제곱근

8. $\sqrt{\dfrac{4}{49}}$의 제곱근

Help $\sqrt{\dfrac{4}{49}}=\dfrac{2}{7}$이므로 $\dfrac{2}{7}$의 제곱근과 같다.

9. $\sqrt{\dfrac{9}{64}}$의 제곱근 (앗실수)

10. $\sqrt{\dfrac{25}{169}}$의 제곱근

C a의 제곱근과 제곱근 a

a의 제곱근과 제곱근 a의 비교 (단, $a>0$)
• a의 제곱근은 앞에서 배웠듯이 $\pm\sqrt{a}$야.
• 제곱근 a는 루트 a와 같은 표현이야. 즉, $\sqrt{a}$인 거지.
이 둘의 차이를 묻는 문제가 많이 출제되니 잊지 말자. 꼬~옥!

■ 다음 □ 안에 알맞은 수를 써넣어라.

앗실수

1. 5의 제곱근은 □이다.

   제곱근 5는 □이다.

   Help 제곱근 5는 루트 5와 같은 뜻이다.

2. 7의 제곱근은 □이다.

   제곱근 7은 □이다.

3. 10의 제곱근은 □이다.

   제곱근 10은 □이다.

4. 3의 제곱근은 □이다.

   제곱근 3은 □이다.

5. 12의 제곱근은 □이다.

   제곱근 12는 □이다.

■ 다음 □ 안에 알맞은 수를 근호를 사용하지 않고 나타내어라.

6. 4의 제곱근은 □이다.

   제곱근 4는 □이다.

7. 16의 제곱근은 □이다.

   제곱근 16은 □이다.

8. 144의 제곱근은 □이다.

   제곱근 144는 □이다.

9. 0.01의 제곱근은 □이다.

   제곱근 0.01은 □이다.

10. $\dfrac{9}{64}$의 제곱근은 □이다.

    제곱근 $\dfrac{9}{64}$는 □이다.

a의 값의 범위에 따른 제곱근의 개수
• 양수 a의 제곱근 ⇨ $\sqrt{a}$, $-\sqrt{a}$로 2개
• 0의 제곱근 ⇨ 0으로 1개
• 음수의 제곱근 ⇨ 없다.

이 정도는 암기해야 해~ 암암!

■ 다음 중 옳은 것은 ◯를, 옳지 <u>않은</u> 것은 ✕를 하여라.

1. $x^2=36$을 만족하는 x가 36의 제곱근이다.

———————

2. 제곱근 64는 ±8이다.

———————

3. -25의 제곱근은 -5이다.

Help 음수의 제곱근은 없다.

———————

4. $\sqrt{9}$의 제곱근은 ±3이다.
(앗 실수)

Help 3의 제곱근을 구한다.

———————

5. $-\sqrt{81}$의 제곱근은 없다.

———————

6. 제곱근 49는 7이다.

———————

7. 16의 제곱근은 ±4이다.

———————

8. $-\sqrt{3}$은 -3의 음의 제곱근이다.
(앗 실수)

———————

9. -11은 $\sqrt{121}$의 음의 제곱근이다.

———————

10. 1의 제곱근은 1이다.

———————

[1~3] 근호를 사용하지 않고 제곱근 나타내기

적중률 90%

1. 다음 중 근호를 사용하지 않고 나타낼 수 있는 수는?

① $-\sqrt{26}$　　② $\sqrt{\dfrac{25}{36}}$　　③ $\sqrt{1000}$

④ $\sqrt{8}$　　⑤ $\sqrt{\dfrac{9}{20}}$

2. 다음 중 근호를 사용하지 않고 제곱근을 나타낼 수 있는 수는?

① 35　　② 18　　③ 12

④ $\dfrac{16}{49}$　　⑤ $\dfrac{3}{10}$

앗실수 적중률 90%

3. 다음 중 근호를 사용하지 않고 제곱근을 나타낼 수 있는 수는 모두 몇 개인가?

$$\sqrt{64},\quad 40,\quad \sqrt{81},\quad \dfrac{16}{9},\quad 0.25,\quad 18$$

① 1개　　② 2개　　③ 3개
④ 4개　　⑤ 5개

[4~6] a의 제곱근과 제곱근 a

4. 제곱근 121과 121의 제곱근을 차례대로 나열한 것은?

① 11, 11　　② $-11, 11$　　③ $\pm 11, \pm 11$

④ $11, -11$　　⑤ $11, \pm 11$

5. $\sqrt{16}$의 양의 제곱근을 a, 16의 음의 제곱근을 b라 할 때, $a+b$의 값을 구하여라.

적중률 90%

6. 다음 중 옳지 않은 것은?

① 제곱근 13은 $\sqrt{13}$이다.

② -7은 $\sqrt{49}$의 음의 제곱근이다.

③ $\sqrt{16}$의 제곱근은 ± 2이다.

④ $\sqrt{36}$의 제곱근은 $\pm\sqrt{6}$이다.

⑤ 17의 제곱근은 $\pm\sqrt{17}$이다.

제곱근의 성질

개념 강의 보기

● **근호를 제곱한 수와 근호 안의 수를 제곱한 수**

① 근호 안의 수가 양수의 제곱이면 그 수 그대로 나온다.

$$(\sqrt{5})^2=5, \sqrt{5^2}=5$$

② 근호 안의 수가 음수의 제곱이면 부호가 바뀌어 양수로 나온다.

$$\sqrt{(-5)^2}=5$$

③ 근호 밖에 있는 $-$ 는 그대로 둔다.

$$-\sqrt{(-5)^2}=-5$$

바빠 꿀팁!

근호 안의 수를 제곱하거나 근호 전체를 제곱하면 모두 양수가 돼. $\sqrt{(-3)^2}$과 같이 근호 안의 수가 음수의 제곱인 경우 부호가 바뀌어야 양수가 되므로 3이 되는 거지.

● **근호를 제곱한 수의 제곱근**

$(\sqrt{64})^2$의 제곱근을 구해 보자.

$(\sqrt{64})^2=64$에서 64의 제곱근을 구하는 것과 같으므로 $8, -8$이다.

● **근호를 사용하지 않고 수를 계산하기**

$-\left(\sqrt{\dfrac{7}{10}}\right)^2+\sqrt{0.04}\times\sqrt{(-3)^2}$을 계산해 보자.

$-\left(\sqrt{\dfrac{7}{10}}\right)^2=-\dfrac{7}{10},\ \sqrt{0.04}=\sqrt{(0.2)^2}=0.2,\ \sqrt{(-3)^2}=3$이므로

$-\left(\sqrt{\dfrac{7}{10}}\right)^2+\sqrt{0.04}\times\sqrt{(-3)^2}=-\dfrac{7}{10}+0.2\times3=-0.1$

부호가 바뀌었네!

$\sqrt{(-2)^2}=2$

음수일 경우 부호를 바꿔야 루트 밖으로 나올 수 있지!

앗! 실수

• $\sqrt{0.4}$를 $\sqrt{(0.2)^2}$으로 생각해서 $\sqrt{0.4}=0.2$로 생각하는 학생들이 많아. 하지만 $(0.2)^2=0.04$이므로 $\sqrt{0.04}=0.2$인 거야. $\sqrt{0.4}$는 근호 밖으로 나올 수 없는 수야. 착각하지 말아야 해.

• 어떤 수의 제곱인 수를 많이 알고 있으면 근호 안의 수를 보다 빨리 근호 밖으로 나오게 할 수 있고 실수도 안 할 수 있으니 다음을 외워 두자.

$\sqrt{1}=1, \sqrt{4}=2, \sqrt{9}=3, \sqrt{16}=4, \sqrt{25}=5, \sqrt{36}=6, \sqrt{49}=7, \sqrt{64}=8, \sqrt{81}=9$

$\sqrt{100}=10, \sqrt{121}=11, \sqrt{144}=12, \sqrt{169}=13, \sqrt{196}=14, \sqrt{225}=15$

- $(\sqrt{2})^2=2$, $(-\sqrt{2})^2=2$, $-(-\sqrt{2})^2=-2$
- $\sqrt{(-2)^2}=2$, $-\sqrt{(-2)^2}=-2$

잊지 말자. 꼬~옥! 🌞

■ 다음을 구하여라.

1. $(\sqrt{4})^2$

_____

2. $\sqrt{(-3)^2}$

_____

Help 근호 안에서 음수를 제곱하면 부호가 바뀌어 양수로 나온다.

앗! 실수

3. $-\sqrt{(-10)^2}$

_____

Help 근호 안에서 음수를 제곱하면 부호가 바뀌어 양수로 나오는 데 근호 밖에 $-$가 있으므로 음수가 된다.

4. $-\sqrt{5^2}$

_____

5. $\left(\sqrt{\dfrac{1}{4}}\right)^2$

_____

6. $-\sqrt{\left(-\dfrac{4}{9}\right)^2}$

_____

7. $-\sqrt{7^2}$

_____

8. $\sqrt{\left(\dfrac{2}{5}\right)^2}$

_____

9. $\sqrt{(-0.2)^2}$

_____

10. $-\sqrt{\left(-\dfrac{3}{8}\right)^2}$

_____

$(-\sqrt{9})^2$의 제곱근은 제곱근의 성질을 이용하여 근호를 없앤 후 계산해야 실수하지 않아. $(-\sqrt{9})^2=9$이므로 9의 제곱근을 묻는 문제이지.

아하! 그렇구나~

■ 다음을 구하여라.

1. $\sqrt{(-1)^2}$의 음의 제곱근

　　　_____

　　Help $\sqrt{(-1)^2}=\boxed{}$

2. $(-\sqrt{81})^2$의 양의 제곱근

　　　_____

　　Help $(-\sqrt{81})^2=\boxed{}$

3. $(-\sqrt{0.16})^2$의 제곱근

　　　_____

4. $(-\sqrt{0.09})^2$의 음의 제곱근

　　　_____

5. $\sqrt{(-3)^2}$의 제곱근

　　　_____

6. $(-\sqrt{49})^2$의 제곱근

　　　_____

7. $\sqrt{\left(\dfrac{1}{6}\right)^2}$의 음의 제곱근

　　　_____

8. $(-\sqrt{0.7})^2$의 양의 제곱근

　　　_____

9. $\sqrt{(-11)^2}$의 제곱근

　　　_____

10. $(-\sqrt{8})^2$의 음의 제곱근

　　　_____

- 근호 안의 수가 제곱수이면 근호를 사용하지 않고 나타낼 수 있어.
  $\Rightarrow \sqrt{25}=\sqrt{5^2}=5$
- 근호 안의 수가 제곱수가 아니어도 제곱을 하면 근호가 없어져.
  $\Rightarrow (\sqrt{3})^2=3$

잊지 말자. 꼬~옥! ⚙

■ 다음을 구하여라.

1. $\sqrt{100}+\sqrt{(-2)^2}$

   Help $\sqrt{100}=\sqrt{10^2}=10,\ \sqrt{(-2)^2}=2$

2. $\sqrt{121}+\sqrt{(-4)^2}$

3. $-(\sqrt{7})^2+\sqrt{(-1)^2}$

4. $(\sqrt{0.5})^2+\sqrt{9}$

5. $\sqrt{49}+2\sqrt{(-3)^2}$

6. $\sqrt{\dfrac{1}{4}}-\sqrt{1}$

7. $\sqrt{\dfrac{4}{25}}-\left(\sqrt{\dfrac{8}{5}}\right)^2$

   Help $\sqrt{\dfrac{4}{25}}=\sqrt{\left(\dfrac{2}{5}\right)^2}=\square$

8. $-\sqrt{36}+\sqrt{(-8)^2}$

9. $\sqrt{0.04}+\sqrt{(-2)^2}$

10. $-\sqrt{\dfrac{81}{64}}+\left(\sqrt{\dfrac{1}{8}}\right)^2$

D 제곱근의 성질을 이용한 계산 2

덧셈, 뺄셈, 곱셈, 나눗셈이 섞여 있는 제곱근의 계산도 유리수의 계산에서 배웠듯이 거듭제곱 ⇨ 곱셈, 나눗셈 ⇨ 덧셈, 뺄셈 순으로 계산하면 돼.

아하! 그렇구나~ 🐡

■ 다음을 구하여라.

1. $\sqrt{5^2} \times (\sqrt{2})^2 + \sqrt{(-3)^2}$

_____

2. $\sqrt{100} \div \sqrt{36} - \left(\sqrt{\dfrac{2}{3}}\right)^2$

_____

3. $-\left(\sqrt{\dfrac{3}{10}}\right)^2 + \sqrt{0.09} \times \sqrt{(-2)^2}$

_____

4. $-\sqrt{121} + \left(-\sqrt{\dfrac{2}{3}}\right)^2 \times \sqrt{9}$

_____

5. $-\sqrt{(-5)^2} \div \sqrt{\dfrac{25}{81}} - (-\sqrt{6})^2$

_____

6. (앗! 실수) $\sqrt{144} \div \sqrt{\dfrac{36}{25}} + \sqrt{(-1)^2} \times \sqrt{64}$

_____

Help $\sqrt{144}=\sqrt{12^2}=12$, $\sqrt{\dfrac{36}{25}}=\sqrt{\left(\dfrac{6}{5}\right)^2}=\dfrac{6}{5}$

7. $\sqrt{400} \div \sqrt{2^2} - \left(\sqrt{\dfrac{5}{2}}\right)^2 \times \sqrt{36}$

_____

8. $-\sqrt{0.09} \times \sqrt{25} + \sqrt{(-12)^2} \div \sqrt{16}$

_____

9. $(-\sqrt{8})^2 \div \sqrt{\dfrac{4}{121}} + \sqrt{\left(-\dfrac{2}{3}\right)^2} \times \sqrt{9}$

_____

10. $-\sqrt{100} \div (\sqrt{5})^2 + \left(-\sqrt{\dfrac{4}{7}}\right)^2 \times \sqrt{49}$

_____

거저먹는 시험 문제

[1~3] 제곱근의 성질

1. $\left(-\sqrt{\dfrac{1}{4}}\right)^2$의 제곱근은?

① $\pm\sqrt{\dfrac{1}{2}}$　　② $\pm\dfrac{1}{2}$　　③ $\dfrac{1}{2}$

④ $\sqrt{\dfrac{1}{2}}$　　⑤ $\dfrac{1}{4}$

2. 다음 중 그 값이 나머지 넷과 <u>다른</u> 하나는?

① $-\sqrt{7^2}$　　② $-(\sqrt{7})^2$　　③ $\sqrt{(-7)^2}$

④ $-(-\sqrt{7})^2$　　⑤ 49의 음의 제곱근

적중률 100%

3. 다음 중 옳은 것은?

① $\sqrt{9^2}=3$　　　　② $\sqrt{(-8)^2}=-8$

③ $-\sqrt{\left(\dfrac{1}{4}\right)^2}=\dfrac{1}{2}$　　④ $(-\sqrt{0.4})^2=0.2$

⑤ $-\sqrt{(-6)^2}=-6$

적중률 90%

[4~6] 제곱근의 성질을 이용한 계산

4. $\sqrt{(-3)^2}\times\sqrt{5^2}-(-\sqrt{8})^2$을 계산하면?

① 4　　　　② 7　　　　③ 15

④ 20　　　　⑤ 23

5. $A,\,B$가 다음과 같을 때, $A+B$의 값을 구하여라.

$$A=\sqrt{(-13)^2}-(-\sqrt{3})^2$$
$$B=\sqrt{\left(\dfrac{1}{3}\right)^2}\times\sqrt{9}-(\sqrt{5})^2$$

6. $(-\sqrt{18})^2\div\sqrt{\dfrac{81}{25}}+\sqrt{\left(-\dfrac{1}{4}\right)^2}\times\sqrt{16}$을 계산하여라.

30

$\sqrt{a^2}$의 성질

개념 강의 보기

● $\sqrt{a^2}$의 성질

① $a>0$일 때,

• $\sqrt{a^2}=a$
　　a가 양수이므로 a가 그대로 나온다.

• $\sqrt{(-a)^2}=a$
　　a가 양수이므로 $-a$는 음수, 따라서 부호가 바뀌어 나온다.

• $-\sqrt{(-a)^2}=-a$
　　a가 양수이므로 $-a$는 음수, 따라서 부호가 바뀌어 a로 나오는데 근호 앞에 $-$가
　　있으므로 $-a$가 된다.

② $a<0$일 때,

• $\sqrt{a^2}=-a$
　　a가 음수이므로 부호가 바뀌어 나온다.

• $\sqrt{(-a)^2}=-a$
　　a가 음수이므로 $-a$는 양수, 따라서 $-a$가 그대로 나온다.

• $-\sqrt{(-a)^2}=-(-a)=a$
　　a가 음수이므로 $-a$는 양수, 따라서 $-a$가 그대로 나오는데 앞에 $-$가 있으므로 a가 된다.

바빠 꿀팁!

$a>0$일 때, $\sqrt{}$ 와 제곱이 만나면
아래와 같이 $\sqrt{}$ 가 사라져.

　　사라짐　　사라짐
$\sqrt{a^2}=a,\ \sqrt{(-a)^2}=a$
　　　　　　부호 바뀜

난 음수인데
내 앞에 '$-$'가
있으면 음수일까?
양수일까?

음수 앞에
'$-$'가 오면
양수지!

음수

● $\sqrt{(a-b)^2}$의 성질

$\sqrt{(a-b)^2}$ 꼴을 간단히 할 때에는 먼저 $a-b$의 부호를 조사한다.

① $a>b$일 때, $\sqrt{(a-b)^2}=a-b$

② $a<b$일 때, $\sqrt{(a-b)^2}=-(a-b)=-a+b$

$a>2$일 때, $\sqrt{(a-2)^2}=a-2$
　　　　　　$a-2$는 양수이므로 $a-2$로 그대로 나온다.

$a<2$일 때, $\sqrt{(a-2)^2}=-a+2$
　　　　　　$a-2$는 음수이므로 부호가 바뀌어 나온다.

앗! 실수

$\sqrt{A^2}$은 무엇일까?라는 질문에 많은 학생들이 A라고 대답해. 그리고 시험에도 빠지지 않고 나오지. 하지만 위에서 설명했듯이
$A>0$이면 $\sqrt{A^2}=A$이지만 $A<0$이면 $\sqrt{A^2}=-A$야. 이때 $\sqrt{}$ 안에서 나오는 수는 모두 양수인데 왜 $-A$인지 궁금해 하는
학생들이 많은데 $-A$는 음수처럼 보이지만 A가 음수여서 $-A$는 양수인 거야.

A  $\sqrt{a^2}$의 성질 1

· $a>0$일 때, $\sqrt{a^2}=a$

· $a<0$일 때, $\sqrt{a^2}=-a$
  a가 음수이므로 $-a$는 양수

이 정도는 암기해야 해~ 암암!

■ $a>0$일 때, 다음을 간단히 하여라.

1. $\sqrt{a^2}$
   _____

2. $\sqrt{(3a)^2}$
   _____

3. $\sqrt{(6a)^2}$
   _____

앗! 실수
4. $-\sqrt{(2a)^2}$
   _____
   Help 근호 밖의 $-$는 근호 안에서 나온 수 앞에 붙인다.

5. $-\sqrt{(10a)^2}$
   _____

앗! 실수
6. $\sqrt{(-2a)^2}$

   Help $-2a$는 음수이므로 부호가 바뀌어 근호 밖으로 나온다.

7. $\sqrt{(-4a)^2}$
   _____

8. $\sqrt{(-7a)^2}$
   _____

9. $-\sqrt{(-5a)^2}$
   _____
   Help $-5a$는 음수이므로 부호가 바뀌어 근호 밖으로 나와서 $5a$가 되는데 근호 앞에 있는 $-$를 붙인다.

10. $-\sqrt{(-8a)^2}$
    _____

B $\sqrt{a^2}$의 성질 2

$a<0$일 때, $\sqrt{a^2}=-a$, $\sqrt{(-a)^2}=-a$

$-a$가 양수이므로 그대로 $-a$로 써.

$-\sqrt{a^2}=-(-a)=a$, $-\sqrt{(-a)^2}=-(-a)=a$

근호 앞에 $-$가 있을 때는 근호 안에서 나온 수에 붙여야 해.

■ $a<0$일 때, 다음을 간단히 하여라.

1. $\sqrt{a^2}$

Help 근호 안의 문자가 음수일 때는 부호가 바뀌어 근호 밖으로 나온다.

2. $\sqrt{(2a)^2}$

3. $\sqrt{(4a)^2}$

4. $-\sqrt{(3a)^2}$

Help $3a$는 음수이므로 부호가 바뀌어 근호 밖으로 나오는데 근호 앞에 $-$가 있으므로 $-(-3a)$이다.

5. $-\sqrt{(6a)^2}$

6. $\sqrt{(-2a)^2}$

Help $-2a$는 양수이므로 부호가 바뀌지 않고 그대로 근호 밖으로 나온다.

7. $\sqrt{(-5a)^2}$

8. $\sqrt{(-7a)^2}$

9. $-\sqrt{(-6a)^2}$

Help $-6a$는 양수이므로 부호가 바뀌지 않고 근호 밖으로 나오는데 근호 밖에 $-$가 있으므로 $-(-6a)$이다.

10. $-\sqrt{(-11a)^2}$

C $\sqrt{a^2}$ 꼴을 포함한 식 간단히 하기

$\sqrt{16a^2}$과 같이 근호 안의 수가 제곱수라면 문자와 같이 제곱으로 나타낸 후 근호를 사용하지 않고 나타낼 수 있어.

⇨ $a>0$일 때, $\sqrt{16a^2}=\sqrt{(4a)^2}=4a$

아하! 그렇구나~ 🐡

■ $a>0$, $b<0$일 때, 다음을 간단히 하여라.

1. $\sqrt{a^2}+\sqrt{b^2}$

    _____

2. $\sqrt{a^2}+\sqrt{(-b)^2}$

    _____

    Help $\sqrt{(-b)^2}$에서 $-b$는 양수이므로 부호가 바뀌지 않고 근호 밖으로 나와서 $-b$이다.

3. $\sqrt{a^2}-\sqrt{(-b)^2}$

    _____

    Help $-\sqrt{(-b)^2}$에서 $-b$가 양수이므로 부호가 바뀌지 않고 근호 밖으로 나와서 $-b$인데 근호 앞에 $-$가 있으므로 $-(-b)$이다.

4. $-\sqrt{(-a)^2}+\sqrt{b^2}$

    _____

    Help $-\sqrt{(-a)^2}$에서 $-a$가 음수이므로 부호가 바뀌어 근호 밖으로 나와서 a인데 근호 앞에 $-$가 있으므로 $-a$이다.

5. $\sqrt{(-3a)^2}+\sqrt{(2b)^2}$

    _____

6. $-\sqrt{9a^2}-\sqrt{(-b)^2}$

    _____

    Help $-\sqrt{9a^2}=-\sqrt{(3a)^2}$

7. $\sqrt{81a^2}-\sqrt{4b^2}$

    _____

8. $-\sqrt{49a^2}+\sqrt{(10b)^2}$

    _____

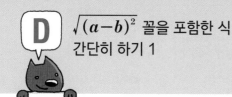

D $\sqrt{(a-b)^2}$ 꼴을 포함한 식 간단히 하기 1

- $a > -2$일 때, $a+2>0$이므로 $\sqrt{(a+2)^2}=a+2$
- $a < -2$일 때, $a+2<0$이므로 $\sqrt{(a+2)^2}=-(a+2)$

근호 안에 문자가 있을 경우 근호를 사용하지 않고 나타낼 때, 위와 같이 주어진 범위에 따라서 값이 달라질 수 있으므로 주의해야 해.

■ 다음을 간단히 하여라.

1. $a > -1$일 때, $\sqrt{(a+1)^2}$

_____

 Help $a > -1$이므로 $a+1>0$

5. $a < -6$일 때, $\sqrt{4(a+6)^2}$

_____

2. $a > -3$일 때, $\sqrt{(a+3)^2}$

_____

6. $a > -4$일 때, $\sqrt{16(a+4)^2}$

_____

3. $a < 2$일 때, $\sqrt{(a-2)^2}$

_____

 Help $a < 2$이므로 $a-2<0$

7. $a < 9$일 때, $\sqrt{9(a-9)^2}$

_____

4. $a < -7$일 때, $\sqrt{(a+7)^2}$

_____

8. $a < 3$일 때, $\sqrt{49(a-3)^2}$

_____

E $\sqrt{(a-b)^2}$ 꼴을 포함한 식 간단히 하기 2

$-2<a<2$일 때, $\sqrt{(a-2)^2}+\sqrt{(a+2)^2}$을 간단히 해보자.

$-2<a<2$일 때, $a-2<0$이므로 $\sqrt{(a-2)^2}=-(a-2)$

$a+2>0$이므로 $\sqrt{(a+2)^2}=a+2$

$\therefore \sqrt{(a-2)^2}+\sqrt{(a+2)^2}=-(a-2)+a+2=4$

■ 다음을 간단히 하여라.

앗실수

1. $-1<a<1$일 때, $\sqrt{(a-1)^2}+\sqrt{(a+1)^2}$

_____

Help $-1<a<1$에서 $a-1$, $a+1$이 양수인지 음수인지 잘 모른다면 $-1<a<1$인 수 중에서 가장 간단한 0을 a에 대입해 보면 $a-1<0$, $a+1>0$임을 쉽게 알 수 있다.

2. $-1<a<2$일 때, $\sqrt{(a+1)^2}-\sqrt{(a-2)^2}$

_____

3. $-2<a<3$일 때, $\sqrt{(a-3)^2}-\sqrt{(a+2)^2}$

_____

4. $-3<a<1$일 때, $\sqrt{(a+3)^2}-\sqrt{(a-1)^2}$

_____

5. $a>0$, $b<0$일 때, $\sqrt{(a-b)^2}+\sqrt{b^2}$

_____

Help $a>0$, $b<0$이므로 $a-b>0$

6. $a<0$, $b<0$일 때, $\sqrt{(a+b)^2}-\sqrt{a^2}$

_____

7. $a<2$, $b>1$일 때, $\sqrt{(a-2)^2}+\sqrt{(b-1)^2}$

_____

8. $a>-1$, $b<3$일 때, $\sqrt{(a+1)^2}-\sqrt{(b-3)^2}$

_____

[1~3] $\sqrt{a^2}$의 성질

적중률 100%

1. $a>0$일 때, 다음 중 옳지 <u>않은</u> 것은?

① $-\sqrt{a^2}=-a$ ② $\sqrt{9a^2}=3a$

③ $-\sqrt{(-2a)^2}=-2a$ ④ $-\sqrt{(3a)^2}=-3a$

⑤ $\sqrt{(-2a)^2}-\quad 2a$

2. $a<0$일 때, 다음 중 옳지 <u>않은</u> 것은?

① $\sqrt{a^2}=-a$ ② $\sqrt{4a^2}=2a$

③ $-\sqrt{(3a)^2}=3a$ ④ $\sqrt{(-5a)^2}=-5a$

⑤ $\sqrt{(6a)^2}=-6a$

3. $a<0$일 때, 다음 보기에서 옳지 <u>않은</u> 것을 모두 고른 것은?

┌ 보기 ┐

ㄱ. $-\sqrt{(11a)^2}=11a$

ㄴ. $-\sqrt{16a^2}=-4a$

ㄷ. $-\sqrt{(-10a)^2}=10a$

ㄹ. $-\sqrt{(-a)^2}=-a$

① ㄱ, ㄴ   ② ㄱ, ㄷ   ③ ㄴ, ㄷ

④ ㄴ, ㄹ   ⑤ ㄷ, ㄹ

[4~6] $\sqrt{a^2}$, $\sqrt{(a-b)^2}$ 꼴을 포함한 식 간단히 하기

적중률 80%

4. $a>0, b<0$일 때, $\sqrt{(-a)^2}+\sqrt{b^2}$을 간단히 하면?

① $a-b$ ② $-a-b$ ③ $a+b$

④ $-a+b$ ⑤ a^2+b^2

5. $-1<a<4$일 때, $\sqrt{(a+2)^2}+\sqrt{(a-4)^2}$을 간단히 하면?

① $2a-2$ ② 2 ③ $-2a+2$

④ 6 ⑤ -2

6. $a>0, b<0$일 때, $\sqrt{(a-b)^2}+\sqrt{(b-3)^2}$을 간단히 하면?

① $a+3$ ② $-a-3$ ③ $a-2b+3$

④ $a-3$ ⑤ $-a+2b-3$

$\sqrt{a}$가 자연수가 되는 조건

개념 강의 보기

● $\sqrt{A \times x}$ 꼴을 자연수로 만들기(단, A는 자연수)

① A를 소인수분해한다.

② 소인수의 지수가 모두 짝수가 되도록 x의 값을 정한다.

$\sqrt{28 \times x}$를 자연수로 만들기 위한 가장 작은 자연수 x의 값을 구해 보자.

28을 소인수분해하면 $28 = 2^2 \times 7$

따라서 $28 \times x$를 소인수분해한 지수가 모두 짝수가 되어야 하므로 이 중 가장 작은 x의 값은 7이다.

바빠 꿀팁!

$\sqrt{\Box}$가 자연수
⇨ $\Box$가 제곱수
⇨ 소인수의 지수가 모두 짝수
$\sqrt{2^4} = \sqrt{(2^2)^2} = 4$와 같이 지수가 2만이 아니라 짝수가 되면 제곱수가 돼.

● $\sqrt{\dfrac{A}{x}}$ 꼴을 자연수로 만들기(단, A는 자연수)

① A를 소인수분해한다.

② 소인수의 지수가 모두 짝수가 되도록 x의 값을 정한다.

$\sqrt{\dfrac{12}{x}}$를 자연수로 만들기 위한 가장 작은 자연수 x의 값을 구해 보자.

12를 소인수분해하면 $12 = 2^2 \times 3$

따라서 $\dfrac{12}{x}$를 소인수분해한 지수가 모두 짝수가 되어야 하므로 이 중 가장 작은 x의 값은 3이다.

근호($\sqrt{\ }$)가 있어서 답답해. 누가 나 좀 근호 밖으로 나갈 수 있게 도와줘~

내가 갈게! 너랑 나랑 곱하면 지수가 짝수가 되니, 근호 밖으로 나갈 수 있어.

● $\sqrt{A + x}$ 꼴을 자연수로 만들기(단, A는 자연수)

⇨ A보다 큰 제곱수를 찾는다.

$\sqrt{11 + x}$를 자연수로 만들기 위한 가장 작은 자연수 x의 값을 구해 보자.

11보다 크면서 11에 가장 가까운 제곱수는 16이므로 $x = 5$이다.

● $\sqrt{A - x}$ 꼴을 자연수로 만들기(단, A는 자연수)

⇨ A보다 작은 제곱수를 찾는다.

$\sqrt{15 - x}$를 자연수로 만들기 위한 가장 작은 자연수 x의 값을 구해 보자.

15보다 작으면서 15에 가장 가까운 제곱수는 9이므로 $x = 6$이다.

앗! 실수

$\sqrt{\dfrac{6}{x}}$을 자연수로 만들기 위한 가장 작은 자연수 x의 값을 구해 보자.

6을 소인수분해하면 $6 = 2 \times 3$이므로 지수가 모두 짝수가 되기 위해 나누는 가장 작은 수는 $x = 2 \times 3$이어야 해.

즉, $\sqrt{\dfrac{6}{x}}$을 자연수로 만들기 위해서는 6을 모두 나누어야 한다는 뜻이지. $\sqrt{\dfrac{6}{6}} = \sqrt{1} = 1$이므로 자연수가 돼.

A $\sqrt{A \times x}$ 꼴을 자연수로 만들기
(단, A는 자연수)

$\sqrt{20x}$가 자연수가 되도록 하는 가장 작은 자연수 x의 값을 구해 보자.
$20 = 2^2 \times 5$이므로 곱해야 할 가장 작은 자연수 x의 값은 5야.
따라서 $\sqrt{20x} = \sqrt{2^2 \times 5 \times 5} = \sqrt{(2 \times 5)^2} = 10$이 되는 거지.

아하! 그렇구나~

■ 다음 수가 자연수가 되도록 하는 가장 작은 자연수 x의 값을 구하여라.

1. $\sqrt{12x}$

Help $\sqrt{12x} = \sqrt{2^2 \times 3 \times x}$이고 $2^2 \times 3 \times x$의 지수가 모두 짝수이어야 근호 밖으로 꺼낼 수 있다.

2. $\sqrt{18x}$

3. $\sqrt{27x}$

Help 근호 안의 수를 소인수분해 하였을 때 지수가 2, 4, 6, 8 ⋯ 등이 되면 된다.

4. $\sqrt{63x}$

5. $\sqrt{75x}$

앗! 실수

6. $\sqrt{40x}$

Help $\sqrt{40x} = \sqrt{2^3 \times 5 \times x}$이고 $2^3 \times 5 \times x$의 지수가 모두 짝수가 될 수 있는 수를 곱한다.

7. $\sqrt{54x}$

8. $\sqrt{60x}$

9. $\sqrt{90x}$

10. $\sqrt{126x}$

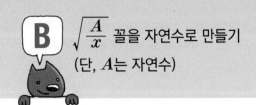

B $\sqrt{\dfrac{A}{x}}$ 꼴을 자연수로 만들기

(단, A는 자연수)

$\sqrt{\dfrac{18}{x}}$ 이 자연수가 되도록 하는 가장 작은 자연수 x의 값을 구해 보자.

$18 = 2 \times 3^2$이므로 나누어야 하는 가장 작은 자연수 x의 값은 2야.

따라서 $\sqrt{\dfrac{18}{x}} = \sqrt{\dfrac{2 \times 3^2}{2}} = \sqrt{3^2} = 3$이 되는 거지.

■ 다음 수가 자연수가 되도록 하는 가장 작은 자연수 x의 값을 구하여라.

1. $\sqrt{\dfrac{8}{x}}$

_____

Help $\sqrt{\dfrac{8}{x}} = \sqrt{\dfrac{2^3}{x}}$ 에서 $\dfrac{2^3}{x}$의 지수가 짝수가 될 수 있도록 2로 나눈다.

2. $\sqrt{\dfrac{27}{x}}$

_____

3. $\sqrt{\dfrac{28}{x}}$

_____

4. $\sqrt{\dfrac{45}{x}}$

_____

5. $\sqrt{\dfrac{50}{x}}$

_____

6. $\sqrt{\dfrac{72}{x}}$

_____

7. $\sqrt{\dfrac{147}{x}}$

_____

앗실수

8. $\sqrt{\dfrac{150}{x}}$

_____

9. $\sqrt{\dfrac{180}{x}}$

_____

10. $\sqrt{\dfrac{294}{x}}$

_____

C $\sqrt{A+x}$ 꼴을 자연수로 만들기
(단, A는 자연수)

$\sqrt{10+x}$ 가 자연수가 되도록 하는 가장 작은 자연수 x의 값을 구해 보자. 10보다 크면서 10에 가장 가까운 제곱수는 16이므로 $10+x=16$에서 x의 값은 6이야. 따라서 $\sqrt{10+x}=\sqrt{10+6}=4$가 되는 거지.

아하! 그렇구나~

■ 다음 수가 자연수가 되도록 하는 가장 작은 자연수 x의 값을 구하여라.

1. $\sqrt{3+x}$

   _____

   Help 3보다 크면서 3에 가장 가까운 제곱수는 4이다.

2. $\sqrt{5+x}$

   _____

3. $\sqrt{32+x}$

   _____

4. $\sqrt{115+x}$

   _____

   Help $115+x=121$이 되어야 한다.

5. $\sqrt{44+x}$

   _____

6. $\sqrt{20+x}$

   _____

7. $\sqrt{8+x}$

   _____

8. $\sqrt{94+x}$

   _____

9. $\sqrt{59+x}$

   _____

10. $\sqrt{126+x}$

   _____

D $\sqrt{A-x}$ 꼴을 자연수로 만들기 (단, A는 자연수)

$\sqrt{12-x}$가 자연수가 되도록 하는 가장 작은 자연수 x의 값을 구해 보자. 12보다 작으면서 12에 가장 가까운 제곱수는 9이므로 $12-x=9$에서 x의 값은 3이야. 따라서 $\sqrt{12-x}=\sqrt{9}=3$이 되는 거지.

아하! 그렇구나~

■ 다음 수가 자연수가 되도록 하는 가장 작은 자연수 x의 값을 구하여라.

1. $\sqrt{2-x}$

_____

Help 1도 제곱수이다.

2. $\sqrt{6-x}$

_____

3. $\sqrt{19-x}$

_____

4. $\sqrt{107-x}$

_____

5. $\sqrt{58-x}$

_____

6. $\sqrt{30-x}$

_____

7. $\sqrt{38-x}$

_____

8. $\sqrt{125-x}$

_____

9. $\sqrt{72-x}$

_____

10. $\sqrt{150-x}$

_____

[1~3] $\sqrt{A \times x}$, $\sqrt{\dfrac{A}{x}}$ 꼴을 자연수 만들기
(단, A는 자연수)

적중률 80%

1. $\sqrt{50x}$가 자연수가 되도록 하는 가장 작은 자연수 x
의 값은?

① 2　　　　② 3　　　　③ 4

④ 5　　　　⑤ 6

2. $\sqrt{2^2 \times 3^3 \times x}$가 자연수가 되도록 하는 자연수 x의
값이 될 수 <u>없는</u> 것은?

① 3　　　　② 6　　　　③ 12

④ 27　　　　⑤ 75

3. $\sqrt{\dfrac{48}{x}}$이 자연수가 되도록 하는 자연수 x의 값이 될
수 있는 것은?

① 2　　　　② 3　　　　③ 4

④ 5　　　　⑤ 6

[4~6] $\sqrt{A+x}$, $\sqrt{A-x}$ 꼴을 자연수 만들기
(단, A는 자연수)

4. $\sqrt{78+x}$가 자연수가 되도록 하는 가장 작은 자연수
x의 값은?

① 3　　　　② 10　　　　③ 15

④ 18　　　　⑤ 22

5. $\sqrt{26-x}$가 자연수가 되도록 하는 자연수 x의 값이
될 수 <u>없는</u> 것은?

① 1　　　　② 10　　　　③ 18

④ 22　　　　⑤ 25

적중률 70%

6. $\sqrt{54-x}$가 자연수가 되도록 하는 x의 값 중에서 가
장 큰 자연수를 A, 가장 작은 자연수를 B라 할 때,
$A-B$의 값은?

① 32　　　　② 38　　　　③ 45

④ 48　　　　⑤ 50

06 제곱근의 대소 관계

개념 강의 보기

● $\sqrt{a}$와 $\sqrt{b}$의 대소 비교

$a>0, b>0$일 때

① $a<b$이면 $\sqrt{a}<\sqrt{b}$

② $\sqrt{a}<\sqrt{b}$이면 $a<b$

③ $a<b$이면 $\sqrt{a}<\sqrt{b}$이므로 $-\sqrt{a}>-\sqrt{b}$

오른쪽 그림과 같이 정사각형의 넓이가 클수록

그 한 변의 길이도 길다.

$\therefore a<b \Rightarrow \sqrt{a}<\sqrt{b}$

또, 정사각형의 한 변의 길이가 길수록 그 넓이

도 크다.

$\therefore \sqrt{a}<\sqrt{b} \Rightarrow a<b$

바빠 꿀팁!

두 수가 양수일 때 근호가 있는 수와 근호가 없는 수의 대소 비교는 보통 근호가 없는 수를 근호가 있는 수로 바꾸어 비교해. 두 수가 양수이면 근호 안의 수가 큰 것이 큰 수이지만 음수일 때에는 근호 안의 수가 작은 것이 큰 수야.

● a와 $\sqrt{b}$의 대소 비교

$a>0, b>0$일 때 $a=\sqrt{a^2}$이므로 $\sqrt{a^2}$과 $\sqrt{b}$의 대소를 비교한다.

① $a^2<b$이면 $\sqrt{a^2}<\sqrt{b}$

② $a^2>b$이면 $\sqrt{a^2}>\sqrt{b}$

2와 $\sqrt{3}$의 대소를 비교하면 $2=\sqrt{2^2}=\sqrt{4}$이므로 $\sqrt{4}>\sqrt{3}$

따라서 $2>\sqrt{3}$이다.

● 제곱근을 포함한 부등식

a, b가 양수일 때, 부등식 $a<\sqrt{x}<b$를 만족하는 자연수 x의 값을 구할 때는

각 변을 제곱하여 $a^2<x<b^2$으로 구한다.

부등식 $1<\sqrt{x}<2$를 만족하는 자연수 x의 값을 구해 보자.

각 변을 제곱하면 $1<x<4$이므로 만족하는 자연수 x는 $2, 3$이다.

 앗! 실수

$\sqrt{(3-\sqrt{10})^2}$의 값을 구하려면 $3-\sqrt{10}$의 부호를 알아야 하고 3과 $\sqrt{10}$의 크기를 비교해야 해.

$3=\sqrt{9}$이므로 $\sqrt{9}<\sqrt{10}$이고 $3<\sqrt{10}$인 거지.

따라서 $3-\sqrt{10}<0$이므로 근호 밖으로 나올 때 부호가 바뀌어야 해.

즉, $\sqrt{(3-\sqrt{10})^2}=-(3-\sqrt{10})=-3+\sqrt{10}$인 거지. 실수하지 않도록 주의해야 해.

A 제곱근의 대소 관계 1

$a>0$, $b>0$일 때 $a<b$이면 $\sqrt{a}<\sqrt{b}$야.
따라서 $\sqrt{5}$와 $\sqrt{6}$의 대소를 비교해 보면 $5<6$이므로 $\sqrt{5}<\sqrt{6}$이지.

아하! 그렇구나~

■ 다음 ◯ 안에 $<$ 또는 $>$ 중 알맞은 것을 써넣어라.

1. $\sqrt{2}$ ◯ $\sqrt{3}$

2. $\sqrt{8}$ ◯ $\sqrt{10}$

3. $-\sqrt{7}$ ◯ $-\sqrt{12}$

   Help 음수는 절댓값이 클수록 작은 수이다.

4. $\sqrt{\dfrac{2}{3}}$ ◯ $\sqrt{\dfrac{1}{2}}$

5. $\sqrt{0.2}$ ◯ $\sqrt{0.4}$

6. $-\sqrt{0.45}$ ◯ $-\sqrt{0.01}$

7. $-\sqrt{\dfrac{5}{6}}$ ◯ $-\sqrt{\dfrac{3}{2}}$

8. $-\sqrt{0.3}$ ◯ $-\sqrt{0.43}$

9. $\sqrt{2.5}$ ◯ $\sqrt{\dfrac{13}{5}}$

10. $-\sqrt{\dfrac{15}{2}}$ ◯ $-\sqrt{7}$

$a>0, b>0$일 때 a와 $\sqrt{b}$의 대소를 비교할 때는 $a=\sqrt{a^2}$이므로 $\sqrt{a^2}$과 $\sqrt{b}$의 대소를 비교하면 돼.
4와 $\sqrt{15}$를 비교할 때 $4=\sqrt{16}$이므로 $\sqrt{16}>\sqrt{15}$
따라서 $4>\sqrt{15}$가 돼.

■ 다음 ○ 안에 < 또는 >중 알맞은 것을 써넣어라.

1. $2 \bigcirc \sqrt{5}$

   Help $2=\sqrt{4}$이므로 $\sqrt{4}$와 $\sqrt{5}$의 대소를 비교한다.

2. $\sqrt{7} \bigcirc 3$

3. $-4 \bigcirc -\sqrt{17}$

4. $\sqrt{\dfrac{1}{3}} \bigcirc \dfrac{1}{2}$

5. $-0.1 \bigcirc -\sqrt{0.02}$

6. $-\sqrt{1.2} \bigcirc -1.2$

7. $\dfrac{1}{6} \bigcirc \sqrt{\dfrac{5}{12}}$

8. $-\sqrt{0.06} \bigcirc -0.2$

9. $3 \bigcirc \sqrt{\dfrac{17}{2}}$

10. $-\sqrt{\dfrac{5}{2}} \bigcirc -2$

C 제곱근의 성질과 대소 관계

$\sqrt{(5-\sqrt{27})^2}$을 간단히 할 때는 5와 $\sqrt{27}$의 대소를 알아야 해.
$5=\sqrt{25}$이므로 $5<\sqrt{27}$이지.
$5-\sqrt{27}<0$이므로 $\sqrt{(5-\sqrt{27})^2}=-(5-\sqrt{27})=-5+\sqrt{27}$

■ 다음을 간단히 하여라.

앗실수

1. $\sqrt{(2-\sqrt{5})^2}$

   Help $2<\sqrt{5}$이므로 $2-\sqrt{5}<0$

2. $\sqrt{(-\sqrt{8}+3)^2}$

3. $\sqrt{(2-\sqrt{3})^2}$

4. $\sqrt{(\sqrt{10}-4)^2}$

5. $\sqrt{(3-\sqrt{7})^2}$

앗실수

6. $\sqrt{(1-\sqrt{2})^2}+\sqrt{(\sqrt{2}-3)^2}$

   Help $1<\sqrt{2}$이므로 $1-\sqrt{2}<0$
   $\sqrt{2}<3$이므로 $\sqrt{2}-3<0$

7. $\sqrt{(-2+\sqrt{3})^2}+\sqrt{(\sqrt{3}-1)^2}$

8. $\sqrt{(3-\sqrt{10})^2}+\sqrt{(\sqrt{10}-6)^2}$

9. $\sqrt{(-\sqrt{7}+2)^2}+\sqrt{(\sqrt{7}-4)^2}$

10. $\sqrt{(\sqrt{6}-3)^2}+\sqrt{(\sqrt{6}-2)^2}$

$3<\sqrt{2x}<4$를 만족하는 자연수 x의 개수를 구하기 위해

각 변을 제곱하면 $9<2x<16$이므로 $\dfrac{9}{2}<x<8$

따라서 자연수 x는 5, 6, 7이지. 잊지 말자. 꼬~옥! ☼

■ 다음을 만족하는 자연수 x의 개수를 구하여라.

1. $2<\sqrt{x}<3$

_____

Help $2<\sqrt{x}<3$의 각 변을 제곱하면 $4<x<9$이다.

2. $3<\sqrt{x}<4$

_____

3. $1<\sqrt{2x}<3$

_____

4. $1<\sqrt{3x}<4$

_____

5. $1<\sqrt{5x+2}<4$

_____

■ 다음을 만족하는 모든 자연수 x를 구하여라.

6. $\sqrt{3}<x<\sqrt{10}$

_____

Help $\sqrt{3}<x<\sqrt{10}$의 각 변을 제곱한다.

7. $\sqrt{4}<x<\sqrt{18}$

_____

8. $\sqrt{10}<x<\sqrt{27}$

_____

9. $\sqrt{20}<x<\sqrt{38}$

_____

10. $\sqrt{33}<x<\sqrt{68}$

_____

[1~2] 제곱근의 대소 관계

적중률 90%

1. 다음 중 두 수의 대소 관계가 옳은 것은?

① $0.1 > \sqrt{0.1}$　　　② $5 > \sqrt{24}$

③ $-\sqrt{(-4)^2} < -\sqrt{18}$　④ $\sqrt{\dfrac{1}{5}} < \sqrt{\dfrac{1}{6}}$

⑤ $-\sqrt{17} > -4$

2. 다음 수를 크기가 큰 것부터 차례대로 나열하여라.

$$\sqrt{9},\quad 0,\quad -\sqrt{5},\quad 3.2,\quad -4$$

[3~4] 제곱근의 성질

3. $\sqrt{(\sqrt{5}-3)^2}$을 간단히 하여라.

4. $\sqrt{(3-\sqrt{7})^2} - \sqrt{(\sqrt{7}-3)^2}$을 간단히 하면?

① $6-2\sqrt{7}$　　② $-6+2\sqrt{7}$　　③ 0

④ 6　　　　　⑤ $-2\sqrt{7}$

[5~6] 제곱근을 포함한 부등식

적중률 70%

5. 다음 중 $3 < \sqrt{2x} < 4$를 만족시키는 자연수 x인 것은?

① 1　　　　② 2　　　　③ 4

④ 7　　　　⑤ 8

6. $\sqrt{3} < x < \sqrt{30}$을 만족시키는 자연수 x 중에서 가장 큰 수를 a, 가장 작은 수를 b라 할 때, $a+b$의 값을 구하여라.

07 무리수

● 무리수

① 유리수 : 분수 $\dfrac{a}{b}$ ($b\neq 0$, a, b는 정수)의 꼴로 나타낼 수 있는 수

② 무리수 : 유리수가 아닌 수, 즉 순환하지 않는 무한소수

③ 소수의 분류

$$\text{소수}\begin{cases} \text{유한소수} \\ \text{무한소수}\begin{cases} \text{순환소수} \\ \text{순환하지 않는 무한소수} \Rightarrow \text{무리수} \end{cases}\end{cases}$$

유한소수, $\text{순환소수}\Rightarrow$ 유리수

- 2, 0.1, $0.3434\cdots \Rightarrow$ 유리수
- $\pi=3.1415\cdots$, $\sqrt{2}=1.4142\cdots$, $\sqrt{3}=1.7320\cdots \Rightarrow$ 무리수

바빠 꿀팁!

무리수는 순환하지 않는 무한소수 이므로 길이를 정확히 나타낼 수 없어. 하지만 도형을 이용하면 수직선 위에 나타낼 수는 있어. 따라서 유리수와 마찬가지로 어떤 무리수도 수직선 위의 한 점에 대응시킬 수 있는 거야.

● 무리수를 수직선 위에 나타내기

다음과 같이 직각삼각형의 빗변의 길이를 이용하여 두 무리수 $\sqrt{2}$, $-\sqrt{2}$에 대응하는 점을 수직선 위에 나타낼 수 있다.

① 한 칸의 가로와 세로의 길이가 각각 1인 모눈종이 위에 수직선과 직각을 낀 두 변의 길이가 각각 1인 직각삼각형 ABC 를 그린다.

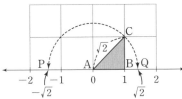

② 직각삼각형 ABC의 빗변의 길이 $\overline{AC}=\sqrt{1^2+1^2}=\sqrt{2}$를 구한다.

③ 원점 A를 중심으로 하고 $\overline{AC}$를 반지름으로 하는 원을 그릴 때 원과 수직선이 만나는 두 점 P, Q에 대응하는 수가 각각 $-\sqrt{2}$, $\sqrt{2}$이다.

(유리수)+(무리수)는 유리수일까? 무리수일까?

$1+\sqrt{3}=1+1.7320\cdots$
$=2.7320\cdots$
음! 무리수구나.

앗! 실수

근호를 사용하여 나타내어진 수는 모두 무리수라고 착각하기 쉽지만 무리수가 아닌 수도 있어.

$\sqrt{4}(=2)$, $\sqrt{\dfrac{1}{9}}\left(=\dfrac{1}{3}\right)$과 같이 근호 안의 수가 제곱수이면 유리수가 되거든. 주의해야 해.

A 유리수와 무리수 구별하기

• 근호 안의 수가 제곱수이면 근호를 사용하지 않고 나타낼 수 있으므로 유리수가 돼.

• 근호 안의 수가 분수라면 분모, 분자 모두 제곱수여야 근호를 사용하지 않고 나타낼 수 있어. ⇨ $\sqrt{\dfrac{16}{25}} = \sqrt{\dfrac{4^2}{5^2}} = \dfrac{4}{5}$

■ 다음 수가 유리수이면 '유'를, 무리수이면 '무'를 써 넣어라.

1. $\sqrt{3}$

_____

2. $\sqrt{10}$

_____

3. 앗실수 $\sqrt{9}$

_____

Help 근호 안의 수가 제곱수이면 근호 밖으로 나올 수 있어서 무리수가 아니다.

4. $\sqrt{\dfrac{25}{36}}$

_____

5. $\sqrt{15}$

_____

6. $-\sqrt{20}$

_____

7. 앗실수 $-\sqrt{\dfrac{121}{81}}$

_____

8. $-\sqrt{30}$

_____

9. $\sqrt{0.4}$

_____

10. π

_____

Help π는 순환하지 않는 무한소수이다.

B 무리수의 이해

- 유리수는 $\dfrac{(정수)}{(0이\ 아닌\ 정수)}$ 꼴로 나타낼 수 있는 수이므로 정수, 유한소수, 순환소수야.
- 무리수는 유리수가 아닌 수, 즉 순환하지 않는 무한소수이지.

이 정도는 암기해야 해~ 암암!

■ 다음 중 옳은 것은 ○를, 옳지 <u>않은</u> 것은 ×를 하여라.

1. 무리수는 모두 무한소수이다.

            _____

2. $\sqrt{64}$는 무리수이다.

            _____

3. 정수가 아닌 유리수는 모두 유한소수로 나타낼 수 있다.

            _____

4. 근호를 사용하여 나타낸 수는 무리수이다.

            _____

앗실수
5. 순환하는 무한소수는 모두 무리수가 아니다.

            _____

6. 순환소수는 유리수이다.

            _____

7. 무리수는 $\dfrac{(정수)}{(0이\ 아닌\ 정수)}$ 꼴로 나타낼 수 있다.

            _____

8. 무한소수는 모두 무리수이다.

            _____

9. $\sqrt{7}$은 기약분수로 나타낼 수 있다.

            _____

Help 기약분수로 나타낼 수 있는 수는 유리수이다.

앗실수
10. 무한소수 중에는 유리수인 것도 있다.

            _____

Help 순환하는 무한소수는 유리수이다.

오른쪽 그림과 같은 한 칸의 길이가 1인 모눈종이 위에서 $\overline{AC}$의 길이를 구해 보자.
피타고라스 정리에 의하여
$\overline{AC}=\sqrt{1^2+2^2}=\sqrt{5}$

■ 다음 그림과 같이 한 칸의 길이가 1인 모눈종이 위의 직각삼각형 ABC에 대하여 $\overline{AC}$의 길이를 구하여라.

1.

_____

2.

_____

3.

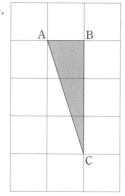

_____

4.

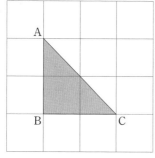

_____

5.

_____

6.

_____

7.

_____

8.

_____

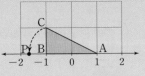

오른쪽 그림과 같은 한 칸의 길이가 1 인 모눈종이 위에서 $\overline{AC}=\overline{AP}$가 되는 점 P에 대응하는 수를 구해 보자. $\overline{AC}=\sqrt{1^2+2^2}=\sqrt{5}$이므로 점 P는 1 을 나타내는 점에서 왼쪽으로 $\sqrt{5}$만 큼 떨어져 있다. 따라서 점 P에 대응하는 수는 $1-\sqrt{5}$이다.

■ 다음 그림과 같이 한 칸의 길이가 1인 모눈종이 위에 수직선과 직각삼각형 ABC를 그리고 $\overline{AC}=\overline{AP}$ 가 되도록 수직선 위에 점 P를 정할 때, 점 P에 대응하는 수를 구하여라.

1.

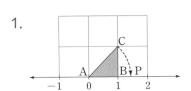

_____

5.

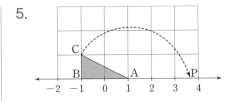

_____

Help 점 A에 대응하는 수가 1이므로 점 P에 대응하는 수는 1에 $\overline{AC}$의 길이를 더한다.

2.

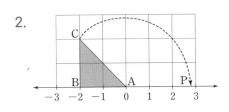

_____

6.

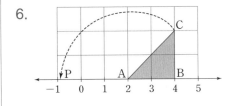

_____

3.

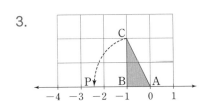

_____

7.

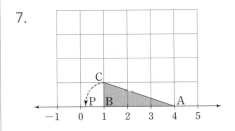

_____

4.

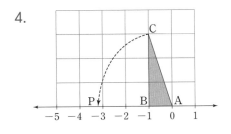

_____

8.

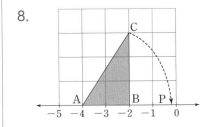

_____

거저먹는 시험 문제

[1～3] 유리수와 무리수

1. 다음 중 무리수는 모두 몇 개인가?

   $$0.5656\cdots,\ \sqrt{\dfrac{10}{9}},\ 0,\ \sqrt{25},\ \pi,\ \sqrt{9}$$

   ① 1개　　　② 2개　　　③ 3개
   ④ 4개　　　⑤ 5개

2. 다음 중 옳지 <u>않은</u> 것은?

   ① 무리수는 모두 무한소수이다.
   ② 순환하는 무한소수는 유리수이다.
   ③ 근호를 사용하여 나타낸 수는 무리수이다.
   ④ 유리수를 제곱근을 사용하여 나타낼 수 있다.
   ⑤ 유리수는 $\dfrac{a}{b}$ (a, b는 정수, $b\neq0$)꼴로 나타낼 수 있다.

3. 다음 중 옳지 <u>않은</u> 것을 모두 고르면? (정답 2개)

   ① 유한소수는 유리수이다.
   ② 순환소수는 유리수이다.
   ③ 순환하지 않는 무한소수는 무리수이다.
   ④ 무한소수는 모두 유리수이다.
   ⑤ 무한소수는 모두 무리수이다.

[4～5] 무리수를 수직선 위에 나타내기

4. 다음 그림과 같이 한 칸의 길이가 1인 모눈종이 위에 수직선과 직각삼각형 ABC를 그리고 $\overline{AC}=\overline{AP}=\overline{AQ}$가 되도록 수직선 위에 두 점 P, Q를 정할 때, 두 점 P, Q의 좌표를 각각 구하여라.

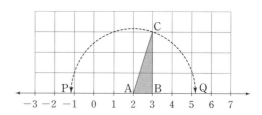

5. 다음 그림과 같이 한 칸의 길이가 1인 모눈종이 위에 수직선과 두 직각삼각형 ABC, DEF를 그리고 $\overline{BC}=\overline{BP}$, $\overline{DF}=\overline{DQ}$가 되도록 수직선 위에 두 점 P, Q를 정할 때, 두 점 P, Q의 좌표를 각각 구하여라.

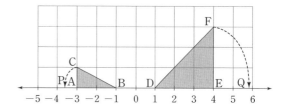

08

실수와 수직선

개념 강의 보기

● 실수

① 실수 : 유리수와 무리수를 통틀어 실수라 한다.

② 실수의 분류

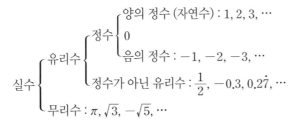

$$\text{실수} \begin{cases} \text{유리수} \begin{cases} \text{정수} \begin{cases} \text{양의 정수 (자연수)} : 1, 2, 3, \cdots \\ 0 \\ \text{음의 정수} : -1, -2, -3, \cdots \end{cases} \\ \text{정수가 아닌 유리수} : \dfrac{1}{2}, -0.3, 0.2\dot{7}, \cdots \end{cases} \\ \text{무리수} : \pi, \sqrt{3}, -\sqrt{5}, \cdots \end{cases}$$

바빠 꿀팁!

서로 다른 두 유리수 사이에는 무수히 많은 유리수와 무리수가 있고 서로 다른 두 무리수 사이에도 무수히 많은 유리수와 무리수가 있어. 하지만 유리수나 무리수만으로는 수직선을 완전히 메울 수 없고 유리수와 무리수를 통틀어 실수라고 하는데 이 실수에 대응하는 점으로 수직선을 완전히 메울 수 있어.

● 실수와 수직선

① 서로 다른 두 실수 사이에는 무수히 많은 실수가 있다.

② 수직선은 유리수와 무리수, 즉 실수에 대응하는 점으로 완전히 메울 수 있다.

③ 모든 실수는 각각 수직선 위의 한 점에 대응하고 수직선 위의 한 점에는 한 실수가 반드시 대응한다.

우린 유리수

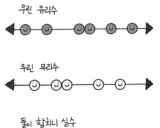

우린 무리수

둘이 합치니 실수

● 실수의 대소 관계

① 수직선 위에서 오른쪽에 있는 점에 대응하는 실수가 왼쪽에 있는 점에 대응하는 실수보다 크다.

우리 둘이 있어야 수직선이 완전히 메워지는구나!

② 비교하는 두 수가 같은 수를 더하거나 뺀 수이면 더하거나 뺀 수를 생각하지 않고 비교하면 된다.

$3+\sqrt{5}$와 $\sqrt{7}+\sqrt{5}$의 대소를 알아보자.

두 수는 같은 수 $\sqrt{5}$가 더해져 있으므로 3과 $\sqrt{7}$을 비교해 보면 $\sqrt{9}>\sqrt{7}$에서 $3>\sqrt{7}$ 따라서 양변에 $\sqrt{5}$를 더하면 $3+\sqrt{5}>\sqrt{7}+\sqrt{5}$

③ 무리수가 있는 두 수를 비교할 때는 무리수 값을 유리수의 값의 범위로 나타내어 대소를 알아본다.

$\sqrt{2}+3$과 6의 대소를 알아보자. 먼저 $\sqrt{2}+3$의 값이 유리수로 어느 정도의 값인지 알아야 한다. $\sqrt{1}<\sqrt{2}<\sqrt{4}$이므로 $1<\sqrt{2}<2$ 각 변에 3을 더하면 $4<\sqrt{2}+3<5$ 따라서 $\sqrt{2}+3<6$

 앗! 실수

유리수이든지 무리수이든지 어떤 수에 가장 가까운 수는 구할 수 없어. 왜냐하면 아무리 가까운 수를 구해도 두 수의 중점을 생각해 보면 그 수보다 가깝게 있는 수를 찾아낼 수 있거든. 또, 모든 무리수가 수직선 위에 있을까? 의문이 들지만 모든 무리수는 수직선 위의 한 점에 대응해.

A 실수와 수직선

• 모든 유리수와 무리수는 수직선 위의 한 점에 대응해.
• 서로 다른 두 유리수 사이에는 무수히 많은 유리수와 무리수가 존재해.
• 서로 다른 두 무리수 사이에는 무수히 많은 유리수와 무리수가 존재해.
• 수직선은 실수에 대응하는 점으로 완전히 메울 수 있어.

아하! 그렇구나~

■ 다음 중 옳은 것은 ○를, 옳지 <u>않은</u> 것은 ×를 하여라.

1. 3과 4 사이에는 무수히 많은 무리수가 있다.
_____

2. 수직선은 유리수에 대응하는 점으로 완전히 메울 수 있다.
_____

  Help 수직선은 실수에 대응하는 점으로 완전히 메울 수 있다.

3. 모든 실수는 각각 수직선 위의 한 점에 대응한다.
_____

4. $\sqrt{8}$과 $\sqrt{11}$ 사이에는 2개의 자연수가 있다.
_____

5. 무리수는 수직선에 나타낼 수 없다.
_____

6. 서로 다른 두 무리수 사이에는 무수히 많은 유리수가 있다.
_____

7. 서로 다른 두 유리수 사이에는 무수히 많은 무리수가 있다.
_____

8. 5에 가장 가까운 무리수는 $5+\sqrt{2}$이다.
_____

  Help 어떤 수에 가장 가까운 무리수는 정할 수 없다.

9. 실수는 유리수와 무리수로 이루어져 있다.
_____

10. $\frac{1}{2}$과 $\frac{1}{3}$ 사이에는 무수히 많은 유리수가 있다.
_____

B 수직선에서 무리수에 대응하는 점

수직선에서 $\sqrt{14}$에 대응하는 점을 찾아보면
$\sqrt{9}<\sqrt{14}<\sqrt{16}$이므로 $3<\sqrt{14}<4$
따라서 $\sqrt{14}$는 수직선 위에서 3과 4 사이의 점에 대응해.

아하! 그렇구나~

■ 수직선에서 다음 수에 대응하는 점을 말하여라.

$$\overset{\quad A \quad\quad\quad B \quad\quad\quad\quad\quad\quad C \quad\quad D \quad\quad E}{\underset{-4 \quad -3 \quad -2 \quad -1 \quad 0 \quad 1 \quad 2 \quad 3 \quad 4}{\longleftrightarrow}}$$

1. $\sqrt{2}$

   Help $1<\sqrt{2}<2$ _____

2. $-\sqrt{3}$

   _____

3. $\sqrt{15}$

   _____

4. $\sqrt{7}$

   _____

5. $-\sqrt{11}$

   _____

■ 수직선에서 다음 수에 대응하는 점을 말하여라.

$$\overset{\quad A \quad\quad\quad B \quad\quad\quad\quad\quad\quad C \quad\quad D \quad\quad E}{\underset{-2 \quad -1 \quad 0 \quad 1 \quad 2 \quad 3 \quad 4 \quad 5 \quad 6}{\longleftrightarrow}}$$

6. $1-\sqrt{2}$

   Help $1<\sqrt{2}<2$이므로 $-1<1-\sqrt{2}<0$ _____

7. $4-\sqrt{3}$

   Help $1<\sqrt{3}<2$이므로 $2<4-\sqrt{3}<3$ _____

8. $\sqrt{12}+2$

   _____

9. $\sqrt{8}+1$

   _____

10. $-3+\sqrt{2}$

   _____

C 두 실수의 대소 관계

두 수 $\sqrt{5}+3$과 7의 대소를 비교해 보자.

$2<\sqrt{5}<3$이므로 각 변에 3을 더하면

$5<\sqrt{5}+3<6$

$\therefore \sqrt{5}+3<7$

■ 다음 ○ 안에 < 또는 >를 써넣어라.

1. $\sqrt{15}-4$ ○ $\sqrt{17}-4$

   Help 두 수는 $\sqrt{15}$와 $\sqrt{17}$에서 같은 수 4를 뺀 것이므로 $\sqrt{15}$와 $\sqrt{17}$만 비교하면 된다.

2. $2-\sqrt{6}$ ○ $2-\sqrt{5}$

   Help 두 수는 $-\sqrt{6}$과 $-\sqrt{5}$에 같은 수 2를 더한 것이므로 $-\sqrt{6}$과 $-\sqrt{5}$만 비교하면 된다.

3. $\sqrt{15}+10$ ○ $\sqrt{12}+10$

4. $\sqrt{5}+3$ ○ $-2+\sqrt{5}$

5. $-8+\sqrt{11}$ ○ $\sqrt{11}-6$

6. $\sqrt{3}-1$ ○ 2

   Help $1<\sqrt{3}<2$

   $0<\sqrt{3}-1<1$

7. $1+\sqrt{7}$ ○ 5

8. 10 ○ $\sqrt{99}+1$

   Help $9<\sqrt{99}<10$

   $10<\sqrt{99}+1<11$

9. $9-\sqrt{8}$ ○ 5

   Help $2<\sqrt{8}<3$이므로 $-3<-\sqrt{8}<-2$ 각 변에 9를 더하면 $9-\sqrt{8}$의 수의 범위를 알 수 있다.

10. -10 ○ $-\sqrt{10}-8$

[1~2] 실수와 수직선

적중률 80%

1. 다음 중 옳지 <u>않은</u> 것은?

① 서로 다른 두 무리수 사이에는 무수히 많은 유리수가 있다.

② 무리수만으로 수직선을 완전히 메울 수 있다.

③ 서로 다른 두 무리수 사이에는 무수히 많은 무리수가 있다.

④ 모든 실수는 각각 수직선 위의 한 점에 대응한다.

⑤ 실수는 유리수와 무리수로 이루어져 있다.

앗실수

2. 다음 중 옳은 것을 모두 고르면? (정답 2개)

① 0에 가장 가까운 무리수를 찾을 수 없다.

② $\sqrt{2}$와 $\sqrt{3}$ 사이에는 무리수만 있다.

③ $\sqrt{3}$과 $\sqrt{10}$ 사이에는 7개의 정수가 있다.

④ $\sqrt{6}$과 $\sqrt{7}$ 사이에는 무수히 많은 유리수가 있다.

⑤ 3과 4 사이에는 무리수가 없다.

[3~4] 수직선에서 무리수에 대응하는 점

3. 다음 수직선 위의 점 중에서 $\sqrt{29}$에 대응하는 점을 구하여라.

4. 다음 수직선 위의 점 중에서 $\sqrt{12}-2$에 대응하는 점은?

① A   ② B   ③ C

④ D   ⑤ E

[5~6] 두 실수의 대소 관계

적중률 90%

5. 다음 두 실수의 대소 관계가 옳지 <u>않은</u> 것을 모두 고르면? (정답 2개)

① $-3 < -\sqrt{8}$

② $4 > \sqrt{7}+2$

③ $1+\sqrt{5} < \sqrt{2}+\sqrt{5}$

④ $\sqrt{3}-\sqrt{10} < 2-\sqrt{10}$

⑤ $\sqrt{21}-5 > -5+\sqrt{23}$

6. 두 실수의 대소 관계가 옳은 것을 보기에서 모두 고른 것은?

보기
ㄱ. $3+\sqrt{3} > \sqrt{10}+\sqrt{3}$
ㄴ. $-4-\sqrt{12} < -4-\sqrt{11}$
ㄷ. $3-\sqrt{5} < \sqrt{8}-\sqrt{5}$
ㄹ. $\sqrt{12}+1 > 4$

① ㄱ, ㄴ   ② ㄱ, ㄷ   ③ ㄴ, ㄷ

④ ㄴ, ㄹ   ⑤ ㄷ, ㄹ

둘째 마당

근호를 포함한 식의 계산

이제 우리가 아는 수의 범위가 유리수에서 실수로 확장되었어. 둘째 마당에서는 실수의 사칙연산에 대해 배울 거야. 먼저 근호를 포함한 수의 곱셈과 나눗셈을 배운 다음, 덧셈과 뺄셈을 배우게 돼. 이때 곱셈과 나눗셈을 하는 방법과 덧셈과 뺄셈을 하는 방법은 아주 다르니 헷갈리면 안 돼. 하지만 실수에서도 유리수의 계산처럼 교환법칙이나 결합법칙이 그대로 적용되니, 그리 어렵진 않을 거야.

공부할 내용!

14일 진도

20일 진도

스스로 계획을 세워 봐!

09

제곱근의 곱셈

개념 강의 보기

● 제곱근의 곱셈

① 제곱근끼리 곱할 때에는 근호 안의 수는 근호 안의 수끼리, 근호 밖의 수는 근호 밖의 수끼리 곱한다.

$a>0, b>0$일 때,

- $\sqrt{a}\sqrt{b}=\sqrt{ab}$

  $\sqrt{3}\times\sqrt{5}=\sqrt{3\times5}=\sqrt{15}$

- $m\sqrt{a}\times n=mn\sqrt{a}$

  $2\sqrt{5}\times4=2\times4\sqrt{5}=8\sqrt{5}$

- $m\sqrt{a}\times n\sqrt{b}=mn\sqrt{ab}$

  $3\sqrt{7}\times2\sqrt{3}=3\times2\sqrt{7\times3}=6\sqrt{21}$

② 세 개 이상의 제곱근을 곱할 때에도 근호 안의 수끼리 곱하면 된다.

$\sqrt{a}\times\sqrt{b}\times\sqrt{c}=\sqrt{abc}$

$\sqrt{\dfrac{2}{3}}\times\sqrt{\dfrac{9}{8}}\times\sqrt{\dfrac{4}{3}}=\sqrt{\dfrac{2}{3}\times\dfrac{9}{8}\times\dfrac{4}{3}}=\sqrt{1}=1$

2야!
$-$는 떼어 놓고
너만 제곱해서
$\sqrt{}$ 안으로 들어와!

● 근호가 있는 식의 변형

① 근호 안의 수에 제곱인 인수가 있으면 근호 밖으로 꺼낼 수 있다.

$a>0, b>0$일 때, $\sqrt{a^2b}=\sqrt{a^2}\sqrt{b}=a\sqrt{b}$

$\sqrt{20}=\sqrt{2^2\times5}=2\sqrt{5}$

$\sqrt{\dfrac{8}{9}}=\sqrt{\dfrac{2^2\times2}{3^2}}=\dfrac{\sqrt{2^2}\times\sqrt{2}}{\sqrt{3^2}}=\dfrac{2\sqrt{2}}{3}$

② 근호 밖의 양수는 제곱하여 근호 안으로 넣을 수 있다.

$a>0, b>0$일 때, $a\sqrt{b}=\sqrt{a^2}\sqrt{b}=\sqrt{a^2b}$

$4\sqrt{5}=\sqrt{4^2\times5}=\sqrt{80}$

$\dfrac{\sqrt{28}}{2}=\dfrac{\sqrt{28}}{\sqrt{2^2}}=\sqrt{\dfrac{28}{4}}=\sqrt{7}$

바빠 꿀팁!

근호 안의 제곱인 인수 꺼내기
- 근호 안의 수를 먼저 소인수분해하고
- 지수를 짝수로 나타낼 수 있는 것을 모아서 $\sqrt{a^2b}$로 나타내고
- 근호 안의 제곱인 인수는 제곱을 없애고 근호 밖으로 꺼내면 돼.

앗! 실수

근호 밖에 음수가 있더라도 $-$ 부호는 그대로 두고 양수만 근호 안으로 넣어야 해.
- $-2\sqrt{5}=\sqrt{(-2)^2\times5}=\sqrt{20}$ (×)   - $-2\sqrt{5}=-\sqrt{2^2\times5}=-\sqrt{20}$ (○)

A 제곱근의 곱셈 1

■ 다음을 계산하여라.

1. $\sqrt{2}\times\sqrt{3}$

_____

Help $\sqrt{2}\times\sqrt{3}=\sqrt{2\times3}$

2. $\sqrt{5}\times\sqrt{6}$

_____

3. $(-\sqrt{35})\times\sqrt{\dfrac{1}{7}}$

_____

4. $\sqrt{11}\times(-\sqrt{2})$

_____

5. $\sqrt{\dfrac{12}{5}}\times\sqrt{\dfrac{25}{6}}$

_____

6. $\sqrt{2}\times\sqrt{5}\times\sqrt{7}$

_____

7. $\sqrt{10}\times\sqrt{3}\times\sqrt{7}$

_____

8. $(-\sqrt{12})\times(-\sqrt{5})\times\sqrt{\dfrac{7}{4}}$

_____

9. $\left(-\sqrt{\dfrac{10}{3}}\right)\times\sqrt{6}\times\sqrt{\dfrac{3}{2}}$

_____

10. $\sqrt{11}\times\left(-\sqrt{\dfrac{5}{9}}\right)\times\sqrt{\dfrac{3}{10}}$

_____

$a>0, b>0, m, n$이 유리수일 때 $m\sqrt{a}\times n\sqrt{b}=mn\sqrt{ab}$이므로
$3\sqrt{2}\times 4\sqrt{3}=3\times 4\sqrt{2\times 3}=12\sqrt{6}$이 돼.
이 정도는 암기해야 해~ 암암!

■ 다음을 계산하여라.

1. $3\sqrt{5}\times 2\sqrt{2}$

_____

2. $4\sqrt{3}\times 5\sqrt{5}$

_____

3. $(-2\sqrt{3})\times 5\sqrt{10}$

_____

4. $(-5\sqrt{11})\times 7\sqrt{3}$

_____

5. $(-3\sqrt{7})\times(-4\sqrt{11})$

_____

6. $(-2\sqrt{10})\times 4\sqrt{\dfrac{1}{5}}$

Help $(-2\sqrt{10})\times 4\sqrt{\dfrac{1}{5}}=-2\times 4\sqrt{10\times\dfrac{1}{5}}$

7. $\left(-6\sqrt{\dfrac{3}{2}}\right)\times 2\sqrt{2}$

_____

8. $4\sqrt{\dfrac{7}{6}}\times(-2\sqrt{3})$

_____

9. $9\sqrt{\dfrac{5}{9}}\times\left(-\dfrac{1}{3}\sqrt{\dfrac{27}{10}}\right)$

_____

10. $3\sqrt{\dfrac{4}{15}}\times\left(-5\sqrt{\dfrac{25}{8}}\right)$

_____

$\sqrt{a^2 b} = a\sqrt{b}$를 이용한 식의 변형 1

$a > 0,\ b > 0$일 때 $\sqrt{a^2 b} = \sqrt{a^2}\sqrt{b} = a\sqrt{b}$이므로
$\sqrt{28} = \sqrt{2^2 \times 7} = \sqrt{2^2} \times \sqrt{7} = 2\sqrt{7}$이 돼.

아하! 그렇구나~

■ 다음 □ 안에 알맞은 수를 써넣어라.

1. $\sqrt{12} = \sqrt{\Box^2 \times 3} = \Box\sqrt{3}$

2. $\sqrt{18} = \sqrt{\Box^2 \times 2} = \Box\sqrt{2}$

3. $\sqrt{20} = \sqrt{\Box^2 \times 5} = \Box\sqrt{5}$

4. $\sqrt{44} = \sqrt{\Box^2 \times 11} = \Box\sqrt{11}$

5. $\sqrt{50} = \sqrt{\Box^2 \times 2} = \Box\sqrt{2}$

6. $\sqrt{52} = \sqrt{\Box^2 \times 13} = \Box\sqrt{13}$

7. $\sqrt{63} = \sqrt{\Box^2 \times 7} = \Box\sqrt{7}$

8. $\sqrt{75} = \sqrt{\Box^2 \times 3} = \Box\sqrt{3}$

9. $\sqrt{98} = \sqrt{\Box^2 \times 2} = \Box\sqrt{2}$

10. $\sqrt{99} = \sqrt{\Box^2 \times 11} = \Box\sqrt{11}$

D $\sqrt{a^2b}=a\sqrt{b}$를 이용한 식의 변형 2

근호 안에 있는 수를 근호 밖으로 꺼낼 때는 먼저 소인수분해를 하고, 소인수 중 지수가 2 이상인 것이 있으면 근호 밖으로 꺼낼 수 있어.

$\sqrt{40}=\sqrt{2^3\times5}=\sqrt{2^2\times2\times5}=2\sqrt{10}$ 잊지 말자. 꼬~옥!

■ 다음을 근호 안의 수가 가장 작은 자연수가 되도록 $a\sqrt{b}$의 꼴로 나타내어라. (단, a는 유리수)

1. $\sqrt{8}$

———————————

Help $\sqrt{8}=\sqrt{2^2\times2}$

2. $\sqrt{27}$

———————————

3. $\sqrt{45}$

———————————

(앗!실수)
4. $\sqrt{48}$

———————————

Help $\sqrt{48}=\sqrt{2^4\times3}=\sqrt{4^2\times3}$

5. $\sqrt{72}$

———————————

Help $\sqrt{72}=\sqrt{2^3\times3^2}=\sqrt{2^2\times3^2\times2}$

6. $\sqrt{90}$

———————————

7. $\sqrt{108}$

———————————

8. $\sqrt{162}$

———————————

9. $\sqrt{175}$

———————————

10. $\sqrt{200}$

———————————

E $a\sqrt{b}=\sqrt{a^2b}$ 를 이용한 식의 변형

근호 밖에 곱해져 있는 수를 근호 안으로 넣을 때는 근호 밖의 수를 제곱하여 근호 안의 수와 곱하면 돼. 이때 근호 밖의 −는 근호 안으로 넣을 수 없고 수만 근호 안으로 넣을 수 있음을 기억해야 해.

$$-3\sqrt{2}=-\sqrt{3^2\times2}=-\sqrt{18}$$

■ 다음 □ 안에 알맞은 수를 차례로 써넣어라.

1. $2\sqrt{3}=\sqrt{\boxed{}^2\times3}=\sqrt{\boxed{}}$

2. $4\sqrt{6}=\sqrt{\boxed{}^2\times6}=\sqrt{\boxed{}}$

3. $5\sqrt{2}=\sqrt{\boxed{}^2\times2}=\sqrt{\boxed{}}$

4. $-2\sqrt{5}=-\sqrt{\boxed{}^2\times5}=-\sqrt{\boxed{}}$

5. $-3\sqrt{7}=-\sqrt{\boxed{}^2\times7}=-\sqrt{\boxed{}}$

■ 다음을 $\sqrt{a}$ 또는 $-\sqrt{a}$의 꼴로 나타내어라.

6. $3\sqrt{2}$

_____

Help $3\sqrt{2}=\sqrt{3^2\times2}$

7. $-5\sqrt{3}$ 〔앗! 실수〕

_____

Help $-5\sqrt{3}=-\sqrt{5^2\times3}$

8. $2\sqrt{6}$

_____

9. $4\sqrt{7}$

_____

10. $-3\sqrt{11}$

_____

[1~2] 제곱근의 곱셈

적중률 90%

1. 다음 중 옳은 것을 모두 고르면? (정답 2개)

① $\sqrt{3}\sqrt{6}=\sqrt{9}$

② $3\sqrt{7}\times\sqrt{2}=3\sqrt{14}$

③ $2\sqrt{5}\times\sqrt{3}=\sqrt{30}$

④ $4\sqrt{2}\times(-2\sqrt{2})=-8\sqrt{2}$

⑤ $-2\sqrt{5}\times3\sqrt{2}=-6\sqrt{10}$

2. $3\sqrt{3}\times2\sqrt{6}\times\dfrac{1}{\sqrt{2}}$ 을 계산하면?

① $6\sqrt{3}$ ② 6 ③ 18

④ $3\sqrt{18}$ ⑤ $6\sqrt{18}$

[3~4] $\sqrt{a^2b}=a\sqrt{b}$를 이용한 식의 변형

적중률 90%

3. 다음 중 옳지 않은 것은?

① $\sqrt{48}=4\sqrt{3}$ ② $3\sqrt{2}=\sqrt{18}$

③ $-\sqrt{200}=-10\sqrt{2}$ ④ $\sqrt{150}=5\sqrt{6}$

⑤ $-7\sqrt{2}=-\sqrt{88}$

4. $\sqrt{8}=a\sqrt{2}$, $\sqrt{27}=b\sqrt{3}$일 때, 유리수 a, b에 대하여 $\sqrt{ab}$의 값을 구하여라.

[5~6] $a\sqrt{b}=\sqrt{a^2b}$를 이용한 식의 변형

5. 다음 중 가장 큰 수는?

① $4\sqrt{2}$ ② $2\sqrt{7}$ ③ $3\sqrt{5}$

④ $5\sqrt{3}$ ⑤ $6\sqrt{2}$

앗! 실수

6. $2\times\sqrt{8}\times\sqrt{k}=8$을 만족하는 유리수 k의 값을 구하여라.

⑩ 제곱근의 나눗셈

개념 강의 보기

● **제곱근의 나눗셈**

$a>0, b>0, c>0, d>0$이고 m, n이 유리수일 때

① $\dfrac{\sqrt{a}}{\sqrt{b}}=\sqrt{\dfrac{a}{b}}$ ② $m\sqrt{a}\div n\sqrt{b}=m\sqrt{a}\times\dfrac{1}{n\sqrt{b}}=\dfrac{m}{n}\sqrt{\dfrac{a}{b}}$ (단, $n\neq0$)

③ $\dfrac{\sqrt{a}}{\sqrt{b}}\div\dfrac{\sqrt{c}}{\sqrt{d}}=\dfrac{\sqrt{a}}{\sqrt{b}}\times\dfrac{\sqrt{d}}{\sqrt{c}}=\sqrt{\dfrac{ad}{bc}}$

바빠 꿀팁!

근호 안의 수가 제곱근표에 없다면 소수점을 왼쪽이나 오른쪽으로 움직여서 근호 안의 수가 나오도록 만들어야 해. 이때 근호 안에 곱해지거나 나누어지는 수는 10^2, 10^4, …와 같이 지수가 짝수일 때만 근호 밖으로 나올 수 있어.

● **제곱근 표에 있는 수의 제곱근의 값**

1.00부터 99.9까지의 수의 양의 제곱근의 값은 제곱근표를 이용하여 소수점 아래 셋째 자리까지 구할 수 있다.

오른쪽 제곱근표를 이용하여 $\sqrt{2.45}$의 값을 구하면 2.4의 가로줄과 5의 세로줄이 만나는 칸에 적혀 있는 수인 1.565이다.

수	…	4	5	6	…
2.3	…	1.530	1.533	1.536	…
2.4		~~1.562~~→	1.565	1.568	…
2.5	…	1.594	1.597	1.600	…

제곱근표 에는 99.9까지만 있어도 모든 수의 제곱근의 값을 다 구할 수 있어!

● **제곱근표에 없는 수의 제곱근의 값**

① 100보다 큰 수의 제곱근의 값

$\sqrt{100a}=10\sqrt{a}$, $\sqrt{10000a}=100\sqrt{a}$, …의 꼴로 고친다. (단, $1\leq a\leq99.9$)

제곱근표에서 $\sqrt{2.57}=1.603$일 때, $\sqrt{257}$, $\sqrt{25700}$의 값을 구해 보자.

$\sqrt{257}=\sqrt{2.57\times100}=10\sqrt{2.57}=16.03$

$\sqrt{25700}=\sqrt{2.57\times10000}=100\sqrt{2.57}=160.3$

② 0과 1 사이의 수의 제곱근의 값

$\sqrt{\dfrac{a}{100}}=\dfrac{\sqrt{a}}{10}$, $\sqrt{\dfrac{a}{10000}}=\dfrac{\sqrt{a}}{100}$, …의 꼴로 고친다. (단, $1\leq a\leq99.9$)

제곱근표에서 $\sqrt{46.2}=6.797$일 때, $\sqrt{0.462}$, $\sqrt{0.00462}$의 값을 구해 보자.

$\sqrt{0.462}=\sqrt{\dfrac{46.2}{100}}=\dfrac{\sqrt{46.2}}{10}=\dfrac{6.797}{10}=0.6797$

$\sqrt{0.00462}=\sqrt{\dfrac{46.2}{10000}}=\dfrac{\sqrt{46.2}}{100}=\dfrac{6.797}{100}=0.06797$

앗! 실수

$\sqrt{3460}$의 값을 구하기 위해 $\sqrt{3.46}=1.860$을 이용할까? $\sqrt{34.6}=5.882$를 이용할까?

$\sqrt{3460}=\sqrt{3.46\times1000}$으로 변형하면 $\sqrt{3.46\times1000}=\sqrt{3.46}\times10\sqrt{10}$이 되는데 $\sqrt{10}$의 값을 알 수 없어서 구할 수 없어.

$\sqrt{3460}=\sqrt{34.6\times100}$으로 변형하면 $\sqrt{34.6}\times10$이 되어 $\sqrt{34.6}\times10=58.82$가 돼.

이와 같이 구하는 수에 따라서 이용하는 수가 달라지니 주의해야 해.

A 제곱근의 나눗셈 1

$a>0, b>0$일 때, $\sqrt{a}\div\sqrt{b}=\sqrt{a\div b}$이므로

$-\sqrt{10}\div\sqrt{5}=-\sqrt{10\div5}=-\sqrt{2}$ 아하! 그렇구나~

■ 다음을 계산하여라.

1. $-\sqrt{6}\div\sqrt{3}$

$\qquad\qquad$

Help $-\sqrt{6}\div\sqrt{3}=-\sqrt{\dfrac{6}{3}}$

2. $\sqrt{10}\div\sqrt{2}$

$\qquad\qquad$

3. $(-\sqrt{35})\div\sqrt{7}$

$\qquad\qquad$

4. $-\sqrt{15}\div(-\sqrt{5})$

$\qquad\qquad$

5. $\sqrt{30}\div(-\sqrt{5})$

$\qquad\qquad$

6. $-\dfrac{\sqrt{14}}{\sqrt{2}}$

$\qquad\qquad$

Help $-\dfrac{\sqrt{14}}{\sqrt{2}}=-\sqrt{\dfrac{14}{2}}$

7. $\dfrac{\sqrt{75}}{\sqrt{5}}$

$\qquad\qquad$

8. $\dfrac{\sqrt{69}}{\sqrt{3}}$

$\qquad\qquad$

9. $-\dfrac{\sqrt{98}}{\sqrt{7}}$

$\qquad\qquad$

10. $\dfrac{\sqrt{66}}{\sqrt{11}}$

$\qquad\qquad$

B 제곱근의 나눗셈 2

■ 다음을 계산하여라.

1. $2\sqrt{12} \div 2\sqrt{6}$

　　Help $2\sqrt{12} \div 2\sqrt{6} = (2 \div 2)\sqrt{12 \div 6}$

2. $4\sqrt{10} \div 2\sqrt{5}$

3. $(-6\sqrt{18}) \div 3\sqrt{3}$

4. $(-10\sqrt{14}) \div 2\sqrt{2}$

5. $12\sqrt{30} \div 3\sqrt{6}$

6. $(-4\sqrt{18}) \div 2\sqrt{2}$

　　Help $(-4\sqrt{18}) \div 2\sqrt{2} = (-4 \div 2)\sqrt{18 \div 2}$

7. $(-10\sqrt{20}) \div 2\sqrt{5}$

8. $\sqrt{98} \div (-7\sqrt{2})$

9. $(5\sqrt{108}) \div (-6\sqrt{3})$

10. $6\sqrt{40} \div (-2\sqrt{10})$

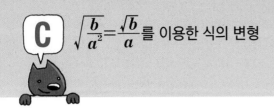

C $\sqrt{\dfrac{b}{a^2}}=\dfrac{\sqrt{b}}{a}$ 를 이용한 식의 변형

$a>0,\,b>0$일 때 $\sqrt{\dfrac{b}{a^2}}=\dfrac{\sqrt{b}}{\sqrt{a^2}}=\dfrac{\sqrt{b}}{a}$이므로

$\sqrt{\dfrac{5}{64}}=\dfrac{\sqrt{5}}{\sqrt{8^2}}=\dfrac{\sqrt{5}}{8}$

■ 다음 □ 안에 알맞은 수를 써넣어라.

1. $\sqrt{\dfrac{5}{4}}=\sqrt{\dfrac{5}{\Box^2}}=\dfrac{\sqrt{5}}{\Box}$

2. $\sqrt{\dfrac{2}{9}}=\sqrt{\dfrac{2}{\Box^2}}=\dfrac{\sqrt{2}}{\Box}$

3. $\sqrt{\dfrac{7}{16}}=\sqrt{\dfrac{7}{\Box^2}}=\dfrac{\sqrt{7}}{\Box}$

4. $\sqrt{\dfrac{14}{8}}=\sqrt{\dfrac{7}{\Box^2}}=\dfrac{\sqrt{7}}{\Box}$

5. $\sqrt{\dfrac{6}{75}}=\sqrt{\dfrac{2}{\Box^2}}=\dfrac{\sqrt{2}}{\Box}$

■ 다음을 근호 안의 수가 가장 작은 자연수가 되도록 $\dfrac{\sqrt{b}}{a}$의 꼴로 나타내어라. (단, a는 유리수)

6. $\sqrt{\dfrac{35}{28}}$

   Help $\sqrt{\dfrac{35}{28}}=\sqrt{\dfrac{5}{4}}=\sqrt{\dfrac{5}{2^2}}$

7. $\sqrt{0.06}$

8. $\sqrt{\dfrac{4}{98}}$

9. $\sqrt{\dfrac{15}{20}}$

10. $\sqrt{\dfrac{12}{54}}$

D 제곱근표를 이용하여 제곱근의 값 구하기

제곱근표에서 √2.57의 값 찾기
⇨ 2.5의 가로줄과 7의 세로줄이
만나는 곳에 있는 수를 읽으면
√2.57=1.603

수	...	7	...
:	:	:	:
2.5	→	1.603	
:	:	:	:

■ 아래 표는 제곱근표의 일부이다. 이 표를 이용하여 다음 제곱근의 값을 구하여라.

수	0	1	2	3
3.5	1.871	1.873	1.876	1.879
3.6	1.897	1.900	1.903	1.905
3.7	1.924	1.926	1.929	1.931
3.8	1.949	1.952	1.954	1.957

1. $\sqrt{3.61}$

2. $\sqrt{3.53}$

3. $\sqrt{3.72}$

4. $\sqrt{3.81}$

5. $\sqrt{3.52}$

■ 아래 표는 제곱근표의 일부이다. 이 표를 이용하여 다음 제곱근의 값을 구하여라.

수	0	1	2	3
20	4.472	4.483	4.494	4.506
21	4.583	4.593	4.604	4.615
22	4.690	4.701	4.712	4.722
23	4.796	4.806	4.817	4.827

6. $\sqrt{20.0}$

7. $\sqrt{21.3}$

8. $\sqrt{23.1}$

9. $\sqrt{22.2}$

10. $\sqrt{20.3}$

E 제곱근표에 없는 수의 제곱근의 값 1

제곱근표는 1에서 99.9까지의 수만 있으므로 그 이상의 수이거나 그 이하의 수는 수를 변형하여 제곱근표에 있는 수를 이용할 수 있도록 만들어야 해. $\sqrt{700}=\sqrt{7\times100}=\sqrt{7}\times\sqrt{10^2}=10\sqrt{7}$

$\sqrt{0.07}=\sqrt{7\times\dfrac{1}{100}}=\sqrt{7}\times\sqrt{\left(\dfrac{1}{10}\right)^2}=\dfrac{\sqrt{7}}{10}$

■ 다음은 $\sqrt{2}=1.414$, $\sqrt{20}=4.472$임을 이용하여 주어진 제곱근의 값을 구하는 과정이다. □ 안에 알맞은 수를 써넣어라.

1. $\sqrt{200}=\sqrt{2\times\boxed{}}=\boxed{}\sqrt{2}=\boxed{}$

2. $\sqrt{20000}=\sqrt{2\times\boxed{}}=\boxed{}\sqrt{2}=\boxed{}$

3. $\sqrt{0.2}=\sqrt{20\times\boxed{}}=\boxed{}\sqrt{20}=\boxed{}$

4. $\sqrt{0.02}=\sqrt{2\times\boxed{}}=\boxed{}\sqrt{2}=\boxed{}$

5. $\sqrt{0.002}=\sqrt{20\times\boxed{}}=\boxed{}\sqrt{20}=\boxed{}$

■ 다음은 $\sqrt{5}=2.236$, $\sqrt{50}=7.071$임을 이용하여 주어진 제곱근의 값을 구하는 과정이다. □ 안에 알맞은 수를 써넣어라.

6. $\sqrt{500}=\sqrt{5\times\boxed{}}=\boxed{}\sqrt{5}=\boxed{}$

7. $\sqrt{0.05}=\sqrt{5\times\boxed{}}=\boxed{}\sqrt{5}=\boxed{}$

8. $\sqrt{0.5}=\sqrt{50\times\boxed{}}=\boxed{}\sqrt{50}=\boxed{}$

9. $\sqrt{0.005}=\sqrt{50\times\boxed{}}=\boxed{}\sqrt{50}=\boxed{}$

10. $\sqrt{50000}=\sqrt{5\times\boxed{}}=\boxed{}\sqrt{5}=\boxed{}$

F 제곱근표에 없는 수의 제곱근의 값 2

$\sqrt{542}$는 제곱근표에 없는 값인데 제곱근표에서 $\sqrt{5.42}$를 이용할까?
$\sqrt{54.2}$를 이용할까?

$\sqrt{542}=\sqrt{5.42\times100}=\sqrt{5.42}\times\sqrt{10^2}=10\sqrt{5.42}$

와 같이 주어진 수를 변형해서 곱하는 10의 거듭제곱의 지수가 짝수이어야 근호 밖으로 나올 수 있어.

■ $\sqrt{4.1}=2.025$, $\sqrt{41}=6.403$일 때, 다음을 구하여라.

1. $\sqrt{410}$

_____

Help $\sqrt{410}=\sqrt{4.1\times100}$

2. $\sqrt{0.41}$

_____

Help $\sqrt{0.41}=\sqrt{41\times\dfrac{1}{100}}$

■ $\sqrt{5.3}=2.302$, $\sqrt{53}=7.280$일 때, 다음을 구하여라.

3. $\sqrt{5300}$

_____

4. $\sqrt{0.053}$

_____

■ $\sqrt{6.8}=2.608$, $\sqrt{68}=8.246$일 때, 다음을 구하여라.

5. $\sqrt{0.68}$

_____

6. $\sqrt{680}$

_____

■ $\sqrt{8.5}=2.915$, $\sqrt{85}=9.220$일 때, 다음을 구하여라.

7. $\sqrt{850}$

_____

8. $\sqrt{0.085}$

_____

[1~2] 제곱근의 나눗셈

적중률 90%

1. 다음 중 옳지 <u>않은</u> 것은?

① $\sqrt{6} \div \sqrt{3} = \sqrt{2}$　　② $-\dfrac{\sqrt{55}}{\sqrt{5}} = -\sqrt{11}$

③ $\dfrac{\sqrt{5}}{\sqrt{2}} \div \dfrac{\sqrt{15}}{\sqrt{6}} = \dfrac{1}{\sqrt{3}}$　　④ $\sqrt{\dfrac{7}{3}} \div \sqrt{\dfrac{7}{6}} = \sqrt{2}$

⑤ $\dfrac{\sqrt{28}}{\sqrt{7}} = 2$

2. $(-16\sqrt{5}) \div 2\sqrt{45}$를 간단히 하면?

① $-\dfrac{8}{\sqrt{3}}$　　② $-\dfrac{8}{3}$　　③ $-\dfrac{\sqrt{3}}{8}$

④ $-\dfrac{8}{\sqrt{10}}$　　⑤ $-\dfrac{\sqrt{10}}{8}$

[3~4] $\sqrt{\dfrac{b}{a^2}} = \dfrac{\sqrt{b}}{a}$를 이용한 식의 변형

3. $\sqrt{0.52} = k\sqrt{13}$일 때, 유리수 k의 값은?

① 0.1　　② 0.2　　③ 0.3

④ 0.4　　⑤ 0.5

4. $\sqrt{\dfrac{15}{147}}$를 근호 안의 수가 가장 작은 자연수가 되도록 $\dfrac{\sqrt{b}}{a}$ 꼴로 나타내었을 때, 유리수 a, b에 대하여 $a+b$의 값은?

① 12　　② 13　　③ 14

④ 15　　⑤ 18

적중률 100%

[5~6] 주어진 수를 이용하여 제곱근의 값 구하기

5. $\sqrt{5.83} = 2.415$, $\sqrt{58.3} = 7.635$일 때, $\sqrt{0.583}$의 값을 구하여라.

앗! 실수

6. $\sqrt{4.56} = 2.135$, $\sqrt{45.6} = 6.753$일 때, 다음 중 옳지 <u>않은</u> 것은?

① $\sqrt{456} = 21.35$　　② $\sqrt{4560} = 67.53$

③ $\sqrt{0.456} = 0.6753$　　④ $\sqrt{0.0456} = 0.6753$

⑤ $\sqrt{45600} = 213.5$

11

분모의 유리화

개념 강의 보기

● 분모의 유리화

분수의 분모가 근호를 포함한 무리수일 때, 분모와 분자에 0이 아닌 같은 수를 곱하여 분모를 유리수로 고치는 것이다.

바빠 꿀팁!

분모의 유리화는 왜 하는 걸까?
$\dfrac{\sqrt{3}}{\sqrt{2}}+\dfrac{2\sqrt{2}}{\sqrt{3}}$는 분모를 유리화하여 통분하면 아래와 같이 계산이 쉬워지거든.

$$\dfrac{\sqrt{6}}{2}+\dfrac{2\sqrt{6}}{3}=\dfrac{3\sqrt{6}}{6}+\dfrac{4\sqrt{6}}{6}=\dfrac{7\sqrt{6}}{6}$$

● 분모의 유리화 방법

$a>0$이고 b, c가 실수일 때

① $\dfrac{1}{\sqrt{a}}=\dfrac{1\times\sqrt{a}}{\sqrt{a}\times\sqrt{a}}=\dfrac{\sqrt{a}}{a}$ ⇨ $\dfrac{1}{\sqrt{2}}=\dfrac{\sqrt{2}}{\sqrt{2}\times\sqrt{2}}=\dfrac{\sqrt{2}}{2}$

$\sqrt{2}$를 분모, 분자에 각각 곱한다.

② $\dfrac{b}{\sqrt{a}}=\dfrac{b\times\sqrt{a}}{\sqrt{a}\times\sqrt{a}}=\dfrac{b\sqrt{a}}{a}$ ⇨ $\dfrac{5}{\sqrt{3}}=\dfrac{5\times\sqrt{3}}{\sqrt{3}\times\sqrt{3}}=\dfrac{5\sqrt{3}}{3}$

$\sqrt{3}$을 분모, 분자에 각각 곱한다.

③ $\dfrac{c}{b\sqrt{a}}=\dfrac{c\times\sqrt{a}}{b\sqrt{a}\times\sqrt{a}}=\dfrac{c\sqrt{a}}{ab}$ ⇨ $\dfrac{3}{2\sqrt{5}}=\dfrac{3\times\sqrt{5}}{2\sqrt{5}\times\sqrt{5}}=\dfrac{3\sqrt{5}}{10}$

$\sqrt{5}$를 분모, 분자에 각각 곱한다.

● 제곱근의 곱셈과 나눗셈의 혼합 계산

① 나눗셈은 역수의 곱셈으로 바꾼 후, 근호 밖의 수끼리 근호 안의 수끼리 계산한다.

② 분모를 유리화하고 제곱인 인수는 근호 밖으로 꺼내어 간단히 한다.

$$\dfrac{3\sqrt{6}}{\sqrt{2}}\div\dfrac{6\sqrt{3}}{\sqrt{10}}\times\dfrac{\sqrt{2}}{\sqrt{15}}$$

$$=\dfrac{3\sqrt{6}}{\sqrt{2}}\times\dfrac{\sqrt{10}}{6\sqrt{3}}\times\dfrac{\sqrt{2}}{\sqrt{15}}=\dfrac{3}{6}\times\sqrt{\dfrac{6\times10\times2}{2\times3\times15}}$$

$$=\dfrac{\sqrt{4}}{2\sqrt{3}}=\dfrac{\sqrt{3}}{3}$$

앗! 실수

• $\dfrac{\sqrt{5}}{\sqrt{12}}$의 분모를 유리화할 때, 분모, 분자에 $\sqrt{12}$를 곱하면 수가 너무 커져. $\sqrt{12}=2\sqrt{3}$으로 변형한 후 $\sqrt{3}$을 분모, 분자에 곱하면 간단하게 풀 수 있어. ⇨ $\dfrac{\sqrt{5}}{\sqrt{12}}=\dfrac{\sqrt{5}}{2\sqrt{3}}=\dfrac{\sqrt{15}}{6}$

• $\dfrac{\sqrt{14}}{\sqrt{6}}$의 분모를 유리화할 때 분모, 분자에 $\sqrt{6}$을 곱해도 되지만 아래와 같이 $\sqrt{2}$로 분모, 분자를 나눈 후 분모, 분자에 $\sqrt{3}$을 곱하면 계산이 훨씬 쉬워져. ⇨ $\dfrac{\sqrt{14}}{\sqrt{6}}=\dfrac{\sqrt{2}\sqrt{7}}{\sqrt{2}\sqrt{3}}=\dfrac{\sqrt{7}}{\sqrt{3}}=\dfrac{\sqrt{21}}{3}$

- $\dfrac{b}{\sqrt{a}}=\dfrac{b\times\sqrt{a}}{\sqrt{a}\times\sqrt{a}}=\dfrac{b\sqrt{a}}{a}$ (단, $a>0$)
- $\sqrt{\dfrac{b}{a}}=\dfrac{\sqrt{b}}{\sqrt{a}}=\dfrac{\sqrt{b}\times\sqrt{a}}{\sqrt{a}\times\sqrt{a}}=\dfrac{\sqrt{ab}}{a}$ (단, $a>0,\,b>0$)

잊지 말자. 꼬~옥! 🌀

■ 다음 수의 분모를 유리화하여라.

1. $\dfrac{3}{\sqrt{2}}$

_____

Help $\dfrac{3}{\sqrt{2}}=\dfrac{3\times\sqrt{2}}{\sqrt{2}\times\sqrt{2}}$

2. $\dfrac{5}{\sqrt{3}}$

_____

3. $\dfrac{6}{\sqrt{5}}$

_____

4. $\dfrac{\sqrt{2}}{\sqrt{11}}$

_____

5. $\dfrac{\sqrt{5}}{\sqrt{7}}$

_____

6. $\sqrt{\dfrac{2}{5}}$

_____

Help $\sqrt{\dfrac{2}{5}}=\dfrac{\sqrt{2}}{\sqrt{5}}=\dfrac{\sqrt{2}\times\sqrt{5}}{\sqrt{5}\times\sqrt{5}}$

7. $\sqrt{\dfrac{6}{7}}$

_____

8. $\sqrt{\dfrac{13}{3}}$

_____

9. $\sqrt{\dfrac{11}{6}}$

_____

10. $\sqrt{\dfrac{7}{13}}$

_____

근호 안의 수를 정리하여 근호 밖으로 꺼낼 수 있는 수를 꺼내면 분모의 유리화를 간단히 할 수 있어.

$$\frac{6}{\sqrt{18}}=\frac{6}{\sqrt{3^2\times2}}=\frac{6}{3\sqrt{2}}=\frac{2}{\sqrt{2}}=\frac{2\sqrt{2}}{\sqrt{2}\sqrt{2}}=\sqrt{2}$$

이렇게 하면 $\sqrt{18}$을 분모, 분자에 곱하는 것보다 쉽게 풀 수 있지.

■ 다음 수의 분모를 유리화하여라.

1. $\dfrac{\sqrt{3}}{\sqrt{6}}$

———————————

Help $\dfrac{\sqrt{3}}{\sqrt{6}}=\dfrac{\sqrt{3}}{\sqrt{3}\times\sqrt{2}}$

2. 앗! 실수 $\dfrac{4}{\sqrt{12}}$

———————————

Help $\dfrac{4}{\sqrt{12}}=\dfrac{4}{\sqrt{2^2\times3}}=\dfrac{4}{2\sqrt{3}}$

3. $\dfrac{4\sqrt{3}}{\sqrt{8}}$

———————————

4. $\dfrac{3\sqrt{5}}{\sqrt{18}}$

———————————

5. 앗! 실수 $\dfrac{10\sqrt{6}}{\sqrt{15}}$

———————————

6. $\dfrac{\sqrt{3}}{\sqrt{50}}$

———————————

7. $\dfrac{12}{\sqrt{54}}$

———————————

8. $\dfrac{8}{\sqrt{32}}$

———————————

9. $\dfrac{\sqrt{10}}{\sqrt{3}\times\sqrt{5}}$

———————————

10. $\dfrac{\sqrt{14}}{\sqrt{2}\times\sqrt{5}}$

———————————

제곱근의 곱셈과 나눗셈의 혼합 계산은 다음 순서로 풀어 보자.
① 나눗셈은 역수의 곱셈으로 고친 후 계산하고
② 근호 밖의 수는 모두 근호 안으로 넣어서 약분을 하고
③ 분모를 유리화하여 간단히 하면 돼.

■ 다음을 계산하여라.

1. $\sqrt{6} \div \sqrt{3} \times \sqrt{5}$

_____

Help $\sqrt{\dfrac{6 \times 5}{3}}$

2. $\sqrt{7} \div \sqrt{2} \times \sqrt{6}$

_____

3. $\sqrt{45} \div \sqrt{5} \times \sqrt{3}$

_____

4. $\sqrt{14} \times \sqrt{2} \div \sqrt{7}$

_____

Help $\sqrt{\dfrac{14 \times 2}{7}}$

5. $\sqrt{8} \div \sqrt{12} \times \sqrt{3}$

_____

6. $\sqrt{2} \times \sqrt{6} \div \sqrt{10}$

_____

7. $\sqrt{8} \div \sqrt{18} \times \sqrt{3}$

_____

8. $\sqrt{5} \times \sqrt{3} \div \sqrt{21}$

_____

9. $\sqrt{27} \div \sqrt{6} \times \sqrt{5}$

_____

10. $\sqrt{32} \div \sqrt{24} \times \sqrt{5}$

_____

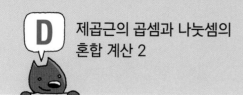
근호 안에 있는 수를 분리해서 약분하면 계산이 쉬워져.

$$\frac{\sqrt{3}}{\sqrt{15}}\times\frac{\sqrt{5}}{\sqrt{10}}\div\frac{2}{\sqrt{2}}=\frac{\sqrt{3}}{\sqrt{15}}\times\frac{\sqrt{5}}{\sqrt{10}}\times\frac{\sqrt{2}}{2}$$

$$=\frac{\sqrt{3}}{\sqrt{3}\sqrt{5}}\times\frac{\sqrt{5}}{\sqrt{2}\sqrt{5}}\times\frac{\sqrt{2}}{2}=\frac{1}{2\sqrt{5}}=\frac{\sqrt{5}}{10}$$

■ 다음을 계산하여라.

1. $2\sqrt{5}\times3\sqrt{3}\div\sqrt{3}$

　　───────────

　Help $\dfrac{2\sqrt{5}\times3\sqrt{3}}{\sqrt{3}}$

2. $3\sqrt{35}\div2\sqrt{7}\times\sqrt{2}$

　　───────────

3. $2\sqrt{6}\div3\sqrt{2}\times4\sqrt{3}$

　　───────────

4. $6\sqrt{2}\times2\sqrt{21}\div8\sqrt{6}$

　　───────────

5. $4\sqrt{14}\div2\sqrt{7}\times\sqrt{5}$

　　───────────

6. $\dfrac{2}{\sqrt{3}}\times\dfrac{4}{\sqrt{2}}\div\dfrac{\sqrt{7}}{\sqrt{12}}$

　　───────────

7. $\dfrac{\sqrt{2}}{\sqrt{5}}\div\dfrac{\sqrt{10}}{9}\times\dfrac{5}{\sqrt{6}}$

　　───────────

8. $\dfrac{\sqrt{3}}{\sqrt{2}}\times\dfrac{\sqrt{15}}{\sqrt{6}}\div\dfrac{\sqrt{6}}{\sqrt{8}}$

　　───────────

9. $\dfrac{\sqrt{24}}{\sqrt{10}}\div\dfrac{\sqrt{6}}{\sqrt{5}}\times\dfrac{\sqrt{3}}{\sqrt{2}}$

　　───────────

10. $\dfrac{\sqrt{3}}{\sqrt{14}}\div\dfrac{\sqrt{12}}{\sqrt{7}}\times\dfrac{\sqrt{2}}{2}$

　　───────────

[1~3] 분모의 유리화

적중률 100%

1. 다음 중 분모를 유리화한 것으로 옳지 <u>않은</u> 것은?

① $\dfrac{2}{\sqrt{5}}=\dfrac{2\sqrt{5}}{5}$　　　② $\dfrac{3}{\sqrt{2}}=\dfrac{3\sqrt{2}}{2}$

③ $\dfrac{\sqrt{5}}{\sqrt{6}}=\dfrac{\sqrt{30}}{6}$　　　④ $\dfrac{\sqrt{5}}{2\sqrt{2}}=\dfrac{\sqrt{10}}{4}$

⑤ $\dfrac{\sqrt{6}}{3\sqrt{3}}=\dfrac{\sqrt{3}}{3}$

2. $\dfrac{1}{\sqrt{72}}=k\sqrt{2}$일 때, 유리수 k의 값은?

① $\dfrac{1}{12}$　　　② $\dfrac{1}{6}$　　　③ $\dfrac{1}{3}$

④ $\dfrac{1}{2}$　　　⑤ $\dfrac{2}{3}$

3. $\dfrac{\sqrt{2}}{\sqrt{3}}=a\sqrt{6}$, $\dfrac{\sqrt{10}}{2\sqrt{5}}=b\sqrt{2}$일 때, ab의 값을 구하여라.

(단, a, b는 유리수)

적중률 100%

[4~6] 제곱근의 곱셈과 나눗셈의 혼합 계산

4. $2\sqrt{6}\times6\sqrt{5}\div4\sqrt{3}$을 계산하면?

① $3\sqrt{2}$　　　② $5\sqrt{2}$　　　③ $3\sqrt{6}$

④ $3\sqrt{10}$　　　⑤ $5\sqrt{6}$

5. $\dfrac{3}{\sqrt{5}}\times\dfrac{2}{\sqrt{8}}\div\dfrac{\sqrt{18}}{2\sqrt{5}}$ 을 계산하여라.

앗! 실수

6. $\sqrt{\dfrac{9}{7}}\div\dfrac{\sqrt{2}}{\sqrt{3}}\times\dfrac{4\sqrt{7}}{3\sqrt{2}}=a\sqrt{3}$을 만족시키는 유리수 a의 값은?

① $\dfrac{1}{4}$　　　② $\dfrac{1}{2}$　　　③ 1

④ 2　　　⑤ $\dfrac{7}{4}$

12

제곱근의 덧셈과 뺄셈 1

개념 강의 보기

● 제곱근의 덧셈과 뺄셈

다항식의 덧셈과 뺄셈에서 동류항끼리 모아서 계산하듯이 제곱근의 덧셈과 뺄셈도 제곱근을 문자처럼 생각하여 근호 안의 수가 같은 것끼리 모아서 계산한다.

$4\sqrt{2}+3\sqrt{2}$에서 $\sqrt{2}$를 문자 a로 생각하면 $4a+3a=7a$와 같으므로 $4\sqrt{2}+3\sqrt{2}=7\sqrt{2}$이다.

① $m\sqrt{a}+n\sqrt{a}=(m+n)\sqrt{a}$

$\quad 5\sqrt{3}+4\sqrt{3}=(5+4)\sqrt{3}=9\sqrt{3}$

② $m\sqrt{a}-n\sqrt{a}=(m-n)\sqrt{a}$

$\quad 6\sqrt{7}-3\sqrt{7}=(6-3)\sqrt{7}=3\sqrt{7}$

③ $m\sqrt{a}+n\sqrt{a}-l\sqrt{a}=(m+n-l)\sqrt{a}$

$\quad 3\sqrt{2}+4\sqrt{2}-5\sqrt{2}=(3+4-5)\sqrt{2}=2\sqrt{2}$

④ $m\sqrt{a}+n\sqrt{b}-l\sqrt{a}-o\sqrt{b}=(m-l)\sqrt{a}+(n-o)\sqrt{b}$

$\quad 7\sqrt{5}+5\sqrt{2}-3\sqrt{5}-3\sqrt{2}=(7-3)\sqrt{5}+(5-3)\sqrt{2}$

$\quad\quad\quad\quad\quad\quad\quad\quad\quad\quad =4\sqrt{5}+2\sqrt{2}$

바빠 꿀팁!

$\sqrt{12}+\sqrt{3}$은 근호 안의 수가 달라서 덧셈, 뺄셈을 할 수 없다고 생각하는 학생이 많아.
하지만 $\sqrt{12}=2\sqrt{3}$이므로
$\sqrt{12}+\sqrt{3}=2\sqrt{3}+\sqrt{3}=3\sqrt{3}$
이 되는 거지. 이처럼 근호 안의 수를 가장 작은 자연수로 만든 후 계산해야 해.

$2\sqrt{a}+5\sqrt{a}$
$=(2+5)\sqrt{a}$

● $\sqrt{a^2b}=a\sqrt{b}$를 이용한 제곱근의 덧셈과 뺄셈

근호 안의 수가 제곱인 인수를 갖는 경우에는 소인수분해하여 제곱인 인수를 근호 밖으로 빼낸 후 계산한다.

$\sqrt{18}-\sqrt{50}=\sqrt{3^2\times 2}-\sqrt{5^2\times 2}$

$\quad\quad\quad\quad =3\sqrt{2}-5\sqrt{2}$

$\quad\quad\quad\quad =(3-5)\sqrt{2}$

$\quad\quad\quad\quad =-2\sqrt{2}$

앗! 실수

$\sqrt{6}+\sqrt{2}$를 $\sqrt{8}$이라고 계산하는 학생이 많아.
그렇지만 덧셈이나 뺄셈은 근호 안의 수끼리 더하거나 빼면 안 돼.
$\sqrt{6}+\sqrt{2}\neq\sqrt{8}$, $\sqrt{6}-\sqrt{2}\neq\sqrt{4}$
그럼 어떻게 계산하냐고? 위 식은 더 이상 계산이 안 돼. 제곱근의 덧셈과 뺄셈은 근호 안의 수가 같아야 계산할 수 있거든.
그런데 $\sqrt{6}\times\sqrt{2}=\sqrt{12}$, $\sqrt{6}\div\sqrt{2}=\sqrt{3}$은 맞는 답이야.
곱셈과 나눗셈, 덧셈과 뺄셈은 완전히 다른 방법으로 계산하는 것이니 혼동하면 안 되겠지.

A 제곱근의 덧셈과 뺄셈 1

제곱근의 덧셈과 뺄셈은 근호 안의 수가 같으면 할 수 있는데 아래와 같이 근호 앞의 수를 덧셈과 뺄셈을 해서 $\sqrt{2}$와 곱해 주면 돼.

$2\sqrt{2}+3\sqrt{2}-4\sqrt{2}=(2+3-4)\sqrt{2}=\sqrt{2}$

아하! 그렇구나~

■ 다음을 계산하여라.

1. $\sqrt{2}+3\sqrt{2}$

   Help $(1+3)\sqrt{2}$

2. $2\sqrt{3}+3\sqrt{3}$

3. $4\sqrt{5}-3\sqrt{5}$

4. $7\sqrt{2}-4\sqrt{2}$

5. $-6\sqrt{7}+2\sqrt{7}$

6. $-2\sqrt{3}+10\sqrt{3}-4\sqrt{3}$

   Help $-2\sqrt{3}+10\sqrt{3}-4\sqrt{3}=(-2+10-4)\sqrt{3}$

7. $3\sqrt{6}-7\sqrt{6}-2\sqrt{6}$

8. $4\sqrt{11}-5\sqrt{11}-2\sqrt{11}$

9. $2\sqrt{7}-3\sqrt{7}+\sqrt{7}$

10. $\sqrt{5}-2\sqrt{5}+9\sqrt{5}$

근호 안의 수가 같은 것끼리 묶어 계산하면 돼.
$$3\sqrt{2}-4\sqrt{3}-2\sqrt{2}+5\sqrt{3}=(3-2)\sqrt{2}+(-4+5)\sqrt{3}$$
$$=\sqrt{2}+\sqrt{3}$$

아하! 그렇구나~ 🐟

■ 다음을 계산하여라.

1. $2\sqrt{2}-3\sqrt{5}+\sqrt{2}+\sqrt{5}$

   _____

   Help $2\sqrt{2}-3\sqrt{5}+\sqrt{2}+\sqrt{5}$
   $=(2+1)\sqrt{2}+(-3+1)\sqrt{5}$

2. $2\sqrt{3}-\sqrt{7}+5\sqrt{7}-3\sqrt{3}$

   _____

3. $-4\sqrt{3}+2\sqrt{6}-5\sqrt{6}+5\sqrt{3}$

   _____

4. $-5\sqrt{7}-\sqrt{5}-2\sqrt{5}+3\sqrt{7}$

   _____

5. $\dfrac{5\sqrt{5}}{3}-\sqrt{2}+\dfrac{2\sqrt{2}}{5}-\dfrac{\sqrt{5}}{3}$

   _____

6. $\dfrac{3\sqrt{2}}{4}-\dfrac{\sqrt{3}}{2}-\dfrac{5\sqrt{2}}{4}+\dfrac{3\sqrt{3}}{2}$

   _____

7. $\dfrac{\sqrt{3}}{2}-\dfrac{2\sqrt{3}}{3}+\dfrac{\sqrt{7}}{3}-\dfrac{3\sqrt{7}}{4}$

   _____

8. $\dfrac{4\sqrt{11}}{5}-\dfrac{2\sqrt{2}}{3}-\dfrac{\sqrt{11}}{2}+\dfrac{4\sqrt{2}}{5}$

   _____

C $\sqrt{a^2 b}=a\sqrt{b}$를 이용한 제곱근의 덧셈과 뺄셈 1

근호 안의 수를 $\sqrt{a^2 b}=a\sqrt{b}$를 이용하여 근호 밖으로 꺼내어 간단히 하고 계산해야 해.
$\sqrt{2}+\sqrt{18}$은 근호 안의 수가 달라서 덧셈과 뺄셈을 할 수 없을 것 같지만 $\sqrt{18}=\sqrt{2\times 3^2}=3\sqrt{2}$가 되어 $\sqrt{2}+\sqrt{18}=\sqrt{2}+3\sqrt{2}=4\sqrt{2}$가 돼.

■ 다음을 계산하여라.

1. $\sqrt{18}+\sqrt{8}$

   Help $\sqrt{18}+\sqrt{8}=\sqrt{2\times 3^2}+\sqrt{2^3}$

2. $\sqrt{12}-\sqrt{27}$

3. $-\sqrt{50}+\sqrt{32}$

4. $-\sqrt{75}+\sqrt{12}$

5. $\sqrt{40}-\sqrt{90}+2\sqrt{10}$

6. $\sqrt{24}+\sqrt{54}-\sqrt{150}$

   Help $\sqrt{24}+\sqrt{54}-\sqrt{150}$
   $=\sqrt{2^3 \times 3}+\sqrt{2\times 3^3}-\sqrt{2\times 3\times 5^2}$

7. $\sqrt{20}-\sqrt{45}-\sqrt{80}$

8. $\sqrt{72}+\sqrt{8}-\sqrt{50}$

근호 안의 수가 같은 수끼리만 덧셈, 뺄셈을 하는데 근호 안의 수가 같
지 않은 수는 그대로 두어야 해.
$$\sqrt{50}-\sqrt{12}-\sqrt{18}=5\sqrt{2}-2\sqrt{3}-3\sqrt{2}$$
$$=(5-3)\sqrt{2}-2\sqrt{3}=2\sqrt{2}-2\sqrt{3}$$

■ 다음을 계산하여라.

1. $\sqrt{12}+\sqrt{27}+\sqrt{50}$

_____

2. $2\sqrt{20}-\sqrt{45}+\sqrt{8}$

_____

3. $-2\sqrt{32}+\sqrt{48}+4\sqrt{8}$

_____

4. $-2\sqrt{72}+\sqrt{18}-\sqrt{36}$

_____

5. $\sqrt{32}-2\sqrt{45}+\sqrt{50}+3\sqrt{20}$

_____

6. $\sqrt{48}+\sqrt{28}-3\sqrt{12}+\sqrt{63}$

_____

7. $3\sqrt{24}-\sqrt{99}-2\sqrt{44}+\sqrt{54}$

_____

8. $-\sqrt{160}-\sqrt{72}+3\sqrt{40}+4\sqrt{18}$

_____

[1~3] 제곱근의 덧셈과 뺄셈

[적중률 100%]

[4~6] $\sqrt{a^2b}=a\sqrt{b}$를 이용한 제곱근의 덧셈과 뺄셈

[적중률 90%]

1. 다음 중 옳은 것을 모두 고르면? (정답 2개)

  ① $\sqrt{3}+\sqrt{7}=\sqrt{10}$

  ② $3\sqrt{2}+2\sqrt{3}=5\sqrt{5}$

  ③ $4\sqrt{6}-8\sqrt{6}=-4\sqrt{6}$

  ④ $-5\sqrt{2}-4\sqrt{2}=-9\sqrt{2}$

  ⑤ $2\sqrt{5}+3\sqrt{5}=6\sqrt{5}$

4. $3\sqrt{2}+2\sqrt{8}-\sqrt{32}=a\sqrt{2}$를 만족하는 유리수 a의 값은?

  ① 2　　　　　② 3　　　　　③ 4

  ④ 5　　　　　⑤ 6

5. $\sqrt{12}+\sqrt{48}-\sqrt{75}$를 계산하여라.

2. $\dfrac{3\sqrt{2}}{2}+\dfrac{\sqrt{5}}{7}-\dfrac{5\sqrt{2}}{2}-\dfrac{3\sqrt{5}}{7}$를 계산하여라.

(앗! 실수)

3. $A=2\sqrt{2}-3\sqrt{5}+3\sqrt{2},\ B=-6\sqrt{2}+5\sqrt{5}$일 때, $A+B$의 값은?

  ① $-\sqrt{2}+2\sqrt{5}$　　　　② $-4\sqrt{2}+3\sqrt{5}$

  ③ $\sqrt{2}-2\sqrt{5}$　　　　④ $-4\sqrt{2}-2\sqrt{5}$

  ⑤ $2\sqrt{2}+3\sqrt{5}$

6. $\sqrt{125}-\sqrt{63}+\sqrt{20}+5\sqrt{7}-a\sqrt{5}+b\sqrt{7}$일 때, $a-b$의 값은? (단, $a,\ b$는 유리수)

  ① 2　　　　　② 3　　　　　③ 4

  ④ 5　　　　　⑤ 6

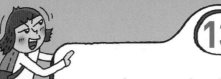

제곱근의 덧셈과 뺄셈 2

● 근호를 포함한 복잡한 식의 계산

① 괄호가 있을 때

근호를 포함한 식에서도 유리수의 경우와 같이 분배법칙이 성립한다.

$a>0$, $b>0$, $c>0$일 때

- $\sqrt{a}(\sqrt{b}+\sqrt{c})=\sqrt{a}\sqrt{b}+\sqrt{a}\sqrt{c}$

$\sqrt{2}(\sqrt{2}-\sqrt{3})=2-\sqrt{6}$

- $(\sqrt{a}+\sqrt{b})\sqrt{c}=\sqrt{a}\sqrt{c}+\sqrt{b}\sqrt{c}$

$(\sqrt{5}-\sqrt{3})\sqrt{3}=\sqrt{15}-3$

> **바빠 꿀팁!**
>
> 근호를 포함한 복잡한 식의 계산 순서
> ⇨ 괄호 풀기
> ⇨ 근호 안은 간단히, 분모의 유리화
> ⇨ 곱셈, 나눗셈
> ⇨ 덧셈, 뺄셈

② 근호 안에 제곱인 인수가 있을 때

근호 밖으로 꺼내어 근호 안의 수가 가장 작은 자연수가 되게 한다.

$2\sqrt{3}(\sqrt{8}-\sqrt{27})=2\sqrt{3}(2\sqrt{2}-3\sqrt{3})=4\sqrt{6}-18$

③ 분모에 무리수가 있을 때

분모를 유리화한다.

$$\frac{\sqrt{5}}{\sqrt{2}}+\frac{\sqrt{8}}{\sqrt{5}}=\frac{\sqrt{5}\times\sqrt{2}}{\sqrt{2}\times\sqrt{2}}+\frac{\sqrt{8}\times\sqrt{5}}{\sqrt{5}\times\sqrt{5}}=\frac{\sqrt{10}}{2}+\frac{\sqrt{40}}{5}$$

$$=\frac{5\sqrt{10}+4\sqrt{10}}{10}=\frac{9\sqrt{10}}{10}$$

④ 복잡한 식이 있을 때

$$\frac{3\sqrt{14}+\sqrt{2}}{\sqrt{7}}-\sqrt{2}(\sqrt{7}+2)=\frac{21\sqrt{2}+\sqrt{14}}{7}-\sqrt{14}-2\sqrt{2}$$

$$=3\sqrt{2}+\frac{\sqrt{14}}{7}-\sqrt{14}-2\sqrt{2}$$

$$=\sqrt{2}-\frac{6\sqrt{14}}{7}$$

$\frac{\sqrt{6}+\sqrt{2}}{\sqrt{3}}$의 분모를 유리화할 때, 분모에 있는 $\sqrt{3}$을 분모, 분자에 모두 곱해야 해. 다음과 같이 계산하지 않도록 주의하자.

$\frac{\sqrt{6}+\sqrt{2}}{\sqrt{3}}=\frac{\sqrt{3}\times\sqrt{6}+\sqrt{2}}{\sqrt{3}\times\sqrt{3}}$ (×), $\frac{\sqrt{6}+\sqrt{2}}{\sqrt{3}}=\frac{\sqrt{6}+\sqrt{2}\times\sqrt{3}}{\sqrt{3}\times\sqrt{3}}$ (×)

$\frac{\sqrt{6}+\sqrt{2}}{\sqrt{3}}=\frac{\sqrt{3}(\sqrt{6}+\sqrt{2})}{\sqrt{3}\times\sqrt{3}}=\frac{\sqrt{3}\times\sqrt{6}+\sqrt{3}\times\sqrt{2}}{\sqrt{3}\times\sqrt{3}}$ (○)

괄호가 있으면 분배법칙을 이용하여 괄호를 풀어.
즉, $a>0$, $b>0$, $c>0$일 때,
- $\sqrt{a}(\sqrt{b}\pm\sqrt{c})=\sqrt{ab}\pm\sqrt{ac}$
- $(\sqrt{b}\pm\sqrt{c})\sqrt{a}=\sqrt{ab}\pm\sqrt{ac}$

잊지 말자. 꼬~옥!

■ 다음을 계산하여라.

1. $\sqrt{3}(\sqrt{3}+\sqrt{6})$

> **Help** $\sqrt{3}(\sqrt{3}+\sqrt{3}\times\sqrt{2})$와 같이 $\sqrt{6}$을 $\sqrt{3}\times\sqrt{2}$로 생각해서 풀면 괄호를 풀면서 바로 근호 안의 수가 근호 밖으로 나올 수 있어서 쉽게 풀 수 있다.

2. $(\sqrt{10}-2\sqrt{15})\sqrt{5}$

> **Help** $(\sqrt{2}\times\sqrt{5}-2\sqrt{3}\times\sqrt{5})\sqrt{5}$

3. $-\sqrt{2}(4\sqrt{2}+\sqrt{6})$

4. $-\sqrt{2}(\sqrt{14}-\sqrt{2})$

5. $\sqrt{3}(\sqrt{5}+\sqrt{3})+\sqrt{5}(\sqrt{3}-\sqrt{5})$

6. $\sqrt{2}(3-\sqrt{5})-\sqrt{5}(\sqrt{2}-\sqrt{10})$

7. $\sqrt{6}(\sqrt{3}-\sqrt{2})+\sqrt{2}(\sqrt{24}-4)$

8. $\sqrt{7}(\sqrt{14}-2)-3(\sqrt{2}-\sqrt{28})$

B 분모의 유리화를 이용한 제곱근의 덧셈과 뺄셈

분모의 유리화를 이용한 제곱근의 계산
① 제곱근 안의 수를 근호 밖으로 꺼낸 후
② 분모의 유리화를 하고
③ 근호 안의 수가 같은 것끼리 계산하면 돼.

아하! 그렇구나~

■ 다음을 계산하여라.

1. $\dfrac{1}{5\sqrt{2}}+\dfrac{3}{\sqrt{2}}$

_____

2. $\dfrac{1}{\sqrt{2}}+\dfrac{4}{\sqrt{8}}$

_____

3. $\dfrac{2}{\sqrt{3}}-\dfrac{4}{\sqrt{27}}$

_____

4. $\dfrac{4}{\sqrt{5}}-\dfrac{5}{\sqrt{20}}$

_____

앗! 실수

5. $\sqrt{18}-\dfrac{3}{\sqrt{2}}+\dfrac{6}{\sqrt{8}}$

Help $\sqrt{18}-\dfrac{3}{\sqrt{2}}+\dfrac{6}{\sqrt{8}}=3\sqrt{2}-\dfrac{3\sqrt{2}}{\sqrt{2}\times\sqrt{2}}+\dfrac{6\sqrt{2}}{2\sqrt{2}\times\sqrt{2}}$

6. $\dfrac{2}{\sqrt{12}}+\dfrac{5}{\sqrt{27}}-\sqrt{3}$

_____

7. $\dfrac{3}{2\sqrt{7}}-\dfrac{\sqrt{7}}{\sqrt{21}}+\dfrac{2}{\sqrt{3}}-\dfrac{1}{\sqrt{7}}$

_____

8. $\dfrac{\sqrt{6}}{\sqrt{3}}-\dfrac{1}{\sqrt{2}}-\dfrac{4}{\sqrt{3}}+\sqrt{12}$

_____

C 분배법칙과 분모의 유리화를
이용한 제곱근의 덧셈과 뺄셈

$a>0, b>0, c>0$일 때,

$$\frac{\sqrt{a}+\sqrt{b}}{\sqrt{c}}=\frac{(\sqrt{a}+\sqrt{b})\times\sqrt{c}}{\sqrt{c}\times\sqrt{c}}=\frac{\sqrt{ac}+\sqrt{bc}}{c}$$

아하! 그렇구나~

■ 다음을 계산하여라.

1. $\dfrac{\sqrt{3}-\sqrt{2}}{\sqrt{2}}$

> **Help** $\dfrac{\sqrt{3}-\sqrt{2}}{\sqrt{2}}=\dfrac{\sqrt{2}(\sqrt{3}-\sqrt{2})}{\sqrt{2}\times\sqrt{2}}$

2. $\dfrac{4\sqrt{5}-3}{\sqrt{3}}$

3. $\dfrac{2-\sqrt{5}}{\sqrt{5}}$

4. $\dfrac{\sqrt{2}-3}{\sqrt{7}}$

5. $\dfrac{\sqrt{18}-6\sqrt{3}}{3\sqrt{2}}$

6. $\dfrac{-5\sqrt{3}+10\sqrt{5}}{\sqrt{5}}$

7. $\dfrac{\sqrt{10}+\sqrt{72}}{4\sqrt{5}}$

8. $\dfrac{4\sqrt{3}-8\sqrt{6}}{\sqrt{2}}$

$\dfrac{\sqrt{27}+\sqrt{81}}{\sqrt{3}}-\dfrac{\sqrt{28}+\sqrt{21}}{\sqrt{7}}$과 같은 식은 유리화하지 않고 약분으로 푸는 것이 간단해. $\dfrac{\sqrt{27}+\sqrt{81}}{\sqrt{3}}$은 $\sqrt{3}$으로, $\dfrac{\sqrt{28}+\sqrt{21}}{\sqrt{7}}$은 $\sqrt{7}$로 약분하면

$\sqrt{9}+\sqrt{27}-(\sqrt{4}+\sqrt{3})=3+3\sqrt{3}-2-\sqrt{3}=1+2\sqrt{3}$

■ 다음을 계산하여라.

1. $\dfrac{6\sqrt{2}-4}{\sqrt{2}}+\sqrt{8}$

Help $\dfrac{6\sqrt{2}-4}{\sqrt{2}}+\sqrt{8}=\dfrac{\sqrt{2}(6\sqrt{2}-4)}{\sqrt{2}\sqrt{2}}+2\sqrt{2}$

2. $\dfrac{\sqrt{12}+\sqrt{3}}{\sqrt{6}}-\sqrt{32}$

3. $\sqrt{20}-\dfrac{\sqrt{35}-2\sqrt{7}}{\sqrt{7}}$

Help $\dfrac{\sqrt{35}-2\sqrt{7}}{\sqrt{7}}$의 분모, 분자를 $\sqrt{7}$로 나누면 $\sqrt{5}-2$가 되어 식이 간단해 진다.

4. $-\sqrt{40}+\dfrac{\sqrt{2}+\sqrt{5}}{\sqrt{5}}$

5. $\dfrac{3\sqrt{2}-\sqrt{5}}{\sqrt{5}}-\dfrac{\sqrt{5}+\sqrt{8}}{\sqrt{2}}$

6. $\dfrac{\sqrt{12}-\sqrt{6}}{\sqrt{3}}-\dfrac{\sqrt{32}-\sqrt{8}}{\sqrt{2}}$

7. $\dfrac{\sqrt{28}+\sqrt{21}}{\sqrt{7}}-\dfrac{\sqrt{15}+\sqrt{125}}{\sqrt{5}}$

8. $\dfrac{\sqrt{40}-\sqrt{6}}{\sqrt{2}}+\dfrac{\sqrt{6}-2\sqrt{15}}{\sqrt{3}}$

$\sqrt{2}\left(\dfrac{4\sqrt{3}-\sqrt{2}}{\sqrt{6}}\right)$를 풀 때 $\dfrac{\sqrt{2}(4\sqrt{3}-\sqrt{2})}{\sqrt{2}\times\sqrt{6}}$와 같이 분모, 분자에 $\sqrt{2}$를 곱하는 학생이 있지만 아니야. $\sqrt{2}$와 $\sqrt{6}$을 약분하거나 약분이 안 되면 분자에 곱해 주어야 해. 따라서 $\sqrt{2}\left(\dfrac{4\sqrt{3}-\sqrt{2}}{\sqrt{6}}\right)=\dfrac{4\sqrt{3}-\sqrt{2}}{\sqrt{3}}$인 거지.

■ 다음을 계산하여라.

1. $\dfrac{2\sqrt{3}+3}{\sqrt{3}}-\sqrt{2}(\sqrt{6}+\sqrt{2})$

2. $\dfrac{\sqrt{32}-\sqrt{18}}{\sqrt{2}}-\sqrt{5}(1+\sqrt{20})$

3. $\sqrt{8}(\sqrt{6}-\sqrt{2})+\dfrac{\sqrt{15}-\sqrt{5}}{\sqrt{5}}$

4. $\dfrac{2\sqrt{5}-3\sqrt{2}}{\sqrt{2}}+\sqrt{5}(2\sqrt{5}-\sqrt{2})$

5. $\sqrt{3}\left(\dfrac{2\sqrt{2}-\sqrt{3}}{\sqrt{6}}\right)+\dfrac{\sqrt{3}}{\sqrt{2}}$

6. $\sqrt{2}\left(\dfrac{\sqrt{3}-\sqrt{5}}{\sqrt{10}}\right)-\dfrac{\sqrt{3}}{\sqrt{5}}$

7. $\dfrac{2}{\sqrt{3}}+\sqrt{5}\left(\dfrac{1+\sqrt{3}}{\sqrt{15}}\right)$

8. $\dfrac{2}{\sqrt{7}}-\sqrt{3}\left(\dfrac{2-\sqrt{7}}{\sqrt{21}}\right)$

[1~2] 분모의 유리화를 이용한 제곱근의 덧셈과 뺄셈

1. $\sqrt{\dfrac{1}{3}} - \dfrac{8}{\sqrt{48}} + 2\sqrt{3}$을 계산하면?

① $-\dfrac{2\sqrt{3}}{3}$　　② $\sqrt{3}$　　③ $\dfrac{3\sqrt{3}}{4}$

④ $\dfrac{5\sqrt{3}}{3}$　　⑤ $2\sqrt{3}$

2. $a=\sqrt{3}, b=\sqrt{2}$일 때, $\dfrac{b}{a} - \dfrac{a}{b}$의 값은?

① $\dfrac{\sqrt{6}}{2}$　　② $\dfrac{\sqrt{6}}{3}$　　③ $\dfrac{\sqrt{6}}{6}$

④ $-\dfrac{\sqrt{6}}{6}$　　⑤ $-\dfrac{\sqrt{6}}{12}$

적중률 100%

[3~4] 분배법칙과 분모의 유리화를 이용한 제곱근의 덧셈과 뺄셈

3. $\sqrt{75} - \dfrac{\sqrt{12}-3}{\sqrt{3}}$을 계산하여라.

4. $\dfrac{2\sqrt{15}+\sqrt{6}}{\sqrt{3}} - \dfrac{\sqrt{10}+1}{\sqrt{5}}$을 계산하면?

① $\dfrac{9\sqrt{5}}{5}$　　② $\dfrac{5\sqrt{5}}{3}$　　③ $\dfrac{6\sqrt{6}}{5}$

④ $\dfrac{4\sqrt{3}}{5}$　　⑤ $\dfrac{2\sqrt{5}}{3}$

적중률 100%

[5~6] 근호를 포함한 복잡한 식의 계산

5. $\sqrt{3}(3\sqrt{2}-1) + \dfrac{\sqrt{12}-2\sqrt{6}}{\sqrt{2}}$을 계산하면?

① $3\sqrt{6}-4\sqrt{3}$　　　② $4\sqrt{6}-3\sqrt{3}$

③ $\dfrac{5\sqrt{6}-7\sqrt{3}}{2}$　　　④ $\dfrac{4\sqrt{6}-5\sqrt{3}}{2}$

⑤ $\dfrac{3\sqrt{6}-4\sqrt{3}}{2}$

6. $\dfrac{10}{\sqrt{5}} + \sqrt{6}\left(\dfrac{6+\sqrt{15}}{\sqrt{18}}\right)$를 계산하여라.

14

제곱근의 덧셈과 뺄셈의 활용

개념 강의 보기

● 도형에서의 활용

도형의 길이나 넓이를 구할 때 제곱근의 계산을 이용하여 구할 수 있다.

오른쪽 그림과 같은 사다리꼴의 넓이를 구해 보자.

(사다리꼴 ABCD의 넓이)

$$=\frac{1}{2}\times(3\sqrt{2}+\sqrt{32}+\sqrt{2})\times4\sqrt{5}$$

$$=\frac{1}{2}\times(3\sqrt{2}+4\sqrt{2}+\sqrt{2})\times4\sqrt{5}$$

$$=8\sqrt{2}\times2\sqrt{5}=16\sqrt{10}$$

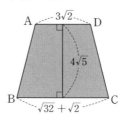

● 실수의 대소 관계

① $a\sqrt{b}=\sqrt{a^2\times b}$(단, $a>0$, $b>0$)를 이용한 대소 관계

근호 안에 수를 넣어서 제곱근의 대소 관계를 이용하여 대소를 비교한다.

$3\sqrt{5}$와 7의 대소를 비교해 보자.

$3\sqrt{5}=\sqrt{3^2\times5}=\sqrt{45}$, $7=\sqrt{49}$

$45<49$이므로 $\sqrt{45}<\sqrt{49}$　　∴ $3\sqrt{5}<7$

② 두 실수의 차를 이용한 대소 관계

두 실수 a, b에 대하여

$a-b>0$이면 $a>b$

$a-b=0$이면 $a=b$

$a-b<0$이면 $a<b$

$\sqrt{3}+\sqrt{6}$, $3\sqrt{3}-\sqrt{6}$의 대소를 비교해 보자.

$\sqrt{3}+\sqrt{6}-(3\sqrt{3}-\sqrt{6})=-2\sqrt{3}+2\sqrt{6}$

$\qquad\qquad\qquad\qquad=-\sqrt{12}+\sqrt{24}>0$

∴ $\sqrt{3}+\sqrt{6}>3\sqrt{3}-\sqrt{6}$

● 무리수의 정수 부분과 소수 부분

무리수는 정수 부분과 소수 부분의 합으로 되어 있으므로

(무리수의 소수 부분)=(무리수)−(정수 부분)이다.

$\sqrt{7}$의 소수 부분을 구해 보자.

$2<\sqrt{7}<3$이므로 $\sqrt{7}$의 정수 부분은 2, 소수 부분은 $\sqrt{7}-2$이다.

바빠 꿀팁!

왼쪽과 같이 $\sqrt{7}$은 무리수이기 때문에 순환하지 않는 무한소수여서 소수 부분을 정확한 숫자로 나타낼 수가 없어. 그래서 $\sqrt{7}$의 소수 부분은 정수 부분을 빼서 $\sqrt{7}-2$와 같이 나타내는 거야.

A 도형에서의 활용

• (직육면체의 모든 모서리의 길이의 합)
  =4×{(가로의 길이)+(세로의 길이)+(높이)}
• (각기둥의 부피)=(밑넓이)×(높이)

아하 그렇구나! 🐡✏️

■ 다음을 구하여라.

1. 직사각형의 넓이

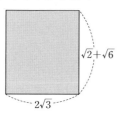

$\sqrt{2}+\sqrt{6}$

$2\sqrt{3}$

2. 삼각형의 넓이

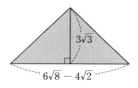

$3\sqrt{3}$

$6\sqrt{8}-4\sqrt{2}$

Help $\dfrac{1}{2}\times3\sqrt{3}\times(6\sqrt{8}-4\sqrt{2})$

3. 사다리꼴의 넓이

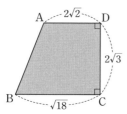

A $2\sqrt{2}$ D

$2\sqrt{3}$

B $\sqrt{18}$ C

4. 직육면체의 부피

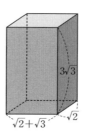

$3\sqrt{3}$

$\sqrt{2}+\sqrt{3}$ $\sqrt{2}$

5. 직육면체의 모든 모서리의 길이의 합

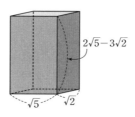

$2\sqrt{5}-3\sqrt{2}$

$\sqrt{5}$ $\sqrt{2}$

Help (직육면체의 모든 모서리의 길이의 합)
    =4×($\sqrt{5}+\sqrt{2}+2\sqrt{5}-3\sqrt{2}$)

6. 직육면체의 겉넓이

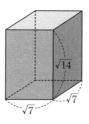

$\sqrt{14}$

$\sqrt{7}$ $\sqrt{7}$

Help (직육면체의 겉넓이)
    =2×(밑넓이)+(옆넓이)
    =2×$\sqrt{7}\times\sqrt{7}$+4×$\sqrt{7}\times\sqrt{14}$

B 차를 이용한 실수의 대소 관계

실수의 대소 관계는 두 수의 차를 이용하여 구하는데
• $a-b>0$일 때, $a>b$
• $a-b=0$일 때, $a=b$
• $a-b<0$일 때, $a<b$ 이 정도는 암기해야 해 암암!

■ 다음 ◯ 안에 < 또는 > 중 알맞은 것을 써넣어라.

1. $\sqrt{5}+\sqrt{2}$ ◯ $3\sqrt{2}$

   Help $\sqrt{5}+\sqrt{2}-3\sqrt{2}=\sqrt{5}-2\sqrt{2}$

2. $5\sqrt{3}-\sqrt{7}$ ◯ $3\sqrt{3}$

3. $4\sqrt{10}$ ◯ $-2\sqrt{3}+2\sqrt{10}$

4. $-2\sqrt{5}+\sqrt{6}$ ◯ $\sqrt{5}-\sqrt{6}$

5. $2\sqrt{3}+\sqrt{5}$ ◯ $\sqrt{3}+2\sqrt{5}$

   Help $2\sqrt{3}+\sqrt{5}-(\sqrt{3}+2\sqrt{5})=2\sqrt{3}+\sqrt{5}-\sqrt{3}-2\sqrt{5}$

6. $2\sqrt{7}-\sqrt{3}$ ◯ $\sqrt{7}+\sqrt{3}$

7. $3\sqrt{5}+\sqrt{2}$ ◯ $2\sqrt{5}-\sqrt{2}$

8. $\sqrt{18}-\sqrt{27}$ ◯ $2\sqrt{12}-\sqrt{8}$

무리수의 정수 부분과 소수 부분

- (무리수)＝(정수 부분)＋(소수 부분)
- 무리수의 소수 부분은 그 수에서 정수 부분을 뺀 것과 같아.
$1<\sqrt{2}<2$이므로 $\sqrt{2}$의 정수 부분은 1, 소수 부분은 $\sqrt{2}-1$
잊지 말자. 꼬~옥! 🐡

■ 다음 수의 정수 부분과 소수 부분을 구하여라.

1. $\sqrt{3}$

　　　　정수 부분 ＿＿＿＿＿＿＿
　　　　소수 부분 ＿＿＿＿＿＿＿

2. $\sqrt{5}$

　　　　정수 부분 ＿＿＿＿＿＿＿
　　　　소수 부분 ＿＿＿＿＿＿＿

　　　Help $2<\sqrt{5}<3$

3. $\sqrt{10}$

　　　　정수 부분 ＿＿＿＿＿＿＿
　　　　소수 부분 ＿＿＿＿＿＿＿

4. $\sqrt{15}$

　　　　정수 부분 ＿＿＿＿＿＿＿
　　　　소수 부분 ＿＿＿＿＿＿＿

5. $\sqrt{21}$

　　　　정수 부분 ＿＿＿＿＿＿＿
　　　　소수 부분 ＿＿＿＿＿＿＿

앗! 실수

6. $\sqrt{2}-1$

　　　　정수 부분 ＿＿＿＿＿＿＿
　　　　소수 부분 ＿＿＿＿＿＿＿

　Help $1<\sqrt{2}<2$이므로 $1-1<\sqrt{2}-1<2-1$

7. $\sqrt{3}+1$

　　　　정수 부분 ＿＿＿＿＿＿＿
　　　　소수 부분 ＿＿＿＿＿＿＿

8. $\sqrt{7}+2$

　　　　정수 부분 ＿＿＿＿＿＿＿
　　　　소수 부분 ＿＿＿＿＿＿＿

9. $\sqrt{14}-2$

　　　　정수 부분 ＿＿＿＿＿＿＿
　　　　소수 부분 ＿＿＿＿＿＿＿

10. $\sqrt{8}-1$

　　　　정수 부분 ＿＿＿＿＿＿＿
　　　　소수 부분 ＿＿＿＿＿＿＿

[1~2] 제곱근의 도형에서의 활용

1. 오른쪽 그림과 같은 사다리
꼴 ABCD의 넓이는?

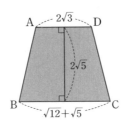

① $8\sqrt{15}+10$

② $4\sqrt{15}+5$

③ $8\sqrt{5}-5$

④ $5\sqrt{15}+12$

⑤ $4\sqrt{15}+20$

4. 다음 중 세 수 a, b, c의 대소 관계를 바르게 나타낸
것은?

$$a=2\sqrt{5}+3,\ b=3\sqrt{5}+2,\ c=5\sqrt{5}-1$$

① $a<b<c$ ② $a<c<b$

③ $b<a<c$ ④ $b<c<a$

⑤ $c<b<a$

적중률 80%

2. 오른쪽 그림과 같은 직육면
체의 모든 모서리의 길이의
합을 구하여라.

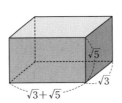

적중률 90%

[5~6] 무리수의 정수 부분과 소수 부분

앗실수

5. $-2+\sqrt{10}$의 정수 부분을 a, 소수 부분을 b라 할 때,
$a-b$의 값은?

① $1+\sqrt{10}$ ② $3-\sqrt{10}$ ③ $4-\sqrt{10}$

④ $5+\sqrt{10}$ ⑤ $6-\sqrt{10}$

[3~4] 실수의 대소 관계

3. 다음 중 두 실수의 대소 관계가 옳지 <u>않은</u> 것은?

① $3\sqrt{2}>\sqrt{17}$

② $\sqrt{7}+\sqrt{3}<3\sqrt{3}$

③ $10-2\sqrt{2}<10-\sqrt{10}$

④ $2\sqrt{5}-4>1-\sqrt{5}$

⑤ $3\sqrt{5}-2\sqrt{2}<4\sqrt{5}-3\sqrt{2}$

6. $3+\sqrt{3}$의 정수 부분을 a, 소수 부분을 b라 할 때,
$a-b$의 값은?

① $1+\sqrt{3}$ ② $2-\sqrt{3}$ ③ $2+\sqrt{3}$

④ $4+\sqrt{3}$ ⑤ $5-\sqrt{3}$

셋째 마당

다항식의 곱셈

셋째 마당에서는 여러 다항식이 곱해져 있을 때 정리하는 방법을 배워. 이때 여러 가지 공식이 나오는데 공식을 외우지 않고 전개를 이용하여 문제를 푸는 학생들이 있어. 하지만 공식을 외우지 않으면 다음 마당에 나오는 인수분해를 잘 할 수 없어. 처음에만 공식이 어렵지 익숙해지면 공식을 이용하여 다항식의 곱셈을 간단히 하는 것이 훨씬 쉽다는 것을 알 수 있을 꺼야. 곱셈 공식을 이용하면 수의 계산도 쉽게 할 수 있고 고등 수학에서도 바로 나오니 반드시 외워야만 해.

공부할 내용!

14일 진도

20일 진도

스스로 계획을 세워 봐!

15

곱셈 공식 1

개념 강의 보기

● (다항식) × (다항식)의 계산

분배법칙을 이용하여 식을 전개한 다음 동류항이 있으면 동류항끼리 모아서 간단히 한다.

$$(a+b)(c+d)$$

$$=\underset{①}{ac}+\underset{②}{ad}+\underset{③}{bc}+\underset{④}{bd}$$

$$(a+3b)(4a-b)$$

$$=4a^2-ab+12ab-3b^2$$
$$=4a^2+11ab-3b^2$$

● 곱셈 공식

① 합의 제곱

$$(a+b)^2=a^2+2ab+b^2$$
두 수의 곱의 2배

$$(x+3)^2$$
$$=x^2+2\times3\times x+3^2$$
$$=x^2+6x+9$$

② 차의 제곱

$$(a-b)^2=a^2-2ab+b^2$$
두 수의 곱의 2배

$$(x-3)^2$$
$$=x^2-2\times3\times x+3^2$$
$$=x^2-6x+9$$

● 곱셈 공식과 도형의 넓이

①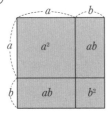
②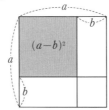

⇨ $(a+b)^2=a^2+2ab+b^2$ ⇨ $(a-b)^2=a^2-2ab+b^2$

바빠 꿀팁!

공식에 없는 $(-x+3)^2$과 $(-x-3)^2$은 어떤 공식을 이용하면 될까?
$$(-x+3)^2$$
$$=\{-(x-3)\}^2$$
$$=(x-3)^2$$
'−'가 앞에 있든지 뒤에 있든지 공식은 같은 것

$$(-x-3)^2$$
$$=\{-(x+3)\}^2$$
$$=(x+3)^2$$
'−'가 둘 다 있으면 '+'만으로 된 것과 같은 것

꼭 기억하자!
a와 b가 사랑해서 제곱을 하면, 본인들도 제곱이 되지만 $2ab$라는 아이를 가운데 만들어!

a^2 + $2ab$ + b^2

앗! 실수

아무리 공식을 외워도 문제를 풀 때 $(a+b)^2=a^2+b^2$, $(a-b)^2=a^2-b^2$이라고 쓰는 경우가 아주 많아.
$(a+b)^2$은 $a+b$를 두 번 곱한 것이므로 $(a+b)^2=(a+b)(a+b)=a^2+ab+ba+b^2=a^2+2ab+b^2$이 돼.
가운데 항 $2ab$가 있음을 절대 잊으면 안 돼.

A (다항식)×(다항식)의 계산

다항식을 전개할 때 순서를 다르게 곱해도 되지만 아래와 같은 순서로 곱하면 빼먹지 않고 모든 항을 구할 수 있어.

$$(2a+b)(4a-3b)=8a^2-6ab+4ab-3b^2=8a^2-2ab-3b^2$$

■ 다음 식을 전개하여라.

1. $(a+3)(b-2)$

2. $(x-5)(y+4)$

3. $(x+3)(y-8)$

4. $(2a-3b)(a+5b)$

5. $(3x+4y)(-2x+3y)$

6. $\left(\dfrac{1}{2}x+3\right)(6x-4)$

7. $(3a+9b)\left(\dfrac{1}{3}a+2b\right)$

8. $(3x+y)(x-2y+1)$

9. $(a+b-2)(2a-b)$

10. $(2a-5b+1)(a-3b)$

103

B 특정한 문자의 계수 구하기

다항식과 다항식의 곱셈에서 특정한 문자의 계수를 구할 때에는 특정한 문자가 나오는 항만 전개해.
$(x+2y+4)(-2x+3y-1)$의 전개식에서 xy가 나오는 항만 전개하면 $x \times 3y + 2y \times (-2x) = -xy$
따라서 전개식에서 xy의 계수는 -1이야. 아하 그렇구나!

■ 다음 전개식에서 x의 계수를 구하여라.

1. $(x^2-2x+1)(x-1)$

  _____

  Help 전개식에서 x가 나오는 항만 구하면
  $(x^2-2x+1)(x-1)$

2. $(x^2-4x+5)(2x+3)$

  _____

3. $(5x+1)(x^2-2x+2)$

  _____

4. $\left(x^2-\dfrac{2}{3}x+2\right)(-4x+3)$

  _____

5. $(2x-8)\left(x^2+\dfrac{3}{4}x+9\right)$

  _____

앗실수

■ 다음 전개식에서 xy의 계수를 구하여라.

6. $(x-2y+5)(x+y-1)$

  _____

  Help 전개식에서 xy가 나오는 항만 구하면
  $(x-2y+5)(x+y-1)$

7. $(2x+y+7)(x-3y+1)$

  _____

8. $(-3x+2y+5)(x+5y+2)$

  _____

9. $\left(-\dfrac{2}{3}x+y-9\right)(2x+6y+7)$

  _____

10. $\left(-8x-\dfrac{1}{2}y+3\right)\left(2x-\dfrac{1}{4}y-2\right)$

  _____

104

제곱 ┌─── 제곱 ───┐
합의 제곱 $(a+b)^2 = a^2 + 2ab + b^2$
두 수의 곱의 2배
이 정도는 암기해야 해 암암!

■ 다음 식을 전개하여라.

1. $(x+1)^2$

_____

2. $(y+2)^2$

_____

3. $(a+5)^2$

_____

4. $\left(x+\dfrac{1}{2}\right)^2$

_____

5. $\left(\dfrac{1}{3}y+3\right)^2$

_____

6. $(x+y)^2$

_____

7. $(2a+b)^2$

_____

8. $(x+3y)^2$

_____

9. $\left(\dfrac{1}{4}x+y\right)^2$

_____

10. $\left(6x+\dfrac{1}{2}y\right)^2$

_____

D 곱셈 공식 2 - 차의 제곱

■ 다음 식을 전개하여라.

1. $(a-1)^2$

_____

2. $(3-x)^2$

_____

Help $(3-x)^2 = (x-3)^2$

3. $(y-4)^2$

_____

4. $\left(x - \dfrac{1}{4}\right)^2$

_____

앗실수

5. $\left(-2 + \dfrac{1}{2}y\right)^2$

_____

Help $\left(-2 + \dfrac{1}{2}y\right)^2 = \left(\dfrac{1}{2}y - 2\right)^2$

6. $(x-y)^2$

_____

7. $(3x-y)^2$

_____

8. $(-2a+b)^2$

_____

9. $\left(\dfrac{1}{4}x - 2y\right)^2$

_____

10. $\left(\dfrac{1}{3}x - \dfrac{3}{2}y\right)^2$

_____

$(x+A)^2=x^2+10x+B$에서 상수 A, B를 구해 보면
$10x=2 \times x \times A$ $\therefore A=5$, $B=A^2=25$

아하! 그렇구나~

■ 다음에서 A, B의 값을 각각 구하여라. (단, A, B는 상수이고 $A>0$)

앗실수
1. $(Ax+2)^2=Bx^2+4x+4$

   Help 좌변의 $2 \times Ax \times 2$와 우변의 $4x$가 같으므로
   $A=\square$

2. $(Ax-1)^2=Bx^2-6x+1$

3. $(Aa+4b)^2=Ba^2+16ab+16b^2$

   Help 좌변의 $2 \times Aa \times 4b$와 우변의 $16ab$가 같으므로
   $A=\square$

앗실수
4. $(x-A)^2=x^2-20x+B$

5. $(2a+A)^2=4a^2+20a+B$

6. $(Ax-4)^2=9x^2-Bx+16$

   Help x^2의 계수가 9이므로 어떤 수를 제곱해야 9가 나오는지 구한다.

7. $\left(Ax-\dfrac{2}{3}y\right)^2=4x^2+Bxy+\dfrac{4}{9}y^2$

앗실수
8. $(x-Ay)^2=x^2+Bxy+36y^2$

   Help $A^2=36$이므로 어떤 수를 제곱해야 36이 나오는지 구한다.

9. $\left(\dfrac{1}{3}a+Ab\right)^2=\dfrac{1}{9}a^2+Bab+81b^2$

10. $\left(\dfrac{5}{2}x-Ay\right)^2=\dfrac{25}{4}x^2+Bxy+49y^2$

[1~3] 다항식의 전개

1. 가로의 길이가 $3x-5y$, 세로의 길이가 $x-y+2$인 직사각형의 넓이를 전개하여 나타내어라.

2. $(-2x-3y)(Ax+4y)$를 전개한 식이 $6x^2+Bxy-12y^2$일 때, 상수 A, B에 대하여 $A+B$의 값은?

① -4 ② -2 ③ 0

④ 1 ⑤ 2

3. $(-4x^2-2x+1)(3x-5)$의 전개식에서 x^2의 계수를 a, x의 계수를 b라 할 때, $a-b$의 값은?

① 1 ② 3 ③ 6

④ 10 ⑤ 14

[4~6] 곱셈 공식 $(a+b)^2$, $(a-b)^2$

4. $(-3x-2)^2$을 전개하여라.

5. $(x+a)^2$을 전개한 식이 $x^2+bx+\dfrac{1}{16}$일 때, $b-a$ 의 값은? (단, a, b는 상수이고, $a>0$)

① $\dfrac{1}{4}$ ② $\dfrac{1}{2}$ ③ $\dfrac{3}{4}$

④ $\dfrac{7}{5}$ ⑤ $\dfrac{3}{2}$

6. $(ax-2)^2=49x^2-bx+c$일 때, $a-b+c$의 값은? (단, a, b, c는 상수이고, $a>0$)

① -25 ② -20 ③ -17

④ -15 ⑤ -12

16 곱셈 공식 2

● 곱셈 공식

① 합과 차의 곱

$$\underset{\text{합}}{(a+b)}\underset{\text{차}}{(a-b)}=\underset{\text{(제곱)}-\text{(제곱)}}{a^2-b^2}$$

$$(2x+5)(2x-5)=(2x)^2-5^2=4x^2-25$$

② 일차항의 계수가 1인 일차식의 곱

$$(x+a)(x+b)=x^2+(a+b)x+ab$$

(합, 곱)

$$(x+2)(x-4)=x^2+(2-4)x+2\times(-4)=x^2-2x-8$$

③ 일차항의 계수가 1이 아닌 일차식의 곱

외항의 곱과 내항의 곱의 합

$$(ax+b)(cx+d)=acx^2+(ad+bc)x+bd$$

x의 계수의 곱, 상수항의 곱

$$(3x+1)(2x+3)=(3\times2)x^2+(3\times3+1\times2)x+1\times3$$
$$=6x^2+11x+3$$

● 곱셈 공식과 도형의 넓이

①
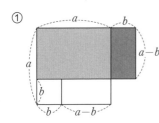 =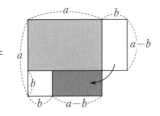

$$(a+b)(a-b)=a^2-b^2$$

②
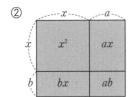

$$(x+a)(x+b)$$
$$=x^2+(a+b)x+ab$$

③
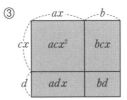

$$(ax+b)(cx+d)$$
$$=acx^2+(ad+bc)x+bd$$

(a+b)(a-b)는? a^2-b^2

곱셈 공식 외우자! 곱셈 공식 외우자!

바빠 꿀팁!

일차항의 계수가 1이 아닌 일차식의 곱의 경우 공식이 복잡하니까 전개해서 계산하는 학생이 많아. 물론 그래도 계산은 맞지만 앞으로 배우는 내용들에 응용하려면 공식으로 푸는 것이 편리해. 여러 번 연습해서 반드시 공식을 익히자.

 앗! 실수

$(-a-b)(-a+b)$와 같은 것은 어떤 공식에 대입할지 몰라서 실수하는 학생이 많은데,
$(-a-b)(-a+b)=\{(-a)-b\}\{(-a)+b\}=(-a)^2-b^2=a^2-b^2$이야.

A 곱셈 공식 3 - 합과 차의 곱

■ 다음 식을 전개하여라.

1. $(x+2)(x-2)$

———————

2. $(a-3)(a+3)$

———————

3. $(-y+5)(y+5)$

Help $(-y+5)(y+5)=(5-y)(5+y)$

———————

4. $\left(\dfrac{1}{3}x+2\right)\left(\dfrac{1}{3}x-2\right)$

———————

5. $\left(-5x+\dfrac{1}{2}\right)\left(5x+\dfrac{1}{2}\right)$

Help $\left(-5x+\dfrac{1}{2}\right)\left(5x+\dfrac{1}{2}\right)=\left(\dfrac{1}{2}-5x\right)\left(\dfrac{1}{2}+5x\right)$

———————

6. $(x+4y)(x-4y)$

———————

7. $(-y+6x)(y+6x)$

———————

8. $(-2a+5b)(2a+5b)$

———————

9. $\left(2x-\dfrac{1}{3}y\right)\left(2x+\dfrac{1}{3}y\right)$

———————

10. $\left(\dfrac{2}{3}x+7y\right)\left(\dfrac{2}{3}x-7y\right)$

———————

B 곱셈 공식 4 - 일차항의 계수가 1인 두 일차식의 곱

$$\overbrace{(x+a)(x+b)}=x^2+(a+b)x+\underbrace{ab}$$

합 / 곱

이 정도는 암기해야 해~ 암암! ⚙

■ 다음 식을 전개하여라.

1. $(x+2)(x+1)$

   _____

   Help $(x+2)(x+1)=x^2+(2+1)x+2\times1$

2. $(a+4)(a+3)$

   _____

3. $(y+2)(y+5)$

   _____

4. $\left(x+\dfrac{1}{2}\right)(x-4)$

   _____

5. $(b+2)\left(b-\dfrac{2}{3}\right)$

   _____

6. $(x+4y)(x-y)$

   _____

   Help $(x+4y)(x-y)=x^2+(4y-y)x+4y\times(-y)$

7. $(a+5b)(a+3b)$

   _____

8. $(a-4b)(a+8b)$

   _____

9. $\left(x-\dfrac{2}{3}y\right)\left(x+\dfrac{1}{3}y\right)$

   _____

10. $\left(x+\dfrac{3}{4}y\right)\left(x-\dfrac{1}{6}y\right)$

   _____

C 곱셈 공식 5 - 일차항의 계수가
1이 아닌 두 일차식의 곱

외항의 곱과 내항의 곱의 합

$$(ax+b)(cx+d)=\underline{ac}x^2+(\overline{ad+bc})x+\underline{bd}$$

x의 계수의 곱   상수항의 곱

이 정도는 암기해야 해~ 암암!

■ 다음 식을 전개하여라.

1. $(2x+3)(x-1)$

    Help $(2x+3)(x-1)$
      $=(2\times1)x^2+\{2\times(-1)+3\times1\}x+3\times(-1)$

2. $(a+4)(-3a+1)$

---

3. $(-3y+5)(3y+2)$

---

4. $(3x+2)\left(x-\dfrac{1}{3}\right)$

---

5. $\left(2x+\dfrac{1}{4}\right)\left(4x-\dfrac{3}{2}\right)$

---

6. $(x+3y)(2x-y)$

---

7. $(-3a+4b)(a-2b)$

---

8. $(3x-5y)(2x+y)$

---

9. $\left(3x+\dfrac{2}{5}y\right)\left(5x-\dfrac{1}{3}y\right)$

---

10. $\left(10x+\dfrac{1}{2}y\right)\left(2x-\dfrac{3}{5}y\right)$

① $(a+b)^2=a^2+2ab+b^2$, $(a-b)^2=a^2-2ab+b^2$
② $(a+b)(a-b)=a^2-b^2$
③ $(x+a)(x+b)=x^2+(a+b)x+ab$
④ $(ax+b)(cx+d)=acx^2+(ad+bc)x+bd$

이 정도는 암기해야 해~ 암암!

■ 다음 식을 전개하여라.

1. $(x+2)(x-1)$

　　　　　　　_____

2. $(x-5)^2$

　　　　　　　_____

3. $(x+6)(x-6)$

　　　　　　　_____

4. $(2y-3x)(2y+3x)$

　　　　　　　_____

5. $(2a+7)^2$

　　　　　　　_____

6. $\left(\frac{1}{2}x-y\right)\left(\frac{1}{2}x+y\right)$

　　　　　　　_____

7. $\left(\frac{2}{3}x-6\right)^2$

　　　　　　　_____

8. $(x-3y)(x+7y)$

　　　　　　　_____

9. $(3x+4)^2$

　　　　　　　_____

앗! 실수

10. $(4x+y)(2x-3y)$

　　　　　　　_____

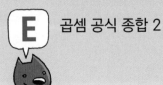

E 곱셈 공식 종합 2

곱셈 공식에 없는 것도 식을 변형하면 곱셈 공식으로 풀 수 있어.

- $(-a+b)^2=\{-(a-b)\}^2=(a-b)^2=a^2-2ab+b^2$
- $(-a-b)^2=\{-(a+b)\}^2=(a+b)^2=a^2+2ab+b^2$
- $(-a+b)(-a-b)=(-a)^2-b^2=a^2-b^2$

아하! 그렇구나~

■ 다음 식을 전개하여라.

1. $(-4a+3)^2$

   Help $(-4a+3)^2=(4a-3)^2$

2. $(-5x+2)(5x+2)$

3. $(-6a-1)^2$

   Help $(-6a-1)^2=(6a+1)^2$

4. $(y-10x)(y+4x)$

5. $(3x+5y)(x-2y)$

6. $(-a-3b)(-a+3b)$

   Help $(-a-3b)(-a+3b)=(-a)^2-(3b)^2$

7. $(x+10)(x-7)$

8. $(3a-4)(-a+2)$

9. $(-5x+4)^2$

10. $(2a-b)(a+4b)$

[1~2] 곱셈 공식 $(a+b)(a-b)$

1. $(-2x-3y)(2x-3y)$를 전개하면?

① $4x^2+9y^2$ ② $-4y^2-9x^2$

③ $-9y^2-4x^2$ ④ $9y^2-4x^2$

⑤ $-9y^2+4x^2$

4. $(ax-4)(3x+b)=12x^2+cx-8$일 때, 상수 $a, b,$ c에 대하여 $a+b+c$의 값은?

① 0 ② 2 ③ 5

④ 8 ⑤ 10

[5~6] 곱셈 공식의 종합

5. 다음 중 □ 안에 들어갈 수가 가장 큰 것은?

① $(-3x+y)^2=\Box x^2-6xy+y^2$

② $(x+10)(x-8)=x^2+\Box x-80$

③ $(3x-y)(4x+y)=\Box x^2-xy-y^2$

④ $(2x+4y)^2=4x^2+\Box xy+16y^2$

⑤ $(2x-7y)(2x+7y)=\Box x^2-49y^2$

(앗실수)
2. $(x-1)(x+1)(x^2+1)$을 전개하면?

① x^2-1 ② x^4-1

③ x^4+1 ④ x^8+1

⑤ x^8-1

적중률 100%
[3~4] 곱셈 공식 $(x+a)(x+b), (ax+b)(cx+d)$

3. $\left(x-\dfrac{5}{2}y\right)\left(x+\dfrac{4}{5}y\right)=x^2+axy+by^2$일 때, 상수 a, b에 대하여 $a-b$의 값을 구하여라.

적중률 90%
6. 다음 중 전개하였을 때, x의 계수가 나머지 넷과 <u>다른</u> 하나는?

① $(x-7)^2$ ② $(x-9)(x-5)$

③ $(3x-1)(5x-3)$ ④ $(x-1)(2x-12)$

⑤ $(2x-1)(-4x+5)$

곱셈 공식을 이용한 다항식의 계산

개념 강의 보기

● 치환을 이용한 다항식의 전개

① 공통부분을 한 문자로 치환한다.

② 치환한 식을 곱셈 공식을 이용하여 전개한다.

③ 전개한 식에 치환하기 전의 식을 대입하여 정리한다.

바빠 꿀팁!

$(x-4y-4)(x-4y+4)$
  $\quad\quad$ $x-4y=A$로 치환
$=(A-4)(A+4)$
  $\quad\quad$ 곱셈 공식 $(a+b)(a-b)=a^2-b^2$ 이용
$=A^2-16$
  $\quad\quad$ A를 원래의 식으로 바꾸기
$=(x-4y)^2-16$
  $\quad\quad$ 곱셈 공식 $(a-b)^2=a^2-2ab+b^2$ 이용
$=x^2-8xy+16y^2-16$

치환이란? 공통부분을 하나의 문자로 바꾸는 것인데, 복잡한 식을 한눈에 알아볼 수 있어. 식에서 같은 식이 반복해서 나오면 그 같은 식을 한 문자로 놓으면 돼. 왼쪽 문제에서도 $x-4y=A$로 놓으니 갑자기 곱셈 공식을 이용할 수 있는 식으로 변신했지?

$(x+y-2)(x+y+7)$
  $\quad\quad$ $x+y=A$로 치환
$=(A-2)(A+7)$
  $\quad\quad$ 곱셈 공식 $(x+a)(x+b)=x^2+(a+b)x+ab$ 이용
$=A^2+5A-14$
  $\quad\quad$ A를 원래의 식으로 바꾸기
$=(x+y)^2+5(x+y)-14$
  $\quad\quad$ 곱셈 공식 $(a+b)^2=a^2+2ab+b^2$ 이용
$=x^2+2xy+y^2+5x+5y-14$

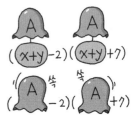

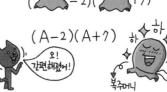

● 곱셈 공식을 이용한 수의 계산

곱셈 공식은 식의 전개뿐만 아니라 복잡한 수의 계산을 간단히 할 수 있다.

① 수의 제곱의 계산

곱셈 공식 $(a+b)^2=a^2+2ab+b^2$, $(a-b)^2=a^2-2ab+b^2$을 이용

$102^2=(100+2)^2=100^2+2\times100\times2+2^2=10404$

$97^2=(100-3)^2=100^2-2\times100\times3+3^2=9409$

② 두 수의 곱의 계산

곱셈 공식 $(a+b)(a-b)=a^2-b^2$, $(x+a)(x+b)=x^2+(a+b)x+ab$

를 이용

$23\times17=(20+3)(20-3)=20^2-3^2=391$

$13\times16=(10+3)(10+6)=10^2+(3+6)\times10+3\times6$
$\quad\quad\quad\quad=100+90+18=208$

앗! 실수

치환을 이용하여 식을 전개한 경우 반드시 원래의 식을 넣어서 다시 계산해야 해. 가끔 치환한 문자를 그대로 두고 전개가 모두 끝났다고 생각하는 학생들이 많은데 잊지 말고 원래의 식을 대입해서 다시 한 번 곱셈 공식으로 풀어야만 해.

A 곱셈 공식을 이용한 다항식의 계산

곱셈 공식을 이용한 문제가 시험에 나올 때는 한 가지만 사용하는 것이 아니라 아래와 같이 여러 가지 곱셈 공식을 이용하는 문제가 많이 출제 돼. 앞 단원에서 배웠던 곱셈 공식을 떠올리면서 차분히 풀어 보자.
아하! 그렇구나~

■ 다음 식을 간단히 하여라.

1. $(x-3)(x+3)+(x-1)^2$

_____

2. $(x-5)(x+5)-(x+2)^2$

_____

3. $(x+1)^2-(x+2)(x+3)$

_____

4. $(x-2)^2+(x-1)(x+4)$

_____

5. $(2x+1)^2-(x+3)(x+6)$

_____

6. $(x-4)(x+2)+(3x-1)(x+1)$

_____

7. $(2x+6)(x+2)-(x+5)(x+7)$

_____

8. $(x+8)(x-2)-(4x-1)(2x+1)$

_____

9. $(x-2)(x+2)-(2x-5)(x-1)$

_____

10. $(6x-5)(2x+3)-(x-3)(x+3)$

_____

치환을 이용하여 다항식을 전개할 때는 다음 순서로 해 보자.
① 공통부분을 한 문자로 치환하고
② 치환한 식을 곱셈 공식을 이용하여 전개하고
③ 전개한 식에 치환하기 전의 식을 대입하여 전개하면 돼.
잊지 말자. 꼬~옥!

■ 다음 식을 치환을 이용하여 전개하여라.

1. $(x-1)(x-1+y)$

    _____

   Help $x-1=A$라 하면
     $(x-1)(x-1+y)=A(A+y)$

2. $(a+b)(2+a+b)$

    _____

3. $(a-b+1)^2$

    _____

   Help $a-b=A$라 하면 $(a-b+1)^2=(A+1)^2$

4. $(x-2y-1)^2$

    _____

5. $(3x+y+2)^2$

    _____

6. $(x+y-2)(x+y+2)$

    _____

7. $(a-b-3)(a-b+3)$

    _____

8. $(x-4y-4)(x-4y+4)$

    _____

9. $(x+y-2)(x+y+7)$

    _____

10. $(a+3b+9)(a+3b-5)$

    _____

C 곱셈 공식을 이용한 수의 계산 1
- 수의 제곱의 계산

곱셈 공식을 식에만 이용하지 않고 다음과 같이 수의 계산에 이용하면 쉽게 계산할 수 있어.
49^2을 계산할 때 49×49로 계산하는 것보다는 곱셈 공식을 이용하여 $(50-1)^2 = 2500 - 2 \times 50 \times 1 + 1 = 2401$로 계산하는 것이 훨씬 쉬워. 아하! 그렇구나~

■ 곱셈 공식을 이용하여 다음을 계산하여라.

1. 19^2

_____

Help $19^2 = (20-1)^2 = 400 - \square + 1$

2. 21^2

_____

Help $21^2 = (20+1)^2 = 400 + \square + 1$

3. 28^2

_____

4. 32^2

_____

5. 39^2

_____

6. 41^2

_____

7. 98^2

_____

8. 99^2

_____

9. 101^2

_____

10. 103^2

_____

D 곱셈 공식을 이용한 수의 계산 2
- 두 수의 곱의 계산

두 수의 곱을 계산할 때, 다음과 같이 곱셈 공식을 이용하면 쉽게 구할 수 있어.
- $99 \times 101 = (100-1)(100+1) = 10000-1 = 9999$
- $39 \times 42 = (40-1)(40+2) = 40^2 + (2-1) \times 40 - 2$
  $= 1600 + 40 - 2 = 1638$

■ 곱셈 공식을 이용하여 다음을 계산하여라.

1. 21×19

   Help $(20+1)(20-1) = 400 - \square$

2. 22×18

   Help $(20+2)(20-2) = 400 - \square$

3. 31×29

4. 52×48

5. 103×97

(앗! 실수)
6. 11×13

   Help $(10+1)(10+3) = 10^2 + (\square + \square) \times 10 + 3$

7. 23×25

8. 31×34

(앗! 실수)
9. 18×23

   Help $(20-2)(20+3) = 20^2 + (\square + \square) \times 20 - 6$

10. 27×35

[1~4] 곱셈 공식을 이용한 다항식의 계산

적중률 90%

1. $(x-3y)(x+y)-(x-5y)(x+5y)$를 간단히 하면?

① $x^2-2xy+23y^2$
② $-2xy+22y^2$
③ $2x^2-2xy+25y^2$
④ $-xy+23y^2$
⑤ $2x^2-xy+23y^2$

2. $(3x-2)(x-4)-(x+7)(x-2)=ax^2+bx+c$ 일 때, 상수 a, b, c에 대하여 $a+b+c$의 값은?

① 0
② 1
③ 5
④ 8
⑤ 10

앗! 실수

3. $(x+4+y)(x-4+y)$를 전개하여라.

4. $(x-2y+1)^2$의 전개식에서 xy의 계수를 a, 상수항을 b라 할 때, $a+b$의 값은?

① -3
② -1
③ 0
④ 2
⑤ 5

[5~6] 곱셈 공식을 이용한 수의 계산

5. 곱셈 공식을 이용하여 5.2×4.8을 계산할 때, 어떤 곱셈 공식을 이용하는 것이 가장 편리한가?

① $(x+a)(x+b)=x^2+(a+b)x+ab$
② $(x+y)(x-y)=x^2-y^2$
③ $(x-y)^2=x^2-2xy+y^2$
④ $(ax+b)(cx+d)=acx^2+(ad+bc)x+bd$
⑤ $(x+y)^2=x^2+2xy+y^2$

적중률 80%

6. 다음 중 곱셈 공식
$(x+a)(x+b)=x^2+(a+b)x+ab$를 이용하여 계산하면 가장 편리한 것은?

① 102×98
② 23^2
③ 13×17
④ 99^2
⑤ 2.8×3.2

18 곱셈 공식을 이용한 무리수의 계산

● **곱셈 공식을 이용한 무리수의 계산**

① $(a+b)^2=a^2+2ab+b^2$을 이용한 수의 계산

$$(3+\sqrt{5})^2=3^2+2\times3\times\sqrt{5}+(\sqrt{5})^2$$
$$=9+6\sqrt{5}+5=14+6\sqrt{5}$$

② $(a+b)(a-b)=a^2-b^2$을 이용한 수의 계산

$$(\sqrt{6}+\sqrt{5})(\sqrt{6}-\sqrt{5})=(\sqrt{6})^2-(\sqrt{5})^2=6-5=1$$

③ $(x+a)(x+b)=x^2+(a+b)x+ab$를 이용한 수의 계산

$$(\sqrt{3}+2)(\sqrt{3}+4)=(\sqrt{3})^2+(2+4)\sqrt{3}+8=11+6\sqrt{3}$$

④ $(ax+b)(cx+d)=acx^2+(ad+bc)x+bd$를 이용한 수의 계산

$$(3\sqrt{2}-1)(2\sqrt{2}+4)=6(\sqrt{2})^2+(12-2)\sqrt{2}-4=8+10\sqrt{2}$$

바빠 꿀팁!

분모가 $\sqrt{a}+\sqrt{b}$이면 분모, 분자에 $\sqrt{a}-\sqrt{b}$를 곱하고, 분모가 $\sqrt{a}-\sqrt{b}$이면 분모, 분자에 $\sqrt{a}+\sqrt{b}$를 곱해야 분모의 유리화를 할 수 있어.

● **제곱근의 계산 결과가 유리수가 될 조건**

a, b가 유리수이고 $\sqrt{m}$이 무리수일 때 $a+b\sqrt{m}$이 유리수가 될 조건

$\Rightarrow b=0$

$5+2\sqrt{3}+a\sqrt{3}$이 유리수가 되기 위해서는 $5+(2+a)\sqrt{3}$으로 정리한 식에서 $\sqrt{3}$ 앞에 있는 수인 $2+a=0$이어야 한다.

$\therefore a=-2$

● **곱셈 공식을 이용한 분모의 유리화**

분모가 2개 항으로 되어 있는 무리수일 때 곱셈 공식 $(a+b)(a-b)=a^2-b^2$을 이용하여 분모를 유리화한다.

$a>0$, $b>0$일 때,

$$\frac{c}{\sqrt{a}+\sqrt{b}}=\frac{c(\sqrt{a}-\sqrt{b})}{(\sqrt{a}+\sqrt{b})(\sqrt{a}-\sqrt{b})}=\frac{c\sqrt{a}-c\sqrt{b}}{a-b}$$

$$\frac{2}{\sqrt{5}+\sqrt{3}}=\frac{2(\sqrt{5}-\sqrt{3})}{(\sqrt{5}+\sqrt{3})(\sqrt{5}-\sqrt{3})}$$
$$=\frac{2(\sqrt{5}-\sqrt{3})}{5-3}=\sqrt{5}-\sqrt{3}$$

 앗! 실수

$\dfrac{5+\sqrt{2}}{5-\sqrt{2}}$의 분모를 유리화할 때 분모, 분자에 $5+\sqrt{2}$를 곱하면 $\dfrac{5+\sqrt{2}}{5-\sqrt{2}}=\dfrac{(5+\sqrt{2})(5+\sqrt{2})}{(5-\sqrt{2})(5+\sqrt{2})}$에서 분자를 $(5+\sqrt{2})(5+\sqrt{2})=(5+\sqrt{2})^2$으로 쓰고 곱셈 공식을 이용하면 좀 더 간단히 구할 수 있어.

곱셈 공식을 이용하여 무리수의 계산을 해보자.
- $(a+b)^2=a^2+2ab+b^2$을 이용
  $(\sqrt{2}+\sqrt{5})^2=(\sqrt{2})^2+2\sqrt{2}\times\sqrt{5}+(\sqrt{5})^2=7+2\sqrt{10}$
- $(a+b)(a-b)=a^2-b^2$을 이용
  $(\sqrt{3}+\sqrt{2})(\sqrt{3}-\sqrt{2})=(\sqrt{3})^2-(\sqrt{2})^2=1$

■ 곱셈 공식을 이용하여 다음을 구하여라.

1. $(\sqrt{3}+\sqrt{2})^2$

   Help $(\sqrt{3}+\sqrt{2})^2=(\sqrt{3})^2+2\times\sqrt{3}\times\sqrt{2}+(\sqrt{2})^2$

2. $(\sqrt{5}+\sqrt{3})^2$

3. $(\sqrt{6}-\sqrt{2})^2$

   Help $(\sqrt{6}-\sqrt{2})^2=(\sqrt{6})^2-2\times\sqrt{6}\times\sqrt{2}+(\sqrt{2})^2$

4. $(3\sqrt{3}-\sqrt{7})^2$

5. $(\sqrt{6}+\sqrt{2})(\sqrt{6}-\sqrt{2})$

   Help $(\sqrt{6}+\sqrt{2})(\sqrt{6}-\sqrt{2})=(\sqrt{6})^2-(\sqrt{2})^2$

6. $(\sqrt{11}-\sqrt{5})(\sqrt{11}+\sqrt{5})$

7. $(2\sqrt{5}+\sqrt{2})(2\sqrt{5}-\sqrt{2})$

8. $(3\sqrt{2}+2\sqrt{5})(3\sqrt{2}-2\sqrt{5})$

- $(x+a)(x+b)=x^2+(a+b)x+ab$를 이용
  $(\sqrt{3}+2)(\sqrt{3}-5)=(\sqrt{3})^2+(2-5)\sqrt{3}-10=-7-3\sqrt{3}$
- $(ax+b)(cx+d)=acx^2+(ad+bc)x+bd$를 이용
  $(2\sqrt{5}+1)(3\sqrt{5}+4)=6(\sqrt{5})^2+(8+3)\sqrt{5}+4$
  $=34+11\sqrt{5}$

■ 곱셈 공식을 이용하여 다음을 구하여라.

1. $(\sqrt{10}+6)(\sqrt{10}-5)$

　　 Help $(\sqrt{10}+6)(\sqrt{10}-5)$
　　　　 $=(\sqrt{10})^2+(6-5)\sqrt{10}+6\times(-5)$

2. $(\sqrt{5}-2)(\sqrt{5}+3)$

3. $(\sqrt{3}+4)(\sqrt{3}-6)$

4. $(\sqrt{13}-1)(\sqrt{13}+5)$

5. $(3\sqrt{2}+1)(2\sqrt{2}-1)$

　　 Help $(3\sqrt{2}+1)(2\sqrt{2}-1)$
　　　　 $=6(\sqrt{2})^2+(-3+2)\sqrt{2}+1\times(-1)$

6. $(2\sqrt{6}+9)(\sqrt{6}-2)$

7. $(5\sqrt{5}+1)(2\sqrt{5}-1)$

8. $(4\sqrt{3}-3)(\sqrt{3}-1)$

$(a\sqrt{5}-1)(2\sqrt{5}+1)$을 계산한 결과가 유리수가 될 때, 유리수 a를 구해 보면
$(a\sqrt{5}-1)(2\sqrt{5}+1)=2a(\sqrt{5})^2+(a-2)\sqrt{5}-1$
$=(10a-1)+(a-2)\sqrt{5}$
$\sqrt{5}$ 앞에 있는 $a-2=0$이 되어야 유리수가 되므로 $a=2$

■ 다음을 계산한 결과가 유리수가 되도록 하는 유리수 a의 값을 구하여라.

1. $\sqrt{2}(a+4\sqrt{2})$

———————

Help 전개한 후 $\sqrt{2}$ 앞에 곱해진 수가 0이어야 유리수가 된다.

2. $3(5-a\sqrt{3})$

———————

3. $\sqrt{7}(\sqrt{14}+a)-\sqrt{2}(7+\sqrt{14})$

———————

Help $\sqrt{7}(\sqrt{14}+a)-\sqrt{2}(7+\sqrt{14})$
$=7\sqrt{2}+a\sqrt{7}-7\sqrt{2}-2\sqrt{7}$
$=(a-2)\sqrt{7}$

4. $\sqrt{3}(2\sqrt{3}-\sqrt{30})-\sqrt{2}(a\sqrt{5}-\sqrt{2})$

———————

앗! 실수

5. $(a\sqrt{3}+2)(\sqrt{3}-1)$

———————

Help $(a\sqrt{3}+2)(\sqrt{3}-1)=(3a-2)+(2-a)\sqrt{3}$

6. $(\sqrt{5}+a)(2\sqrt{5}-1)$

———————

7. $(5\sqrt{2}+2)(\sqrt{2}-a)$

———————

8. $(a\sqrt{7}-3)(\sqrt{7}+4)$

———————

D 곱셈 공식을 이용한 분모의 유리화 1

$(a+b)(a-b)=a^2-b^2$을 이용하여 분모를 유리화하면 돼.

$$\frac{2}{\sqrt{2}-1}=\frac{2(\sqrt{2}+1)}{(\sqrt{2}-1)(\sqrt{2}+1)}=\frac{2(\sqrt{2}+1)}{2-1}=2\sqrt{2}+2$$

아하 그렇구나!

■ 다음 수의 분모를 유리화하여라.

1. $\dfrac{3}{\sqrt{2}+1}$

   Help $\dfrac{3}{\sqrt{2}+1}=\dfrac{3(\sqrt{2}-1)}{(\sqrt{2}+1)(\sqrt{2}-1)}$

2. $\dfrac{2}{1-\sqrt{3}}$

3. $\dfrac{3}{\sqrt{5}-\sqrt{2}}$

4. $\dfrac{4}{\sqrt{3}+\sqrt{5}}$

5. $\dfrac{\sqrt{6}}{\sqrt{2}-\sqrt{3}}$

6. $\dfrac{\sqrt{6}}{\sqrt{7}-\sqrt{6}}$

7. $\dfrac{2+\sqrt{3}}{2-\sqrt{3}}$ 앗실수

   Help $\dfrac{2+\sqrt{3}}{2-\sqrt{3}}=\dfrac{(2+\sqrt{3})^2}{(2-\sqrt{3})(2+\sqrt{3})}$

8. $\dfrac{\sqrt{7}-3}{\sqrt{7}+3}$

분모	분모, 분자에 곱하는 수
$a+\sqrt{b}$	$a-\sqrt{b}$
$a-\sqrt{b}$	$a+\sqrt{b}$
$\sqrt{a}+\sqrt{b}$	$\sqrt{a}-\sqrt{b}$
$\sqrt{a}-\sqrt{b}$	$\sqrt{a}+\sqrt{b}$

■ 다음을 계산하여라.

1. $\dfrac{\sqrt{8}-5}{\sqrt{2}-1}$

Help $\dfrac{\sqrt{8}-5}{\sqrt{2}-1}=\dfrac{(\sqrt{8}-5)(\sqrt{2}+1)}{(\sqrt{2}-1)(\sqrt{2}+1)}$

2. $\dfrac{\sqrt{5}+1}{\sqrt{5}-2}$

3. $\dfrac{\sqrt{28}-1}{\sqrt{7}-2}$

4. $\dfrac{-\sqrt{32}+5}{1-\sqrt{2}}$

5. $\dfrac{7}{\sqrt{3}+\sqrt{2}}-\dfrac{2}{\sqrt{3}-\sqrt{2}}$

Help $\dfrac{7}{\sqrt{3}+\sqrt{2}}-\dfrac{2}{\sqrt{3}-\sqrt{2}}$
$=\dfrac{7(\sqrt{3}-\sqrt{2})}{(\sqrt{3}+\sqrt{2})(\sqrt{3}-\sqrt{2})}-\dfrac{2(\sqrt{3}+\sqrt{2})}{(\sqrt{3}-\sqrt{2})(\sqrt{3}+\sqrt{2})}$

6. $\dfrac{5}{\sqrt{5}-\sqrt{3}}+\dfrac{3}{\sqrt{5}+\sqrt{3}}$

7. $\dfrac{\sqrt{6}-\sqrt{8}}{\sqrt{2}}+\dfrac{2-3\sqrt{3}}{\sqrt{3}-2}$

8. $\dfrac{1-2\sqrt{7}}{\sqrt{7}-2}+\dfrac{\sqrt{3}-\sqrt{21}}{\sqrt{3}}$

[적중률 90%]
[1~2] 곱셈 공식을 이용한 무리수의 계산

1. 다음 중 옳지 <u>않은</u> 것은?

① $(\sqrt{3}-1)^2=4-2\sqrt{3}$

② $(2-\sqrt{5})(2+\sqrt{5})=-1$

③ $(\sqrt{5}-2)(\sqrt{5}+6)=7-4\sqrt{5}$

④ $(2\sqrt{3}+1)(\sqrt{3}-4)=2-7\sqrt{3}$

⑤ $(-3-\sqrt{2})^2=11+6\sqrt{2}$

2. $(2\sqrt{2}-1)^2-(3+\sqrt{5})(3-\sqrt{5})$를 계산하여라.

[3~4] 제곱근의 계산 결과가 유리수가 되는 조건

3. $\sqrt{5}(\sqrt{3}-\sqrt{20})-\sqrt{3}(a\sqrt{5}-\sqrt{27})$을 계산한 결과가 유리수가 되도록 하는 유리수 a의 값은?

① -4 ② -3 ③ -1

④ 1 ⑤ 2

4. $(a\sqrt{13}+4)(\sqrt{13}-2)$를 계산한 결과가 유리수가 되도록 하는 유리수 a의 값을 구하여라.

[적중률 90%]
[5~6] 곱셈 공식을 이용한 분모의 유리화

5. $\dfrac{2+\sqrt{2}}{4-3\sqrt{2}}=a+b\sqrt{2}$일 때, 유리수 a, b에 대하여 $a-b$의 값은?

① -2 ② 0 ③ 1

④ 2 ⑤ 3

6. $\dfrac{7}{2-\sqrt{3}}-\dfrac{4}{2+\sqrt{3}}$를 계산하여라.

19 곱셈 공식을 변형하여 식의 값 구하기

개념 강의 보기

● 곱셈 공식의 변형

① $(a+b)^2=a^2+2ab+b^2$ ⇨ $a^2+b^2=(a+b)^2-2ab$

$a+b=4, ab=1$일 때, $a^2+b^2=(a+b)^2-2ab=4^2-2\times1=14$

② $(a-b)^2=a^2-2ab+b^2$ ⇨ $a^2+b^2=(a-b)^2+2ab$

$a-b=2, ab=4$일 때, $a^2+b^2=(a-b)^2+2ab=2^2+2\times4=12$

③ $(a+b)^2=(a-b)^2+4ab$

$a-b=4, ab=3$일 때, $(a+b)^2=(a-b)^2+4ab=4^2+4\times3=28$

④ $(a-b)^2=(a+b)^2-4ab$

$a+b=5, ab=3$일 때, $(a-b)^2=(a+b)^2-4ab=5^2-4\times3=13$

> 바빠 꿀팁!
>
> 변형된 곱셈 공식은 외워도 좋지만 등호 양변을 생각해서 다음과 같이 풀어도 좋아.
> 일단 $a^2+b^2=(a+b)^2$이라고 써 봐. 이건 잘못 된 식이지. 왜냐하면 우변을 전개하면 $a^2+2ab+b^2$이 되어 좌변에 없는 $2ab$가 있으니까. 그래서 우변에서 $2ab$를 빼 주어야 등호가 성립하는 거야.
> $a^2+b^2=(a+b)^2-2ab$

● 두 수의 곱이 1인 곱셈 공식의 변형

위의 곱셈 공식을 변형한 식에서 $a, \dfrac{1}{a}$과 같이 서로 역수 관계인 두 문자의 곱

은 $a\times\dfrac{1}{a}=1$이므로 다음과 같은 식이 성립한다.

① $a^2+\dfrac{1}{a^2}=\left(a+\dfrac{1}{a}\right)^2-2$

$a+\dfrac{1}{a}=3$일 때, $a^2+\dfrac{1}{a^2}=\left(a+\dfrac{1}{a}\right)^2-2=3^2-2=7$

② $a^2+\dfrac{1}{a^2}=\left(a-\dfrac{1}{a}\right)^2+2$

$a-\dfrac{1}{a}=5$일 때, $a^2+\dfrac{1}{a^2}=\left(a-\dfrac{1}{a}\right)^2+2=5^2+2=27$

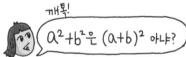
개톡! a^2+b^2은 $(a+b)^2$ 아냐?

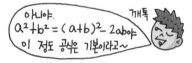
아니야. $a^2+b^2=(a+b)^2-2ab$야 이 정도 공식은 기본이라고~ 개톡

● $x=a+\sqrt{b}$ 꼴일 때 이차식의 값 구하기

$x=\sqrt{3}-2$일 때, x^2+4x+7의 값을 구해 보자.

$x=\sqrt{3}-2$의 우변의 -2를 이항하여 $x+2=\sqrt{3}$으로 바꾼 후 양변을 제곱하면

$x^2+4x+4=3, x^2+4x=-1$

$\therefore x^2+4x+7=-1+7=6$

앗! 실수

$a+b, a^2+b^2$의 값을 알 때, $\dfrac{b}{a}+\dfrac{a}{b}$의 값을 구하라고 하면 갑자기 어렵게 생각하는 학생이 많아.

하지만 $\dfrac{b}{a}+\dfrac{a}{b}$를 통분하면 $\dfrac{a^2+b^2}{ab}$인데 ab는 $a+b$와 a^2+b^2을 이용하여 구하면 되니 어렵지 않지? 분수의 합인 경우 통분하

면 된다는 것을 잊지 말자.

A 곱셈 공식을 변형하여 식의 값 구하기 1

$$\cdot\ a^2+b^2=(a+b)^2-2ab=(a-b)^2+2ab$$

$$\cdot\ \frac{b}{a}+\frac{a}{b}=\frac{a^2+b^2}{ab}=\frac{(a+b)^2-2ab}{ab}$$

이 정도는 암기해야 해 암암!

■ 곱셈 공식을 변형하여 다음 식의 값을 구하여라.

1. $x+y=2\sqrt{2}$, $xy=1$일 때, x^2+y^2

   Help $x^2+y^2=(x+y)^2-2xy$

2. $x-y=\sqrt{3}$, $xy=4$일 때, x^2+y^2

3. $x=\dfrac{1}{\sqrt{5}+2}$, $y=\dfrac{1}{\sqrt{5}-2}$일 때, x^2+y^2

4. $a=\dfrac{1}{3-\sqrt{8}}$, $b=\dfrac{1}{3+\sqrt{8}}$일 때, a^2+b^2

5. $x+y=\sqrt{15}$, $xy=3$일 때, $\dfrac{y}{x}+\dfrac{x}{y}$

   Help $\dfrac{x}{y}+\dfrac{y}{x}=\dfrac{x^2+y^2}{xy}=\dfrac{(x+y)^2-2xy}{xy}$

6. $x+y=2\sqrt{3}$, $xy=1$일 때, $\dfrac{y}{x}+\dfrac{x}{y}$

7. $a=1-\sqrt{2}$, $b=1+\sqrt{2}$일 때, $\dfrac{b}{a}+\dfrac{a}{b}$

8. $x=3-\sqrt{3}$, $y=3+\sqrt{3}$일 때, $\dfrac{y}{x}+\dfrac{x}{y}$

• $(a-b)^2=(a+b)^2-4ab$, $(a+b)^2=(a-b)^2+4ab$

• $(a+b)^2=a^2+2ab+b^2$이므로 $ab=\dfrac{(a+b)^2-(a^2+b^2)}{2}$

이 정도는 암기해야 해 암암! 🦔

■ 곱셈 공식을 변형하여 다음 식의 값을 구하여라.

1. $x+y=3\sqrt{2}$, $xy=2$일 때, $(x-y)^2$

   Help $(x-y)^2=(x+y)^2-4xy$

2. $a+b=2\sqrt{6}$, $ab=3$일 때, $(a-b)^2$

3. $a-b=3\sqrt{5}$, $ab=-8$일 때, $(a+b)^2$

   Help $(a+b)^2=(a-b)^2+4ab$

4. $x-y=4\sqrt{2}$, $xy=-6$일 때, $(x+y)^2$

앗! 실수

5. $x+y=3$, $x^2+y^2=7$일 때, xy

   Help $x^2+y^2=(x+y)^2-2xy$에서
   $xy=\dfrac{(x+y)^2-(x^2+y^2)}{2}$

6. $a+b=4$, $a^2+b^2=10$일 때, ab

7. $a-b=1$, $a^2+b^2=5$일 때, ab

   Help $a^2+b^2=(a-b)^2+2ab$에서
   $ab=\dfrac{(a^2+b^2)-(a-b)^2}{2}$

8. $x-y=2$, $x^2+y^2=16$일 때, xy

$\cdot x^2+\dfrac{1}{x^2}=\left(x+\dfrac{1}{x}\right)^2-2=\left(x-\dfrac{1}{x}\right)^2+2$

$\cdot \left(x+\dfrac{1}{x}\right)^2=\left(x-\dfrac{1}{x}\right)^2+4,\ \left(x-\dfrac{1}{x}\right)^2=\left(x+\dfrac{1}{x}\right)^2-4$

이 정도는 암기해야 해 암암! 🦔

■ 곱셈 공식을 변형하여 다음 식의 값을 구하여라.

(앗실수)
1. $x+\dfrac{1}{x}=2$일 때, $x^2+\dfrac{1}{x^2}$

_____

Help $x^2+\dfrac{1}{x^2}=\left(x+\dfrac{1}{x}\right)^2-2$

2. $x+\dfrac{1}{x}=\sqrt{5}$일 때, $x^2+\dfrac{1}{x^2}$

_____

3. $x-\dfrac{1}{x}=\sqrt{8}$일 때, $x^2+\dfrac{1}{x^2}$

_____

Help $x^2+\dfrac{1}{x^2}=\left(x-\dfrac{1}{x}\right)^2+2$

4. $x-\dfrac{1}{x}=\sqrt{14}$일 때, $x^2+\dfrac{1}{x^2}$

_____

(앗실수)
5. $x+\dfrac{1}{x}=4$일 때, $\left(x-\dfrac{1}{x}\right)^2$

_____

Help $\left(x-\dfrac{1}{x}\right)^2=\left(x+\dfrac{1}{x}\right)^2-4$

6. $x+\dfrac{1}{x}=\sqrt{11}$일 때, $\left(x-\dfrac{1}{x}\right)^2$

_____

7. $x-\dfrac{1}{x}=6$일 때, $\left(x+\dfrac{1}{x}\right)^2$

_____

8. $x-\dfrac{1}{x}=\sqrt{26}$일 때, $\left(x+\dfrac{1}{x}\right)^2$

_____

D $x=a+\sqrt{b}$인 경우 이차식의 값

$x=1+\sqrt{2}$일 때, x^2-2x+3의 값을 구해 보자.
직접 대입해서 구해도 되지만 계산이 복잡해지고 시간이 많이 걸리니
식을 변형해서 아래와 같이 구하면 쉬워.
$x-1=\sqrt{2}$로 변형하여 양변을 제곱하면 $x^2-2x+1=2$이므로
$x^2-2x=1$ ∴ $x^2-2x+3=4$

■ 다음 식의 값을 구하여라.

(앗실수)

1. $x=\sqrt{2}-1$일 때, x^2+2x+2

————————

Help $x=\sqrt{2}-1$에서 $x+1=\sqrt{2}$이므로 양변을 제곱하면
$x^2+2x+1=2$ ∴ $x^2+2x=1$

2. $x=\sqrt{5}+1$일 때, x^2-2x+4

————————

3. $x=-2+\sqrt{10}$일 때, x^2+4x+3

————————

4. $x=\sqrt{5}+4$일 때, x^2-8x-6

————————

5. $x=3+\sqrt{7}$일 때, x^2-6x+3

————————

6. $x=\sqrt{10}+5$일 때, $x^2-10x+3$

————————

7. $x=2+\sqrt{8}$일 때, x^2-4x+6

————————

8. $x=\sqrt{6}-4$일 때, x^2+8x+5

————————

[1~5] 곱셈 공식의 변형을 이용하여 식의 값 구하기

1. $x-y=\sqrt{21}$, $xy=3$일 때, $(x+y)^2$의 값은?

① 18   ② 24   ③ 28

④ 31   ⑤ 33

2. $a=3+\sqrt{5}$, $b=3-\sqrt{5}$일 때, $\dfrac{b}{a}+\dfrac{a}{b}$의 값은?

① 10   ② 9   ③ 8

④ 7   ⑤ 6

3. $x+y=\sqrt{10}$, $xy=2$일 때, $x-y$의 값은?

① ± 1 ② $\sqrt{2}$ ③ $\pm\sqrt{2}$

④ $\sqrt{10}$ ⑤ $\pm\sqrt{5}$

4. $x+\dfrac{1}{x}=\sqrt{11}$일 때, $x^2+\dfrac{1}{x^2}$의 값은?

① 8   ② 9   ③ 10

④ 14   ⑤ 16

5. $x-\dfrac{1}{x}=2\sqrt{3}$일 때, $\left(x+\dfrac{1}{x}\right)^2$의 값은?

① 16   ② 17   ③ 18

④ 19   ⑤ 20

[6] $x=a+\sqrt{b}$인 경우 식의 값

앗! 실수

6. $x=\dfrac{1}{3-2\sqrt{2}}$일 때, x^2-6x+4의 값을 구하여라.

넷째 마당

인수분해

다항식의 전개를 거꾸로 생각하는 것이 인수분해야. 그런데 다항식을 전개하기는 쉬운데, 전개한 것을 다시 곱의 형태로 바꾸기는 쉽지 않아. 그래서 인수분해 공식을 배우는 거지. 인수분해는 공식을 모두 외워야 하는데, 공식을 외워도 어느 공식에 대입해서 풀어야 하는지 어려워하는 학생이 많아. 하지만 잘 할 수 있다는 생각으로 많은 문제를 연습하면, 어느새 인수분해를 잘 하는 자신의 모습을 보게 될 거야. 힘내서 도전해 보자!

스스로 계획을 세워 봐!

공부할 내용!	14일 진도	20일 진도	
20. 공통인수를 이용한 인수분해	11일차	15일차	___월 ___일
21. 인수분해 공식 1, 2			___월 ___일
22. 인수분해 공식 3, 4	12일차	16일차	___월 ___일
23. 인수분해 공식의 종합		17일차	___월 ___일
24. 치환을 이용한 인수분해	13일차	18일차	___월 ___일
25. 여러 가지 인수분해		19일차	___월 ___일
26. 인수분해 공식을 이용하여 식의 값 구하기	14일차	20일차	___월 ___일

20 공통인수를 이용한 인수분해

개념 강의 보기

- **인수분해의 뜻**

  ① 인수

  하나의 다항식을 두 개 이상의 다항식의 곱으로 나타낼 때, 각각의 식을 처음 다항식의 인수라 한다.

  ab^2의 인수는 $1, a, b, b^2, ab, ab^2$이다.

  ② 인수분해

  하나의 다항식을 두 개 이상의 인수의 곱으로 나타내는 것을 그 다항식을 인수분해한다고 한다. 인수분해는 전개를 거꾸로 한 과정이다.

  $$x^2+5x+4 \xrightarrow[\text{전개}]{\text{인수분해}} (x+1)(x+4)$$

  위의 식에서 $x+1$, $x+4$는 x^2+5x+4의 인수이다.

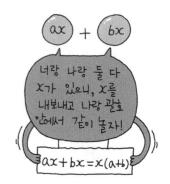

> **바빠 꿀팁!**
>
> 왼쪽에서 설명한 ab^2의 인수를 a와 b^2이라고 생각하기 쉬워. 하지만 ab^2을 구성하고 있는 모든 것이 인수가 됨을 잊으면 안 돼.
> 그래서 $1, a, b, b^2, ab, ab^2$이 모두 인수가 되는 거지.

- **공통인수를 이용한 인수분해**

  ① 공통인수가 문자인 경우

  다항식의 각 항에 공통인수가 있으면 그 인수로 묶어서 인수분해한다.

  $$ma+mb=m(a+b)$$

  (공통인수)

  $xy+4x$에서 각 항에 공통인수는 x이므로 인수분해하면

  $$xy+4x=x(y+4)$$

  ② 공통인수가 식인 경우

  $x(x+y)-y(x+y)$와 같이 식인 경우도 같은 방법으로 공통인수로 묶으면 된다.

  $$x(x+y)-y(x+y)=(x+y)(x-y)$$

  (공통인수)

앗! 실수

- $a+ab$를 인수분해할 때, 공통인수 a로 묶으면 a항에 남는 것이 없다고 생각해서 $a(b)$라고 생각하기 쉽지만 a로 묶어도 1이 남아서 $a(1+b)$가 옳은 인수분해야.
- $(x-y)+a(y-x)$일 때 공통인 식이 없는 것처럼 보여서 인수분해가 안 된다고 생각하기 쉬워.
  그렇지만 $(x-y)+a(y-x)=(x-y)-a(x-y)$로 변형하면 공통인수가 $x-y$가 돼.
  따라서 $x-y$로 묶고 각 항에서 남은 것을 그대로 쓰면 $(x-y)(1-a)$로 인수분해 되는 거야.

A 인수

$x^2(x+2)$의 인수는
$1, x, x^2, (x+2), x(x+2), x^2(x+2)$야.
1도 인수인데 빼먹을 수 있으니 주의해야 해.
아하! 그렇구나~

■ 다음에서 $a^2b(x+y)$의 인수인 것은 ○를, 인수가 아닌 것은 ×를 하여라.

1. ab

   _____

2. $ab(x+y)$

   _____

3. ab^2

   _____

4. $a^2b(x+y)$

   _____

5. 1

   _____

■ 다음에서 $xy(2x-y)(x+5y)$의 인수인 것은 ○를, 인수가 아닌 것은 ×를 하여라.

6. x

   _____

7. $x^2(x+5y)$

   _____

8. xy

   _____

9. $xy(2x+y)$

   _____

10. $(2x-y)(x+5y)$

   _____

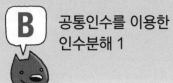
다항식에 공통인수가 있을 때에는 분배법칙을 이용하여 공통인수로
묶어 내면 돼.

$$ax+ay-az=a(x+y-z)$$

아하! 그렇구나~

■ 다음 다항식의 공통인수를 구하고 인수분해하여라.

1. $ax+2ay$

　　　　　공통인수 ＿＿＿＿＿＿

　　　　　인수분해 ＿＿＿＿＿＿

Help 공통인수로 묶고 나머지는 괄호 안에 쓴다.

2. $3x^2+xy$

　　　　　공통인수 ＿＿＿＿＿＿

　　　　　인수분해 ＿＿＿＿＿＿

3. a^2bx+5a^2y

　　　　　공통인수 ＿＿＿＿＿＿

　　　　　인수분해 ＿＿＿＿＿＿

4. $xy^2z+2axy$

　　　　　공통인수 ＿＿＿＿＿＿

　　　　　인수분해 ＿＿＿＿＿＿

5. $ax+3xy+4x$

　　　　　공통인수 ＿＿＿＿＿＿

　　　　　인수분해 ＿＿＿＿＿＿

6. $3ab+5abc+2a$

　　　　　공통인수 ＿＿＿＿＿＿

　　　　　인수분해 ＿＿＿＿＿＿

7. $7x^2+3x^3y+4x^2y$

　　　　　공통인수 ＿＿＿＿＿＿

　　　　　인수분해 ＿＿＿＿＿＿

앗! 실수

8. $ax^2y+2axy+3bxy^2$

　　　　　공통인수 ＿＿＿＿＿＿

　　　　　인수분해 ＿＿＿＿＿＿

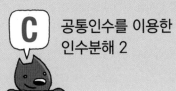

$2x(x+y)-4y(x+y)$를 공통인수를 이용하여 인수분해하면 수는 2, 4의 최대공약수인 2, 문자는 각 항에 공통으로 들어 있는 $x+y$로 묶으면 돼.
$2x(x+y)-4y(x+y)=2(x+y)(x-2y)$

■ 다음 다항식의 공통인수를 구하고 인수분해하여라.

1. $x(x-y)+(x-y)$

공통인수 _____

인수분해 _____

Help 공통인수로 묶고 남는 수나 문자가 없어도 1이 남은 것이다.

2. $a(2x-y)-b(2x-y)$

공통인수 _____

인수분해 _____

3. $(a+b)(x-2y)-(a+b)(x-5y)$

공통인수 _____

인수분해 _____

4. $(x+5y)(3a-b)-(x-y)(3a-b)$

공통인수 _____

인수분해 _____

5. $4(a+5)^2+8(a+5)$

공통인수 _____

인수분해 _____

6. $6(x+y)^2-3(x+y)$

공통인수 _____

인수분해 _____

7. $(5x-y)(2x+7y)+(5x-y)^2$

공통인수 _____

인수분해 _____

8. $(4x-9y)^2-(4x-9y)(x+2y)$

공통인수 _____

인수분해 _____

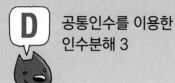
$x(a-3b)-y(-a+3b)$와 같은 식을 보면 공통인수가 없다고 생각
하는 학생들이 많지만 아래와 같이 $-$를 괄호 밖으로 빼내면 공통인수
가 보여.
$$x(a-3b)-y(-a+3b)=x(a-3b)+y(a-3b)$$
$$=(a-3b)(x+y)$$

■ 다음 식을 인수분해하여라.

1. $a(x-y)+(y-x)$

_____

Help $(x-y)$와 $(y-x)$는 공통인수가 아닌 것처럼 보
이지만 $(y-x)$를 $-(x-y)$로 만들면 공통인수
가 된다.

2. $(a-3b)^2+(3b-a)$

_____

3. $5x(y-z)-6(-y+z)$

_____

4. $2(4a-b)^2+a(-4a+b)$

_____

5. $x^2y(a-2b)-xy(-a+2b)$

_____

6. $ab(5a-2)+b(2-5a)$

_____

7. $xy^2(x-y)+y^2(-x+y)$

_____

8. $(x-5y)^2-(-x+5y)(x+2y)$

_____

[1~2] 인수

1. 다음 중 $4a^2b(a+1)$의 인수가 <u>아닌</u> 것은?

① a ② ab ③ $b(a+1)$

④ a^2b^2 ⑤ $4a^2b(a+1)$

2. 다항식 $6x^3y+4xy^2-2xy^3$의 각 항에 들어 있는 공통인수는?

① x^2 ② xy^2 ③ $2xy$

④ $2x^2y$ ⑤ x^2y^2

[3~6] 공통인수를 이용한 인수분해

적중률 80%

3. 다음 중 x^3+4x^2y의 인수가 <u>아닌</u> 것은?

① x ② x^2 ③ $x+4y$

④ $x(x+4y)$ ⑤ x^2y

4. 다음 보기에서 $4(x-1)^2-5(x-1)$의 인수를 모두 고른 것은?

보 기
ㄱ. $x-1$ ㄴ. $-5(x-1)$ ㄷ. $(x-1)^2$
ㄹ. $4x-9$ ㅁ. $4(x-1)$ ㅂ. $4x-5$

① ㄱ, ㄷ   ② ㄱ, ㄹ   ③ ㄴ, ㄹ

④ ㄴ, ㅁ   ⑤ ㄷ, ㄹ

적중률 90%

5. $a(2x-y)-b(-2x+y)$를 인수분해하면?

① $(2x-y)(a+b)$ ② $(2x-y)(a-b)$

③ $(2x+y)(a+b)$ ④ $(2x+y)(a-b)$

⑤ $(-2x+y)(a+b)$

6. $4(2a-3b)^2+a(-2a+3b)$를 인수분해하여라.

● **인수분해 공식 1 ― 완전제곱식**

① 완전제곱식

어떤 다항식의 제곱으로 된 식 또는 이 식에 상수를 곱한 식

$$(x-1)^2, \ (a+b)^2, \ \left(x+\frac{1}{2}\right)^2, \ -2(x+3y)^2$$

바빠 꿀팁!

많이 나오는 완전제곱식의 인수분해는 외우면 속도가 빨라지니 외워보자.
$x^2+2x+1=(x+1)^2$
$x^2+4x+4=(x+2)^2$
$x^2+6x+9=(x+3)^2$
$x^2+8x+16=(x+4)^2$
$x^2+10x+25=(x+5)^2$

② 완전제곱식을 이용한 인수분해 공식

주어진 식이 $a^2+2ab+b^2$ 또는 $a^2-2ab+b^2$의 꼴이면 다음과 같이 완전제곱식으로 인수분해된다.

$$a^2+2ab+b^2=(a+b)^2, \ a^2-2ab+b^2=(a-b)^2$$

$$x^2-4x+4=x^2-2\times x\times 2+2^2=(x-2)^2$$

③ x^2+ax+b가 완전제곱식이 되기 위한 상수항 b의 조건

⇨ $x^2+ax+b=x^2+2\times x\times\dfrac{a}{2}+\left(\dfrac{a}{2}\right)^2=\left(x+\dfrac{a}{2}\right)^2$에서 $b=\left(\dfrac{a}{2}\right)^2$

x^2+6x+b가 완전제곱식이 되기 위해서는 $b=\left(\dfrac{6}{2}\right)^2=9$

④ x^2+ax+b^2이 완전제곱식이 되기 위한 x의 계수 a의 조건

⇨ $x^2+ax+b^2=x^2+2\times x\times(\pm b)+(\pm b)^2=(x\pm b)^2$에서
$a=2\times(\pm b)=\pm 2b$

$x^2+ax+16$이 완전제곱식이 되기 위해서는 $a=2\times(\pm 4)=\pm 8$

곱셈 공식
변신 펑
변신
인수분해

● **인수분해 공식 2 ― 제곱의 차**

$$a^2-b^2=(a+b)(a-b)$$
$$x^2-4=x^2-2^2=(x+2)(x-2)$$

앗! 실수

x^2+ax+9가 완전제곱식이 되기 위한 x의 계수 a를 구할 때, $9=3^2$으로 생각해서 $a=2\times 3=6$이라고 답을 하는 학생이 많아. 하지만 $9=(-3)^2$이 되어 $a=2\times(-3)=-6$도 답이 돼. 완전제곱식으로 인수분해되는 식에서 상수항이 주어지고 x의 계수를 묻는 문제는 답이 $+$, $-$ 두 개 있음을 잊으면 안 돼.

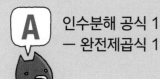
$a^2 + 2ab + b^2 = (a + b)^2$, $a^2 - 2ab + b^2 = (a - b)^2$
　　　같은 부호　　　　　　　　같은 부호

이 정도는 암기해야 해~ 암암! 🐛

■ 다음 식을 인수분해하여라.

1. $a^2 + 2a + 1$

  　Help $a^2 + 2a + 1 = a^2 + 2 \times a \times 1 + 1^2$

2. $a^2 - 4a + 4$

  　Help $a^2 - 4a + 4 = a^2 - 2 \times a \times 2 + 2^2$

3. $x^2 - 10x + 25$

앗실수
4. $y^2 + 20y + 100$

5. $a^2 - 6a + 9$

6. $4x^2 + 4x + 1$

  　Help $4x^2 + 4x + 1 = (2x)^2 + 2 \times 2x \times 1 + 1^2$

7. $9y^2 - 6y + 1$

  　Help $9y^2 - 6y + 1 = (3y)^2 - 2 \times (3y) \times 1 + 1^2$

8. $49x^2 + 14x + 1$

9. $64x^2 + 16x + 1$

10. $81x^2 - 18x + 1$

$\dfrac{1}{4}x^2+3x+9$가 완전제곱식으로 인수분해되는지 알아보자.

$\dfrac{1}{4}x^2+3x+9=\left(\dfrac{1}{2}x\right)^2+2\times\dfrac{1}{2}x\times3+3^2$이 되므로 $\left(\dfrac{1}{2}x+3\right)^2$으로

인수분해되는 것을 알 수 있어. 아하! 그렇구나~

■ 다음 식을 인수분해하여라.

1. $a^2+a+\dfrac{1}{4}$

———————

Help $a^2+a+\dfrac{1}{4}=a^2+a+\left(\dfrac{1}{2}\right)^2$에서 $2\times a\times\dfrac{1}{2}=a$이

므로 완전제곱식이 된다.

2. $x^2-\dfrac{2}{3}x+\dfrac{1}{9}$

———————

3. $x^2-\dfrac{1}{2}x+\dfrac{1}{16}$

———————

4. $x^2-\dfrac{4}{3}x+\dfrac{4}{9}$

———————

Help $x^2-\dfrac{4}{3}x+\dfrac{4}{9}=x^2-\dfrac{4}{3}x+\left(\dfrac{2}{3}\right)^2$에서

$2\times x\times\dfrac{2}{3}=\dfrac{4}{3}x$이므로 완전제곱식이 된다.

5. $y^2+\dfrac{8}{5}y+\dfrac{16}{25}$

———————

6. $4x^2+12x+9$

———————

Help $4x^2+12x+9=(2x)^2+12x+3^2$에서

$2\times2x\times3=12x$이므로 완전제곱식이 된다.

7. $9y^2-24y+16$

———————

8. $25x^2+5xy+\dfrac{1}{4}y^2$

———————

Help $25x^2+5xy+\dfrac{1}{4}y^2=(5x)^2+5xy+\left(\dfrac{1}{2}y\right)^2$에서

$2\times5x\times\dfrac{1}{2}y=5xy$이므로 완전제곱식이 된다.

9. $9x^2+2xy+\dfrac{1}{9}y^2$

———————

10. $16x^2+56xy+49y^2$

———————

- $x^2+ax+\square$가 완전제곱식이려면 $\square=\left(\dfrac{a}{2}\right)^2$
- $x^2+\square x+b^2$이 완전제곱식이려면 $\square=\pm2b$
- $\square^2+2\square\bigcirc+\bigcirc^2=(\square+\bigcirc)^2$

잊지 말자. 꼬~옥!

■ 다음 식이 완전제곱식이 되도록 □ 안에 알맞은 수를 써넣어라.

1. $x^2+2x+\square$

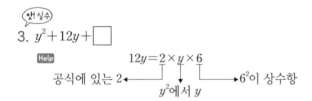

Help
$$2x=2\times x\times 1$$
공식에 있는 2 ← ┘ ↓ └ → 1^2이 상수항
x^2에서 x

2. $x^2+4x+\square$

3. $y^2+12y+\square$

Help
$$12y=2\times y\times 6$$
공식에 있는 2 ← ┘ ↓ └ → 6^2이 상수항
y^2에서 y

4. $9x^2+6x+\square$

Help
$$6x=2\times 3x\times 1$$
공식에 있는 2 ← ┘ ↓ └ → 1^2이 상수항
$9x^2=(3x)^2$

5. $4x^2+20x+\square$

6. $x^2+\square x+4$

Help 일차항의 계수는 상수항 $4=2^2$에서 부호는 $+$도 되고 $-$도 되므로 $\pm2\times1\times2$이다.

7. $x^2+\square x+16$

8. $x^2+\square x+9$

9. $9x^2+\square x+49$

Help $9=3^2$, $49=7^2$이므로 일차항의 계수는 $\pm2\times3\times7$

10. $25x^2+\square x+9$

D 근호 안의 식이 완전제곱식으로 인수분해되는 경우

근호 안의 식을 완전제곱식으로 인수분해한 후 부호에 주의하여 근호를 없애야 해.

$0 < x < 3$에서 $\sqrt{x^2 - 6x + 9} = \sqrt{(x-3)^2}$

이 범위에서 $x - 3 < 0$이므로 $\sqrt{(x-3)^2} = -(x-3) = -x+3$

아하! 그렇구나~

■ 다음을 간단히 하여라.

1. $1 < x < 2$일 때, $\sqrt{x^2 - 2x + 1}$

   Help $\sqrt{x^2 - 2x + 1} = \sqrt{(x-1)^2}$이고 $x - 1 > 0$

2. $0 < x < 1$일 때, $\sqrt{x^2 - 2x + 1}$

3. $0 < x < 2$일 때, $\sqrt{x^2 - 4x + 4}$

   Help $\sqrt{x^2 - 4x + 4} = \sqrt{(x-2)^2}$이고 $x - 2 < 0$이므로 $-$를 붙이고 근호 밖으로 나온다.

4. $4 < x < 6$일 때, $\sqrt{x^2 - 8x + 16}$

5. $1 < x < 3$일 때, $-\sqrt{x^2 - 6x + 9}$

6. $2 < x < 3$일 때, $\sqrt{x^2 - 2x + 1} + \sqrt{x^2 - 6x + 9}$

   Help $\sqrt{x^2 - 6x + 9} = \sqrt{(x-3)^2}$이고 $x - 3 < 0$

7. $-2 < x < 2$일 때, $\sqrt{x^2 + 4x + 4} - \sqrt{x^2 - 4x + 4}$

8. $1 < x < 4$일 때, $\sqrt{x^2 - 8x + 16} - \sqrt{x^2 + 2x + 1}$

9. $3 < x < 5$일 때, $\sqrt{x^2 - 6x + 9} + \sqrt{x^2 - 10x + 25}$

10. $2 < x < 4$일 때, $\sqrt{x^2 - 4x + 4} - \sqrt{x^2 - 8x + 16}$

$$\underset{\text{제곱의 차}}{a^2-b^2}=\underset{\text{합}}{(a+b)}\underset{\text{차}}{(a-b)}$$

$$100x^2-4=(10x)^2-2^2=(10x+2)(10x-2)$$

이 정도는 암기해야 해~ 암암!

■ 다음을 인수분해하여라.

1. x^2-1

_____

2. a^2-4

_____

3. x^2-16

_____

4. y^2-36

_____

5. a^2-25

_____

앗실수

6. $36x^2-1$

_____

Help $36x^2-1=(6x)^2-1^2$

7. $16x^2-9$

_____

8. $4x^2-25y^2$

_____

9. $25a^2-\dfrac{1}{4}b^2$

_____

Help $25a^2-\dfrac{1}{4}b^2=(5a)^2-\left(\dfrac{1}{2}b\right)^2$

10. $\dfrac{1}{9}x^2-\dfrac{1}{49}y^2$

_____

[1~4] 완전제곱식의 인수분해

1. 다음 중 완전제곱식으로 인수분해할 수 <u>없는</u> 것은?

① x^2+2x+1 ② x^2-4x-4

③ $9x^2-6x+1$ ④ $x^2-8xy+16y^2$

⑤ $25x^2+10xy+y^2$

2. $\dfrac{1}{25}x^2-2x+25$를 인수분해하여라.

적중률 90%

3. $36x^2-12xy+\boxed{}$이 완전제곱식이 될 때, $\boxed{}$ 안에 들어갈 식은?

① $\dfrac{1}{2}$ ② $\dfrac{1}{2}y^2$ ③ y^2

④ $4y^2$ ⑤ $9y^2$

앗실수

4. $2<x<9$일 때, $\sqrt{x^2-4x+4}+\sqrt{x^2-18x+81}$을 간단히 하면?

① $x+11$ ② 7 ③ $2x+7$

④ 11 ⑤ $2x+11$

[5~6] 제곱의 차의 인수분해

적중률 90%

5. 다음 중 옳은 것은?

① $-x^2-4=(x+2)(x-2)$

② $x^2-9=(x-3)^2$

③ $x^2+16=(x+4)(x-4)$

④ $4x^2-1=(2x+1)(2x-1)$

⑤ $\dfrac{1}{2}x^2-1=\left(\dfrac{1}{2}x+1\right)\left(\dfrac{1}{2}x-1\right)$

6. $16x^2-\dfrac{1}{4}=(Ax+B)(Ax-B)$일 때, 유리수 A, B에 대하여 AB의 값을 구하여라.

(단, $A>0$, $B>0$)

22

인수분해 공식 3, 4

개념 강의 보기

● **인수분해 공식 3 — x^2의 계수가 1인 이차식**

$$x^2+(a+b)x+ab=(x+a)(x+b)$$

인수분해 방법

① 곱하여 상수항 ab가 되는 두 정수를 모두 찾는다.

② ①에서 찾은 두 정수 중 그 합이 x의 계수 $a+b$가 되는 두 정수 a, b를 고른다.

③ $x^2+\underline{(a+b)x}+ab=(x+a)(x+b)$로 인수분해한다.

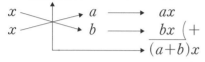

x^2+4x+3을 인수분해해 보자.

① 곱하여 상수항 3이 되는 두 정수를 찾는다.

② 곱이 3인 두 정수 중에서 합이 4인 두 정수를 찾는다.

③ ②에서 두 정수는 1, 3이므로 $x^2+4x+3=(x+1)(x+3)$으로 인수분해한다.

곱이 3인 두 정수	두 정수의 합
1, 3	4
$-1, -3$	-4

$$x^2+\underline{4x}+3=(x+1)(x+3)$$

바빠 꿀팁!

• 곱이 양수일 때

합이 양수	합이 음수
두 수 $+, +$	두 수 $-, -$

• 곱이 음수일 때

합이 양수	합이 음수
절댓값이 큰 수 $+$ 절댓값이 작은 수 $-$	절댓값이 큰 수 $-$ 절댓값이 작은 수 $+$

● **인수분해 공식 4 — x^2의 계수가 1이 아닌 이차식**

$$acx^2+(ad+bc)x+bd=(ax+b)(cx+d)$$

인수분해 방법

① 곱하여 x^2의 계수가 되는 두 정수 a, c를 찾는다.

② 곱하여 상수항이 되는 두 정수 b, d를 찾는다.

③ 대각선 방향으로 곱하여 더한 $ad+bc$의 값이 x의 계수가 되는 것을 고른다.

④ $acx^2+\underline{(ad+bc)x}+bd=(ax+b)(cx+d)$로 인수분해한다.

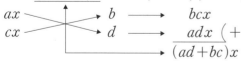

$2x^2+7x+3$을 인수분해해 보자.

① 곱하여 x^2의 계수 2가 되는 두 정수를 찾는다.

② 곱하여 상수항 3이 되는 두 정수를 찾는다.

③ 대각선 방향으로 곱하여 더한 값이 x의 계수 7이 되는 것을 찾는다.

④ $2x^2+7x+3=(x+3)(2x+1)$로 인수분해한다.

$$2x^2+\underline{7x}+3=(x+3)(2x+1)$$

A 합과 곱을 이용하여 두 정수 구하기

합과 곱이 주어질 때 두 수를 구할 때는
합 : ＋, 곱 : ＋ ⇨ 두 수 모두 ＋
합 : －, 곱 : ＋ ⇨ 두 수 모두 －
합 : ＋, 곱 : － ⇨ 절댓값이 큰 수 ＋, 절댓값이 작은 수 －
합 : －, 곱 : － ⇨ 절댓값이 큰 수 －, 절댓값이 작은 수 ＋

■ 합과 곱이 다음과 같은 두 정수를 구하여라.

1. 합 : 3, 곱 : 2

_____

2. 합 : 5, 곱 : 6

_____

3. 합 : －6, 곱 : 5

_____

Help 두 수 모두 음수여야 곱이 양수, 합이 음수이다.

4. 합 : 5, 곱 : 4

_____

5. 합 : －9, 곱 : 20

_____

6. 합 : －1, 곱 : －6

_____

Help 두 수의 부호가 달라야 곱이 음수이고 음수의 절댓값이 커야 합이 음수이다.

7. 합 : －3, 곱 : －10

_____

8. 합 : 4, 곱 : －12

_____

Help 두 수의 부호가 달라야 곱이 음수이고 양수의 절댓값이 커야 합이 양수이다.

9. 합 : －2, 곱 : －15

_____

10. 합 : 6, 곱 : －7

_____

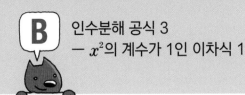
$x^2+(a+b)x+ab$의 인수분해는 합이 $a+b$, 곱이 ab인 두 정수 a, b를 찾으면 돼.
$x^2+(a+b)x+ab=(x+a)(x+b)$
이 정도는 암기해야 해~ 암암!

■ 다음은 다항식을 인수분해하는 과정이다. □ 안에 알맞은 것을 써넣어라.

1. x^2+3x+2

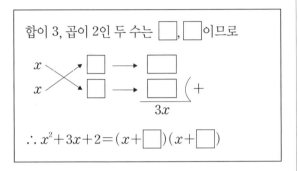

앗실수

2. x^2+5x+6

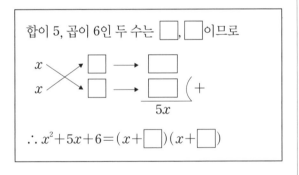

3. x^2-4x-5

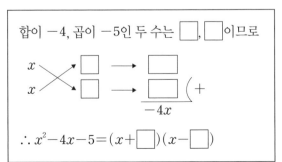

4. $x^2-6xy+8y^2$

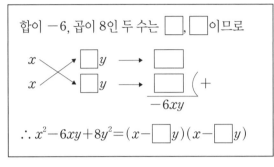

5. $x^2-3xy-10y^2$

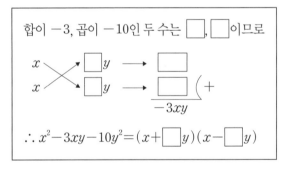

6. $x^2-xy-12y^2$

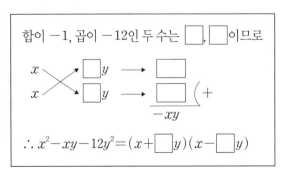

x^2-4x-5를 인수분해할 때, 합이 -4, 곱이 -5인 두 수를 찾으면 $1, -5$가 돼.

$\therefore x^2-4x-5=(x+1)(x-5)$

아하! 그렇구나~

■ 다음 식을 인수분해하여라.

1. x^2+x-2

_____

Help 합이 1, 곱이 -2인 두 수를 찾는다.

앗! 실수

2. x^2+6x+5

_____

3. x^2-4x+3

_____

4. x^2-2x-8

_____

5. x^2+x-6

_____

앗! 실수

6. $x^2+7xy+12y^2$

_____

Help 인수분해할 때 y를 잊지 않고 써야 한다.

7. $x^2+7xy+10y^2$

_____

8. $x^2-3xy-18y^2$

_____

9. $x^2-5xy-14y^2$

_____

10. $x^2+8xy-20y^2$

_____

$$ac x^2 + \boxed{(ad+bc)x} + bd = (ax+b)(cx+d)$$

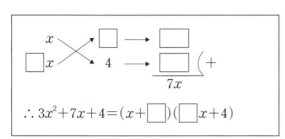

■ 다음은 다항식을 인수분해하는 과정이다. □ 안에 알맞은 것을 써넣어라.

1. $3x^2 + 7x + 4$

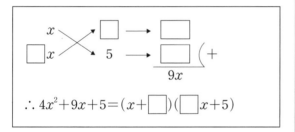

x

$\boxed{}x$ ⟶ 4

$7x$

$\therefore 3x^2 + 7x + 4 = (x + \boxed{})(\boxed{}x + 4)$

2. $4x^2 + 9x + 5$

x

$\boxed{}x$ ⟶ 5

$9x$

$\therefore 4x^2 + 9x + 5 = (x + \boxed{})(\boxed{}x + 5)$

3. $8x^2 - 2x - 1$

$2x$

$\boxed{}x$ ⟶ 1

$-2x$

$\therefore 8x^2 - 2x - 1 = (2x - \boxed{})(\boxed{}x + 1)$

4. $4x^2 + 2xy - 20y^2$

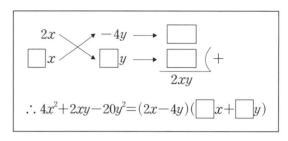

$2x$ ⟶ $-4y$

$\boxed{}x$ ⟶ $\boxed{}y$

$2xy$

$\therefore 4x^2 + 2xy - 20y^2 = (2x - 4y)(\boxed{}x + \boxed{}y)$

5. $20x^2 + xy - y^2$

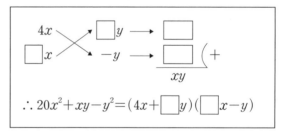

$4x$ ⟶ $\boxed{}y$

$\boxed{}x$ ⟶ $-y$

xy

$\therefore 20x^2 + xy - y^2 = (4x + \boxed{}y)(\boxed{}x - y)$

6. $12x^2 + 13xy - 4y^2$

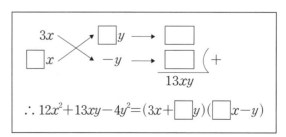

$3x$ ⟶ $\boxed{}y$

$\boxed{}x$ ⟶ $-y$

$13xy$

$\therefore 12x^2 + 13xy - 4y^2 = (3x + \boxed{}y)(\boxed{}x - y)$

153

E 인수분해 공식 4
— x^2의 계수가 1이 아닌 이차식 2

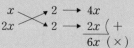 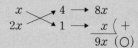

$2x^2+9x+4$를 인수분해할 때,

위와 같이 한 번에 맞는 인수분해를 찾을 수 없을 때가 많아. 여러 번 시도해서 맞는 인수분해를 찾을 때까지 구해야 해.

■ 다음 식을 인수분해하여라.

1. $3x^2-x-2$
_____

2. $2x^2+7x+6$

   Help 상수항 6에서 $+1$, $+6$ 또는 -1, -6 또는 $+2$, $+3$ 또는 -2, -3 중에서 인수분해에 맞는 수를 찾는다.
_____

3. $6x^2-11x-2$
_____

앗실수
4. $3x^2-10x-8$

   Help 상수항 -8에서 $+1$, -8 또는 -1, $+8$ 또는 $+2$, -4 또는 -2, $+4$ 중에서 인수분해에 맞는 수를 찾는다.
_____

5. $5x^2+6x-8$
_____

6. $3x^2-16xy-12y^2$
_____

   Help 인수분해할 때 y를 잊지 않고 써야 한다.

앗실수
7. $2x^2-3xy-35y^2$
_____

8. $10x^2-11xy-6y^2$
_____

9. $4x^2+4xy-15y^2$
_____

10. $6x^2-11xy+5y^2$
_____

[1~3] x^2의 계수가 1인 이차식

1. $x^2 + ax - 18 = (x+2)(x-b)$일 때, 상수 a, b에 대하여 $a+b$의 값은?

   ① -5 ② -3 ③ 1

   ④ 2   ⑤ 3

적중률 80%

2. 다음 중 $x^2 - 10xy + 24y^2$의 인수를 모두 고르면?

   (정답 2개)

   ① $x - 2y$ ② $x - 4y$ ③ $x - 6y$

   ④ $x - 8y$ ⑤ $x - 12y$

3. 다항식 $x^2 + x - 12$는 x의 계수가 1인 두 일차식의 곱으로 인수분해될 때, 이 두 일차식의 합을 구하여라.

[4~6] x^2의 계수가 1이 아닌 이차식

적중률 80%

4. $5x^2 + 14x + 8 = (x+a)(5x+b)$일 때, 상수 a, b에 대하여 $a+b$의 값은?

   ① 8   ② 7   ③ 6

   ④ 5   ⑤ 4

5. $4x^2 + 8xy - 5y^2 = (ax+by)(cx+5y)$일 때, 정수 a, b, c에 대하여 $a+b+c$의 값을 구하여라.

앗!실수 적중률 90%

6. 다항식 $ax^2 + bx - 15$를 인수분해하면 $(x-3)(2x+c)$이다. 이때 상수 a, b, c에 대하여 $a+b+c$의 값은?

   ① 6   ② 8   ③ 10

   ④ 12   ⑤ 14

23

인수분해 공식의 종합

개념 강의 보기

● 인수분해 공식

① 완전제곱식을 이용한 인수분해

$$a^2+2ab+b^2=(a+b)^2, \ a^2-2ab+b^2=(a-b)^2$$

$$9x^2+12xy+4y^2=(3x+2y)^2, \ x^2+x+\frac{1}{4}=\left(x+\frac{1}{2}\right)^2$$

② 합과 차를 이용한 인수분해

$$a^2-b^2=(a+b)(a-b)$$

$$a^2-25=(a+5)(a-5), \ 4x^2-9=(2x+3)(2x-3)$$

③ x^2의 계수가 1인 이차식의 인수분해

$$x^2+(a+b)x+ab=(x+a)(x+b)$$

$$x^2-3x-10=(x-5)(x+2), \ x^2-4xy+3y^2=(x-y)(x-3y)$$

④ x^2의 계수가 1인 아닌 이차식의 인수분해

$$acx^2+(ad+bc)x+bd=(ax+b)(cx+d)$$

$$6x^2-5x-4=(2x+1)(3x-4)$$

⑤ 공통인수로 묶은 후 인수분해

$$ax^2-16a=a(x^2-16)=a(x+4)(x-4)$$

바빠 꿀팁!

여러 가지 인수분해 문제가 섞여서 나올 때는 그동안 배운 인수분해 방법 중 어떤 것으로 해야 할지 파악하는 것이 가장 중요해.
• 항이 두 개일 경우
  ⇨ 공통인수 또는 합과 차를 이용한 인수분해를 생각해 봐.
• 항이 세 개일 경우
  ⇨ 이차항의 계수와 상수항이 제곱수이면 완전제곱식에 의한 인수분해로 풀면 돼.

● 직사각형의 넓이의 합을 이용한 인수분해

오른쪽 그림과 같은 도형의 모든 직사각형의 넓이의 합을 x에 대한 이차식으로 나타내고, 이 이차식을 인수분해해 보자.

$$x^2+3x+2=(x+2)(x+1)$$

 앗! 실수

• 1을 1^2으로 생각하면 인수분해가 돼. ⇨ $a^2-1=a^2-1^2=(a+1)(a-1)$
• 순서를 바꾸어 보면 인수분해가 돼. ⇨ $-a^2+b^2=b^2-a^2=(b+a)(b-a)$
• $a^2b+6ab+9b$는 인수분해 공식으로 인수분해를 할 수 없을 것 같지만 공통인수인 b로 묶으면 $b(a^2+6a+9)$가 되어 괄호 안을 완전제곱식으로 인수분해할 수 있어. 괄호 안의 식을 인수분해하지 않고 공통인수만 묶으면 틀린 답이야. 인수분해를 더 할 수 있다면 더 해야만 옳은 답이야.
• 상수항에 문자가 포함되어 있다면 인수분해할 때 문자도 잊지 말고 써야 해. 곱과 합이 맞는 숫자를 잘 찾아 인수분해하고도 문자를 빠뜨려 틀리는 경우가 아주 많거든.
  ⇨ $x^2+7xy+12y^2=(x+3y)(x+4y)$ (○), $x^2+7xy+12y^2=(x+3)(x+4)$ (×)

① $a^2+2ab+b^2=(a+b)^2$, $a^2-2ab+b^2=(a-b)^2$
② $a^2-b^2=(a+b)(a-b)$
③ $x^2+(a+b)x+ab=(x+a)(x+b)$
④ $acx^2+(ad+bc)x+bd=(ax+b)(cx+d)$

이 정도는 암기해야 해~ 암암! ⚙️

■ 다음 식을 인수분해하여라.

1. a^2-2a+1

_____

2. x^2-4y^2

_____

3. $x^2-8x+12$

_____

4. $x^2-7x+12$

_____

5. $x^2+4xy+4y^2$

_____

6. $a^2-a+\dfrac{1}{4}$

_____

7. $25x^2-9y^2$

_____

8. $21x^2-8xy-4y^2$

_____

9. $9x^2-6xy+y^2$

_____

10. $6x^2+13x+6$

_____

인수분해를 할 때
- 항이 두 개 ⇨ 합, 차를 이용한 인수분해를 생각해 봐.
- 항이 세 개 ⇨ x^2의 계수와 상수항이 제곱수라면 완전제곱식을 이용한 인수분해를 생각해 봐.

■ 다음 식을 인수분해하여라.

1. $3a^2-5a-2$

2. $4x^2-12x+9$

3. x^2-81

4. $x^2-5xy+4y^2$

5. $9y^2+30y+25$

6. $4x^2-49y^2$

7. $6x^2-x-1$

8. $3x^2-xy-10y^2$

9. $x^2-4xy+4y^2$

10. $x^2-5x-24$

이차항의 계수가 1이 아닌 인수분해를 할 때 많은 학생들이 한 번에 인수분해할 수를 찾아내기 힘들어 해. 여러 번의 실패를 한 후에 적당한 수를 찾았다면 한 번에 해낼 수 있는 방법이 있는지 생각하게 돼. 하지만 많은 문제를 풀어서 인수분해에 익숙해지는 방법 밖에 없으니 연습이 필요해.

■ 다음 식을 인수분해하여라.

1. $x^2 - 3x - 18$

   _____

2. $4x^2 - 2x + \dfrac{1}{4}$

   _____

3. $9x^2 - 49$

   _____

4. $x^2 - 18x + 81$

   _____

5. $6x^2 - 7xy + 2y^2$

   _____

6. $x^2 - \dfrac{9}{16}y^2$

   _____

7. $2x^2 - 5x - 12$

   _____

8. $3x^2 + 2xy - 8y^2$

   _____

9. $x^2 - 9x + 20$

   _____

10. $x^2 - 16xy + 64y^2$

   _____

공통인수로 묶는 것을 잊어버려서 인수분해를 못하는 학생들이 많아.
인수분해 공식을 사용할 수 없을 것 같은 식도 공통인수로 묶으면 공식
을 적용할 수 있어.
$x^2y+2xy+y=y(x^2+2x+1)=y(x+1)^2$
$2x^2y-8y=2y(x^2-4)=2y(x+2)(x-2)$

■ 다음 식을 인수분해하여라.

1. $a^2b+4ab+4b$

—————

2. ax^2-ay^2

—————

3. $x^2y-xy-12y$

—————

4. $6ax^2+ax-2a$

—————

5. $4ax^2-16a$

—————

6. $5x^2y-6xy-8y$

—————

7. $16a^2b-8ab+b$

—————

8. $x^2z-10xz+16z$

—————

9. $ax^2y-25ay$

—————

10. $2x^2y+13xy-24y$

—————

E 직사각형의 넓이의 합을 이용한 인수분해

주어진 모든 직사각형의 넓이의 합과 넓이가 같은 정사각형이 되기 위해서는 직사각형의 넓이의 합을 인수분해했을 때 완전제곱식이 되어야 해. 잊지 말자. 꼬~옥! ⚙

■ 다음 그림의 모든 직사각형의 넓이의 합을 x에 대한 이차식으로 나타낼 때, 이 이차식을 인수분해하여라.

1.
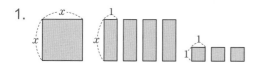

Help 모든 직사각형의 넓이의 합은 x^2+4x+3이다.

2.
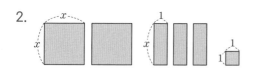

_____

3.
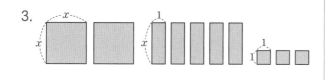

_____

■ 다음 그림의 모든 직사각형의 넓이의 합과 넓이가 같은 정사각형의 한 변의 길이를 구하여라.

4.
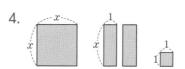

_____

5.
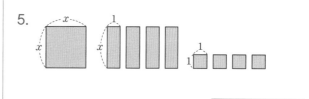

_____

6.
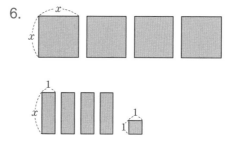

_____

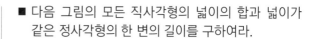

[1~3] 인수분해 공식 종합

적중률 90%

1. 다음 중 옳지 <u>않은</u> 것은?

① $x^2 + 5x - 6 = (x+6)(x-1)$

② $16x^2 + 8x + 1 = (4x+1)^2$

③ $2x^2 - 5x - 7 = (x+1)(2x-7)$

④ $64x^2 - 25 = (8x+5)(8x-5)$

⑤ $6x^2 + 13x + 5 = (x+6)(5x+1)$

2. 다음 중 완전제곱식으로 인수분해할 수 있는 것은?

① $x^2 + 5x + 4$ ② $x^2 + 10x + 16$

③ $\dfrac{1}{9}x^2 - \dfrac{4}{3}x + 4$ ④ $\dfrac{1}{4}x^2 + 3x + 4$

⑤ $x^2 + 12x + 25$

앗실수

3. $x^2 + ax + 28 = (x+b)(x+7)$일 때, 상수 a, b에 대하여 $a+b$의 값은?

① 5   ② 10   ③ 15

④ 18   ⑤ 20

[4~6] 공통인수로 묶은 후 인수분해하기

적중률 80%

4. $x^2 y - 7xy + 6y$를 인수분해하여라.

5. $12x^2 - 3y^2 = a(bx+cy)(bx-cy)$로 인수분해될 때, 세 자연수 a, b, c에 대하여 $a+b+c$의 값은?

① 6   ② 7   ③ 8

④ 9   ⑤ 10

앗실수

6. $2a^3 b - 7a^2 b - 15ab$를 인수분해하여라.

24 치환을 이용한 인수분해

개념 강의 보기

● **공통 부분을 치환하여 인수분해하기**

① 공통 부분 또는 식의 일부를 한 문자로 치환한다.

② 인수분해 공식을 이용하여 인수분해한다.

③ 치환한 문자 대신 원래의 식을 대입하여 정리한다.

$$(x+y)^2+8(x+y)+7$$
$$=A^2+8A+7 \qquad \text{① } x+y=A\text{로 치환하기}$$
$$=(A+1)(A+7) \qquad \text{① 인수분해하기}$$
$$=(x+y+1)(x+y+7) \qquad \text{① } A=x+y\text{를 대입하기}$$

> **바빠 꿀팁!**
>
> 치환을 하면 인수분해 공식을 좀 더 빠르게 찾을 수 있어. 하지만 꼭 치환을 이용해야 하는 건 아니야. 치환을 이용한 인수분해가 익숙해지면 치환했다고 생각하고 바로 인수분해할 수도 있어.

● **공통 부분을 치환하고 전개하여 인수분해하기**

치환한 식이 바로 인수분해되지 않으면 전개하여 식을 정리한 후 인수분해한다.

$$(a+b)(a+b-5)-6$$
$$=A(A-5)-6 \qquad \text{① } a+b=A\text{로 치환하기}$$
$$=A^2-5A-6 \qquad \text{① 전개하기}$$
$$=(A-6)(A+1) \qquad \text{① 인수분해하기}$$
$$=(a+b-6)(a+b+1) \qquad \text{① } A=a+b\text{를 대입하기}$$

● **2개의 문자로 치환하여 인수분해하기**

공통 부분이 2개인 경우에는 두 문자로 각각 치환하여 인수분해한다.

$$(x-1)^2-8(x-1)(y+3)+12(y+3)^2$$
$$=A^2-8AB+12B^2 \qquad \text{① } x-1=A, y+3=B\text{로 치환하기}$$
$$=(A-2B)(A-6B) \qquad \text{① 인수분해하기}$$
$$=\{(x-1)-2(y+3)\}\{(x-1)-6(y+3)\} \qquad \text{① } A=x-1, B=y+3\text{을 대입하기}$$
$$=(x-2y-7)(x-6y-19)$$

앗! 실수

치환을 이용하여 인수분해할 때는 반드시 마지막에 원래의 식을 대입해 주어야 해. 많은 학생들이 치환한 채로 인수분해를 끝내서 문제를 틀리거든.

치환을 이용한 인수분해는 공통 부분을 한 문자로 바꾼 후에 인수분해
하면 되는데 반드시 인수분해 후에는 원래 문자를 대입하여 식을 간단
히 정리해야 해.

$$(x-2)^2+2(x-2)+1=A^2+2A+1=(A+1)^2$$
$$=(x-2+1)^2=(x-1)^2$$

■ 다음 식을 인수분해하여라.

1. $(x+1)^2+6(x+1)+9$

_____

Help $x+1=A$로 놓으면 A^2+6A+9

2. $(x+y)^2-25$

_____

3. $(a-b)^2-6(a-b)+5$

_____

4. $(a-2b)^2-3(a-2b)-18$

_____

5. $4(a+5)^2+12(a+5)+9$

_____

6. $3(y-3)^2+11(y-3)+10$

_____

7. $4(x-3y)^2+4(x-3y)+1$

_____

Help $x-3y=A$로 놓으면 $4A^2+4A+1$

8. $2(2x-1)^2-(2x-1)-6$

_____

$5(x-3)^2+4(3-x)-9$를 치환을 이용하여 인수분해할 때, 먼저
$-$를 괄호 밖으로 꺼내어 공통인수를 만들어 주어야 해.
$$5(x-3)^2+4(3-x)-9=5(x-3)^2-4(x-3)-9$$
$$=5A^2-4A-9=(A+1)(5A-9)$$
$$=\{(x-3)+1\}\{5(x-3)-9\}$$
$$=(x-2)(5x-24)$$

■ 다음 식을 인수분해하여라.

1. $(x-3)^2-4(-x+3)+4$

   Help $-4(-x+3)=4(x-3)$이므로 $x-3=A$로 치환한다.

2. $(x-1)^2+(1-x)-6$

3. $10(a-2)^2+3(2-a)-4$

4. $(x-2)^2-(-x+2)$

5. $4(-a-b)^2-(a+b)$

   Help $(-a-b)^2=(a+b)^2$

6. $(x+y-1)^2-2(-x-y+1)+1$

   Help $x+y-1=A$로 치환한다.

7. $(a-b+2)^2+9(-a+b-2)+18$

8. $2(3x-1)^2+(1-3x)y-10y^2$

공통 부분을 한 문자로 치환했는데 인수분해 공식에 맞지 않는다면 전개한 후 인수분해해야 해.

$$(x-2y)(x-2y+3)+2=A(A+3)+2=A^2+3A+2$$
$$=(A+1)(A+2)$$
$$=(x-2y+1)(x-2y+2)$$

■ 다음 식을 인수분해하여라.

1. $(x-y)(x-y+1)-6$

———————————

Help $x-y=A$로 치환하면 $A(A+1)-6$이므로 전개하여 인수분해한다.

2. $(a+b)(a+b-6)+8$

———————————

앗실수

3. $-10+(2a+b-1)(2a+b+2)$

———————————

Help $2a+b=A$로 치환하면 $-10+(A-1)(A+2)$이므로 전개하여 인수분해한다.

4. $(x+4y)(x+4y-6)+9$

———————————

5. $(a-2b)^2-4(a-2b-1)$

———————————

6. $-7+(3x-y-4)(3x-y+2)$

———————————

7. $(2x-3y)(2x-3y-8)+16$

———————————

8. $(a-7b)(a-7b-5)-14$

———————————

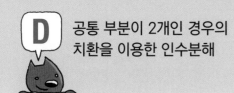
공통 부분이 2개인 경우는 공통 부분을 서로 다른 두 문자로 치환하고
인수분해하면 돼.
$$(x+2)^2-(2x-1)^2=A^2-B^2=(A+B)(A-B)$$
$$=\{(x+2)+(2x-1)\}\{(x+2)-(2x-1)\}$$
$$=(3x+1)(-x+3)$$

■ 다음 식을 인수분해하여라.

1. $(a+b)^2-(a-b)^2$

　　　　————————————

　　Help $a+b=A$, $a-b=B$로 치환하면 A^2-B^2이 된다.

2. $(x+1)^2-2(x+1)(y+2)-15(y+2)^2$

　　　　————————————

3. $(a-3)^2+2(a-3)(2a-1)+(2a-1)^2$

　　　　————————————

4. $2(x+1)^2-5(x+1)(y-1)-3(y-1)^2$

　　　　————————————

5. $4(a-5b)^2-(2a-b)^2$

　　　　————————————

6. $81(a-1)^2-18(a-1)(3a+4)+(3a+4)^2$

　　　　————————————

　　Help $a-1=A$, $3a+4=B$로 치환하면
　　$18A^2-18AB+B^2$이 된다.

7. $(2a+5)^2-25(3a-1)^2$

　　　　————————————

8. $4(a-2b)^2-8(a-2b)(3a+b)-5(3a+b)^2$

　　　　————————————

적중률 80%

[1~6] 치환을 이용한 인수분해

1. $(x+3y)^2-(x+3y)-20$을 인수분해하면?

　① $(x+3y-4)(x+3y+5)$

　② $(x+3y+4)(x+3y-5)$

　③ $(x+3y-2)(x+3y-10)$

　④ $(x+3y-1)(x+3y+20)$

　⑤ $(x+3y-10)(x+3y+2)$

2. $4-(a-b)^2$을 인수분해하면?

　① $(2+a-b)(2-a+b)$

　② $(2-a-b)(2+a+b)$

　③ $(2-a+b)(2+a+b)$

　④ $(2-a-b)(2+a-b)$

　⑤ $(2+a-b)(2+a+b)$

3. $(4x-y)^2+3(4x-y-3)-9$를 인수분해하여라.

4. 다음 중
   $25(x-3)^2-10(x-3)(4x+1)+(4x+1)^2$의
   인수인 것은?

　① $x+16$　　② $x-16$　　③ $5x-2$

　④ $9x-14$　　⑤ $9x+14$

5. $3(x-2y)^2+11(x-2y)(3x+y)+10(3x+y)^2$
   을 인수분해하여라.

6. $(8x+3)^2-(5x-2)^2=(13x+a)(3x+b)$일 때,
   $a+b$의 값은? (단, a, b는 상수)

　① 1　　　　② 3　　　　③ 6

　④ 7　　　　⑤ 10

여러 가지 인수분해

개념 강의 보기

● **항이 4개일 때 인수분해 ― (2항)+(2항)**

공통인수가 생기도록 (2항)+(2항)으로 묶은 후 인수분해한다.

$6xy-2x-3y+1$
$=2x(3y-1)-(3y-1)$ 〉공통인수 만들기
$=(3y-1)(2x-1)$ 〉인수분해하기

x^2y-x^2-y+1
$=x^2(y-1)-(y-1)$ 〉공통인수 만들기
$=(x^2-1)(y-1)$ 〉인수분해하기
$=(x+1)(x-1)(y-1)$ 〉더 이상 인수분해할 수 없을 때까지 인수분해하기

● **항이 4개일 때 인수분해 ― (3항)+(1항)**

(3항)+(1항)으로 묶어 A^2-B^2의 꼴로 변형한 후 인수분해한다.
3항으로 묶을 때는 완전제곱식이 되도록 묶는다.

$a^2+2ab-9+b^2$
$=(a^2+2ab+b^2)-9$ 〉완전제곱식이 되도록 순서 바꾸기
$=(a+b)^2-3^2$ 〉완전제곱식으로 만들기
$=(a+b+3)(a+b-3)$ 〉인수분해하기

4개를 보자기 2개에 싸는데 2개씩 쌀까? 3개와 1개로 쌀까?

● **인수분해 공식을 이용한 수의 계산**

수를 계산할 때, 인수분해 공식을 이용하면 쉽게 계산할 수 있다.

① 공통인수를 이용하여 계산하기

⇨ $ma+mb=m(a+b)$

$3\times28+3\times72=3\times(28+72)=3\times100=300$

② 완전제곱식을 이용하여 계산하기

⇨ $a^2+2ab+b^2=(a+b)^2$, $a^2-2ab+b^2=(a-b)^2$

$12^2+2\times12\times18+18^2=(12+18)^2=30^2=900$

③ 제곱의 차를 이용하여 계산하기

⇨ $a^2-b^2=(a+b)(a-b)$

$57^2-43^2=(57+43)(57-43)=100\times14=1400$

바빠 꿀팁!

곱셈 공식을 이용하여 복잡한 수의 계산을 간단히 한 것처럼 인수분해 공식을 이용해서도 복잡한 수를 간단히 계산할 수 있어.

앗! 실수

항이 4개일 때는 먼저 항의 위치를 바꾸면 완전제곱식이 되는지 살펴보고 (3항)+(1항)의 인수분해를 시도해 봐. 만약 완전제곱식이 안된다면 두 개씩 묶어서 (2항)+(2항)의 인수분해를 하는데 반드시 공통인수가 생기도록 묶어야 하고 부호에 주의하면서 인수분해해야 해.

주어진 식에 항이 4개일 때는 공통 부분이 생기도록 두 항씩 묶어 인수
분해해야 해.
$a^2b+a^2-b-1=a^2(\boxed{b+1})-(\boxed{b+1})$
$\qquad\qquad\quad =(a^2-1)(b+1)$ ← a^2-1이 인수분해가 되네.
$\qquad\qquad\quad =(a+1)(a-1)(b+1)$
위와 같이 인수분해는 더 이상 할 수 없을 때까지 해야 해.

■ 다음 식을 인수분해하여라.

1. $a-b+ax-bx$

_____

2. $4xy-2y+2x-1$

_____

Help $4xy-2y+2x-1=2y(2x-1)+(2x-1)$

3. $3xy+6x+2y+4$

_____

4. $8ab-4b-2a+1$

_____

5. x^2y+3x^2+3y+9

_____

6. $xy^2-2xy+2y-4$

_____

앗! 실수
7. $2x^2y-x^2-2y+1$

_____

8. $x^3-3x^2-4x+12$

_____

Help $x^3-3x^2-4x+12=x^2(x-3)-4(x-3)$

주어진 식의 항이 4개일 때, 항의 위치를 바꾸면 완전제곱식으로 인수분해되는지 살펴봐. 완전제곱식이 된다면 3개의 항과 나머지 1개의 항을 A^2-B^2의 꼴로 변형하여 인수분해해.
$$a^2-b^2+4a+4=(a^2+4a+4)-b^2=(a+2)^2-b^2$$
$$=(a+2+b)(a+2-b)$$

■ 다음 식을 인수분해하여라.

1. $x^2+2x+1-y^2$

_____

Help $x^2+2x+1-y^2=(x+1)^2-y^2$

2. $x^2+6x+9-4y^2$

_____

3. b^2-4a^2+4a-1

_____

Help $b^2-4a^2+4a-1=b^2-(4a^2-4a+1)$
      $=b^2-(2a-1)^2$

앗실수
4. $-x^2+81+y^2-18y$

_____

Help $-x^2+81+y^2-18y=y^2-18y+81-x^2$
      $=(y-9)^2-x^2$

5. $a^2-b^2-c^2-2bc$

_____

6. $x^2-9+2xy+y^2$

_____

7. $-x^2+y^2-14x-49$

_____

Help $-x^2+y^2-14x-49=y^2-(x^2+14x+49)$
      $=y^2-(x+7)^2$

8. $a^2-b^2+100-20a$

_____

인수분해를 이용한 수의 계산 1

복잡한 수를 계산할 때, 주어진 수를 문자로 치환한 후 인수분해 공식을 이용하여 계산하면 편리한 경우가 있어.
$101^2 - 4 \times 101 + 3$을 실제로 계산하려면 101을 제곱해야 해서 계산이 복잡하지만 인수분해를 이용하면 간단해.
$$101^2 - 4 \times 101 + 3 = A^2 - 4A + 3 = (A-1)(A-3)$$
$$= (101-1)(101-3) = 100 \times 98 = 9800$$

■ 다음 □ 안에 알맞은 수를 써넣어라.

1. $12 \times 62 + 12 \times 38 = \boxed{} \times (62 + 38)$
$$= \boxed{} \times 100$$
$$= \boxed{}$$

2. $96^2 - 4^2 = (\boxed{} + 4)(\boxed{} - 4)$
$$= 100 \times \boxed{}$$
$$= \boxed{}$$

3. $23^2 - 2 \times 23 \times 3 + 9 = 23^2 - 2 \times 23 \times 3 + \boxed{}^2$
$$= (23 - \boxed{})^2$$
$$= \boxed{}$$

4. $102^2 - 5 \times 102 + 6 = (102 - \boxed{})(102 - \boxed{})$
$$= 100 \times \boxed{}$$
$$= \boxed{}$$

5. $108^2 - 98^2 = (108 + \boxed{})(108 - \boxed{})$
$$= 206 \times \boxed{}$$
$$= \boxed{}$$

6. $92 \times 78 + 92 \times 22 = \boxed{} \times (78 + 22)$
$$= \boxed{} \times 100$$
$$= \boxed{}$$

7. $104^2 - 9 \times 104 + 20 = (104 - \boxed{})(104 - \boxed{})$
$$= \boxed{} \times 100$$
$$= \boxed{}$$

8. $15^2 - 2 \times 15 \times 5 + 25 = 15^2 - 2 \times 15 \times 5 + \boxed{}^2$
$$= (15 - \boxed{})^2$$
$$= \boxed{}$$

D 인수분해를 이용한 수의 계산 2

인수분해를 이용해서 $\dfrac{16\times8+16\times2}{6^2-4^2}$ 를 간단히 계산해 보자.

$$\frac{16\times8+16\times2}{6^2-4^2}=\frac{16\times(8+2)}{(6+4)(6-4)}=\frac{16\times10}{10\times2}=8$$

아하! 그렇구나~

■ 다음을 계산하여라.

1. $5.7\times7+5.7\times3$

_____

2. $4.6^2-5.4^2$

_____

3. $8.14^2-1.86^2$

_____

4. $3^2-2\times3\times5+25$

_____

Help $3^2-2\times3\times5+25$는 완전제곱식을 이용하여 푼다.

5. $16^2+2\times16\times4+4^2$

_____

6. $15^2-7\times15+10$

_____

7. $\dfrac{12\times3+12\times5}{8^2-4^2}$

_____

Help $\dfrac{12\times3+12\times5}{8^2-4^2}=\dfrac{12\times(3+5)}{(8+4)(8-4)}$

8. $\dfrac{190\times3+190\times5}{96^2-94^2}$

_____

[1~2] (2항)+(2항)으로 묶어 인수분해하기

적중률 90%

1. $x^3-4x^2-3x+12$를 인수분해하면?

① $(x-4)(x^2-3)$ ② $(x-4)(x^2+3)$

③ $(x+4)(x^2-3)$ ④ $(x-4)(x-3)$

⑤ $(x+3)(x+4)$

2. 다음 두 식의 공통인수를 구하여라.

$$xy-x-y+1,\ x^2-x-xy+y$$

[3~4] (3항)+(1항)으로 묶어 인수분해하기

적중률 90%

3. $x^2-10x-y^2+25$를 인수분해하면?

① $(x-y+5)(x+y-3)$

② $(x+y-5)(x+y+5)$

③ $(x+y-5)(x-y-5)$

④ $(x+y+5)(x-y+5)$

⑤ $(x+y+3)(x-y-5)$

4. 다음 식을 인수분해하여라.

$$-a^2+b^2-c^2-2ac$$

[5~6] 인수분해를 이용한 수의 계산

5. 다음 중 $101^2-5\times101+4$를 계산하는 데 가장 알맞은 인수분해 공식은?

① $a^2+2ab+b^2=(a+b)^2$

② $a^2-2ab+b^2=(a-b)^2$

③ $a^2-b^2=(a+b)(a-b)$

④ $x^2+(a+b)x+ab=(x+a)(x+b)$

⑤ $acx^2+(ad+bc)x+bd=(ax+b)(cx+d)$

앗! 실수 적중률 80%

6. $\dfrac{325\times2+325\times7}{167^2-158^2}$의 값을 구하여라.

26 인수분해 공식을 이용하여 식의 값 구하기

개념 강의 보기

● 인수분해 공식을 이용하여 식의 값 구하기

① $a=\dfrac{1}{2+\sqrt{3}}$, $b=\dfrac{1}{2-\sqrt{3}}$일 때, a^2-b^2의 값을 구해 보자.

$a=\dfrac{1}{2+\sqrt{3}}=2-\sqrt{3}$, $b=\dfrac{1}{2-\sqrt{3}}=2+\sqrt{3}$

$a+b=4$, $a-b=-2\sqrt{3}$이므로

a^2-b^2
$=(a+b)(a-b)$ ⟩ 인수분해하기
⟩ 식의 값 대입하기
$=-8\sqrt{3}$

바빠 꿀팁!

$x=97$일 때, x^2+6x+9의 값을 구해 보자.
$97^2+6\times97+9$로 계산하지 않고 $x^2+6x+9=(x+3)^2$으로 고쳐 계산하면 훨씬 쉬워져. x에 97을 대입하면 $100^2=10000$이야.

② $x=2-\sqrt{2}$일 때, x^2-4x+4의 값을 구해 보자.

x^2-4x+4
$=(x-2)^2$ ⟩ 인수분해하기
⟩ 식의 값 대입하기
$=(2-\sqrt{2}-2)^2$
$=(-\sqrt{2})^2=2$

③ $x+y=5$, $x-y=2$일 때, $x^2-y^2+3x-3y$의 값을 구해 보자.

$x^2-y^2+3x-3y$
$=(x+y)(x-y)+3(x-y)$ ⟩ 두 항씩 묶어서 인수분해하기
⟩ 공통인수로 인수분해하기
$=(x-y)(x+y+3)$
⟩ 식의 값 대입하기
$=2\times(5+3)$
$=16$

④ $a+b=5$이고, $a(a+1)-b(b+1)=24$일 때, $a-b$의 값을 구해 보자.

$a(a+1)-b(b+1)$
$=a^2+a-b^2-b$ ⟩ 전개하기
⟩ 두 항씩 묶기
$=(a^2-b^2)+(a-b)$
⟩ 인수분해하기
$=(a+b)(a-b)+(a-b)$
⟩ 공통인수로 인수분해하기
$=(a-b)(a+b+1)$
$=(a-b)(5+1)=24$
$\therefore a-b=4$

앗! 실수

위의 ①, ②번은 인수분해하지 않고 직접 대입해도 되지만 직접 대입하면 제곱을 해야 해서 계산이 복잡해져. 계산이 복잡해지면 실수할 확률이 그만큼 높아지므로 되도록 인수분해해서 하는 것이 좋고 ③, ④번은 반드시 인수분해를 해야 풀 수 있는 문제야.

A 인수분해 공식을 이용하여 식의 값 구하기 1

$x=1-\sqrt{2}$일 때, x^2+5x-6의 값을 구해 보자.
x의 값을 대입하기 전에 x^2+5x-6을 인수분해하면
$x^2+5x-6=(x-1)(x+6)$이므로 x의 값을 대입하면
$(1-\sqrt{2}-1)(1-\sqrt{2}+6)=-\sqrt{2}(7-\sqrt{2})=-7\sqrt{2}+2$
아하! 그렇구나~

■ 다음 식의 값을 구하여라.

1. $a=\dfrac{1}{\sqrt{2}+1}$, $b=\dfrac{1}{\sqrt{2}-1}$일 때, a^2-b^2

Help $a=\dfrac{1}{\sqrt{2}+1}=\dfrac{\sqrt{2}-1}{(\sqrt{2}+1)(\sqrt{2}-1)}=\sqrt{2}-1$

$b=\dfrac{1}{\sqrt{2}-1}=\dfrac{\sqrt{2}+1}{(\sqrt{2}-1)(\sqrt{2}+1)}=\sqrt{2}+1$

2. $x=\dfrac{1}{\sqrt{5}-2}$, $y=\dfrac{1}{\sqrt{5}+2}$일 때, x^2-y^2

3. $x=\dfrac{1}{2\sqrt{2}-3}$, $y=\dfrac{1}{2\sqrt{2}+3}$일 때, x^2-y^2

4. $a=\dfrac{1}{\sqrt{6}-2}$, $b=\dfrac{1}{\sqrt{6}+2}$일 때, a^2-b^2

앗! 실수
5. $x=4-\sqrt{2}$일 때, x^2-3x-4

Help $x^2-3x-4=(x-4)(x+1)$에 $x=4-\sqrt{2}$를 대입한다.

6. $x=5-\sqrt{3}$일 때, x^2-4x-5

앗! 실수
7. $a=\dfrac{\sqrt{3}+\sqrt{2}}{\sqrt{3}-\sqrt{2}}$, $b=\dfrac{\sqrt{3}-\sqrt{2}}{\sqrt{3}+\sqrt{2}}$일 때, $a^2+2ab+b^2$

8. $x=\dfrac{\sqrt{3}+\sqrt{7}}{\sqrt{3}-\sqrt{7}}$, $y=\dfrac{\sqrt{3}-\sqrt{7}}{\sqrt{3}+\sqrt{7}}$일 때, $x^2-2xy+y^2$

$x+y=5$, $x-y=2$일 때, $x^2-y^2+5x-5y$의 값을 구해 보자.
$$x^2-y^2+5x-5y=(x+y)(x-y)+5(x-y)$$
$$=(x-y)(x+y+5)$$
$$=2\times(5+5)=20$$

■ 다음 식의 값을 구하여라.

1. $x+y=2$, $x-y=3$일 때, $x^2-y^2+2x-2y$

　　　　　　　　　　‾‾‾‾‾‾‾‾‾

Help $x^2-y^2+2x-2y=(x+y)(x-y)+2(x-y)$

2. $a+b=7$, $a-b=4$일 때, $a^2-b^2+4a+4b$

　　　　　　　　‾‾‾‾‾‾‾‾

3. $a-b=4$, $b-c=3$일 때, $ac-bc-ab+b^2$

　　　　　　　　‾‾‾‾‾‾‾‾

앗실수

4. $x-y=5$, $y-z=2$일 때, $y^2+xz-yz-xy$

　　　　　　　‾‾‾‾‾‾‾‾

5. $x+y=4$, $xy=-3$일 때, $x^3y+2x^2y^2+xy^3$

　　　　　　　　　‾‾‾‾‾‾‾

Help $x^3y+2x^2y^2+xy^3=xy(x^2+2xy+y^2)$

6. $x-y=-2$, $xy=6$일 때, $3x^3y-6x^2y^2+3xy^3$

　　　　　　　　　‾‾‾‾‾‾‾

7. $x+2y=3$일 때, $x^2+4xy+4y^2+x+2y+1$

　　　　　　　　　‾‾‾‾‾‾‾

Help $x^2+4xy+4y^2+x+2y+1$
$$=(x+2y)^2+(x+2y)+1$$

8. $x+3y=2$일 때, $x^2+6xy+9y^2+x+3y-1$

　　　　　　　　　‾‾‾‾‾‾‾

Help $x^2+6xy+9y^2+x+3y-1$
$$=(x+3y)^2+(x+3y)-1$$

C 인수분해 공식을 이용하여 식의 값 구하기 3

$x+y=4$, $ax+bx+ay+by=28$일 때, $a^2+2ab+b^2$의 값을 구해 보자.
$ax+bx+ay+by=a(x+y)+b(x+y)=(x+y)(a+b)$로 인수분해되므로 $4(a+b)=28$ ∴ $a+b=7$
∴ $a^2+2ab+b^2=(a+b)^2=49$

■ 다음 식의 값을 구하여라.

1. $a+b=2$, $a^2-b^2+3a-3b=20$일 때, $a-b$

———————

Help $a^2-b^2+3a-3b=(a+b)(a-b)+3(a-b)$
$=(a-b)(a+b+3)$

2. $x-y=2$, $x^2-y^2+4x+4y=12$일 때, $x+y$

———————

3. $a+b=3$이고, $a(a+1)-b(b-1)=12$일 때, $a-b$

———————

4. $x-y=-2$이고, $x(x+1)-y(y+1)=-6$일 때, $x+y$

———————

5. $x+y=5$, $ax+bx+ay+by=35$일 때, $a^2+2ab+b^2$

———————

6. $x-y=3$, $ax+bx-ay-by=18$일 때, $a^2+2ab+b^2$

———————

7. $ab=1$, $abx+aby+x+y=10$일 때, $x+y$

———————

8. $xy=6$, $axy+2a+4b+2bxy=24$일 때, $a+2b$

———————

넓이가 $3x^2+2x-1$이고 윗변의 길이가 $x-2$, 아랫변의 길이가 $x+4$인 사다리꼴의 높이를 구해 보자.
(사다리꼴의 높이)$=2\times$(넓이)$\div\{$(윗변의 길이)$+$(아랫변의 길이)$\}$
$\qquad\qquad\qquad=2\times(3x^2+2x-1)\div\{(x-2)+(x+4)\}$
$\qquad\qquad\qquad=2\times(x+1)(3x-1)\div(2x+2)=3x-1$

■ 다음을 구하여라.

1. 넓이가 $3x^2+10x+8$ 이고 세로의 길이가 $x+2$인 직사각형의 가로의 길이

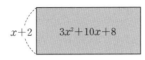

_____

Help $(3x^2+10x+8)\div(x+2)$
$\qquad=(x+2)(3x+4)\div(x+2)$

2. 넓이가 $4x^2+12x+5$이고 가로의 길이가 $2x+5$인 직사각형의 세로의 길이

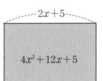

_____

앗실수
3. 넓이가 $2x^2-x-6$이고 밑변의 길이가 $2x-4$인 삼각형의 높이

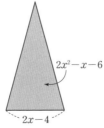

_____

Help (삼각형의 높이)$=2\times$(넓이)$\div$(밑변의 길이)
$\qquad\qquad=2(2x^2-x-6)\div(2x-4)$
$\qquad\qquad=2(x-2)(2x+3)\div2(x-2)$

4. 넓이가 $3x^2+x-4$이고 밑변의 길이가 $2x-2$인 삼각형의 높이

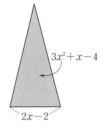

_____

5. 넓이가 x^2+x-6이고 윗변의 길이가 $x+1$, 아랫변의 길이가 $x+5$인 사다리꼴의 높이

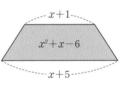

_____

6. 넓이가 $9x^2-1$이고 윗변의 길이가 $2x+1$, 아랫변의 길이가 $4x+1$인 사다리꼴의 높이

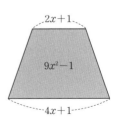

_____

거저먹는 시험 문제

[1~5] 인수분해 공식을 이용하여 식의 값 구하기

적중률 80%

1. $a=\dfrac{1}{\sqrt{17}-4}$, $b=\dfrac{1}{\sqrt{17}+4}$일 때, a^2-b^2의 값은?

① 16   ② $6\sqrt{17}$ ③ $8\sqrt{17}$

④ $12\sqrt{17}$ ⑤ $16\sqrt{17}$

2. $x=\dfrac{\sqrt{11}+3}{\sqrt{11}-3}$, $y=\dfrac{\sqrt{11}-3}{\sqrt{11}+3}$일 때, $x^2+2xy+y^2$의

값은?

① 50   ② 100   ③ 200

④ 400   ⑤ 500

3. $3x+y=4$일 때, $9x^2+6xy+y^2+3x+y+1$의 값을 구하여라.

적중률 70%

4. $a+b=5$이고, $a(a+1)-b(b-1)=10$일 때, $a-b$의 값은?

① 1   ② 2   ③ 5

④ 9   ⑤ 12

5. $xy=8$, $axy+2a+6b+3bxy=30$일 때, $a+3b$의

값은?

① -5 ② -2 ③ 3

④ 6   ⑤ 9

[6] 인수분해의 도형에의 활용

앗실수

6. 다음 그림에서 두 도형 (가)와 (나)의 넓이가 서로 같다. 도형 (나)의 가로의 길이가 $x+5$일 때, 도형 (나)의 세로의 길이를 x에 대한 일차식으로 나타내어라.

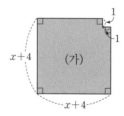
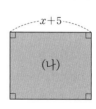

제곱근표(1)

수	0	1	2	3	4	5	6	7	8	9
1.0	1.000	1.005	1.010	1.015	1.020	1.025	1.030	1.034	1.039	1.044
1.1	1.049	1.054	1.058	1.063	1.068	1.072	1.077	1.082	1.086	1.091
1.2	1.095	1.100	1.105	1.109	1.114	1.118	1.122	1.127	1.131	1.136
1.3	1.140	1.145	1.149	1.153	1.158	1.162	1.166	1.170	1.175	1.179
1.4	1.183	1.187	1.192	1.196	1.200	1.204	1.208	1.212	1.217	1.221
1.5	1.225	1.229	1.233	1.237	1.241	1.245	1.249	1.253	1.257	1.261
1.6	1.265	1.269	1.273	1.277	1.281	1.285	1.288	1.292	1.296	1.300
1.7	1.304	1.308	1.311	1.315	1.319	1.323	1.327	1.330	1.334	1.338
1.8	1.342	1.345	1.349	1.353	1.356	1.360	1.364	1.367	1.371	1.375
1.9	1.378	1.382	1.386	1.389	1.393	1.396	1.400	1.404	1.407	1.411
2.0	1.414	1.418	1.421	1.425	1.428	1.432	1.435	1.439	1.442	1.446
2.1	1.449	1.453	1.456	1.459	1.463	1.466	1.470	1.473	1.476	1.480
2.2	1.483	1.487	1.490	1.493	1.497	1.500	1.503	1.507	1.510	1.513
2.3	1.517	1.520	1.523	1.526	1.530	1.533	1.536	1.539	1.543	1.546
2.4	1.549	1.552	1.556	1.559	1.562	1.565	1.568	1.572	1.575	1.578
2.5	1.581	1.584	1.587	1.591	1.594	1.597	1.600	1.603	1.606	1.609
2.6	1.612	1.616	1.619	1.622	1.625	1.628	1.631	1.634	1.637	1.640
2.7	1.643	1.646	1.649	1.652	1.655	1.658	1.661	1.664	1.667	1.670
2.8	1.673	1.676	1.679	1.682	1.685	1.688	1.691	1.694	1.697	1.700
2.9	1.703	1.706	1.709	1.712	1.715	1.718	1.720	1.723	1.726	1.729
3.0	1.732	1.735	1.738	1.741	1.744	1.746	1.749	1.752	1.755	1.758
3.1	1.761	1.764	1.766	1.769	1.772	1.775	1.778	1.780	1.783	1.786
3.2	1.789	1.792	1.794	1.797	1.800	1.803	1.806	1.808	1.811	1.814
3.3	1.817	1.819	1.822	1.825	1.828	1.830	1.833	1.836	1.838	1.841
3.4	1.844	1.847	1.849	1.852	1.855	1.857	1.860	1.863	1.865	1.868
3.5	1.871	1.873	1.876	1.879	1.881	1.884	1.887	1.889	1.892	1.895
3.6	1.897	1.900	1.903	1.905	1.908	1.910	1.913	1.916	1.918	1.921
3.7	1.924	1.926	1.929	1.931	1.934	1.936	1.939	1.942	1.944	1.947
3.8	1.949	1.952	1.954	1.957	1.960	1.962	1.965	1.967	1.970	1.972
3.9	1.975	1.977	1.980	1.982	1.985	1.987	1.990	1.992	1.995	1.997
4.0	2.000	2.002	2.005	2.007	2.010	2.012	2.015	2.017	2.020	2.022
4.1	2.025	2.027	2.030	2.032	2.035	2.037	2.040	2.042	2.045	2.047
4.2	2.049	2.052	2.054	2.057	2.059	2.062	2.064	2.066	2.069	2.071
4.3	2.074	2.076	2.078	2.081	2.083	2.086	2.088	2.090	2.093	2.095
4.4	2.098	2.100	2.102	2.105	2.107	2.110	2.112	2.114	2.117	2.119
4.5	2.121	2.124	2.126	2.128	2.131	2.133	2.135	2.138	2.140	2.142
4.6	2.145	2.147	2.149	2.152	2.154	2.156	2.159	2.161	2.163	2.166
4.7	2.168	2.170	2.173	2.175	2.177	2.179	2.182	2.184	2.186	2.189
4.8	2.191	2.193	2.195	2.198	2.200	2.202	2.205	2.207	2.209	2.211
4.9	2.214	2.216	2.218	2.220	2.223	2.225	2.227	2.229	2.232	2.234
5.0	2.236	2.238	2.241	2.243	2.245	2.247	2.249	2.252	2.254	2.256
5.1	2.258	2.261	2.263	2.265	2.267	2.269	2.272	2.274	2.276	2.278
5.2	2.280	2.283	2.285	2.287	2.289	2.291	2.293	2.296	2.298	2.300
5.3	2.302	2.304	2.307	2.309	2.311	2.313	2.315	2.317	2.319	2.322
5.4	2.324	2.326	2.328	2.330	2.332	2.335	2.337	2.339	2.341	2.343

제곱근표 (2)

수	0	1	2	3	4	5	6	7	8	9
5.5	2.345	2.347	2.349	2.352	2.354	2.356	2.358	2.360	2.362	2.364
5.6	2.366	2.369	2.371	2.373	2.375	2.377	2.379	2.381	2.383	2.385
5.7	2.387	2.390	2.392	2.394	2.396	2.398	2.400	2.402	2.404	2.406
5.8	2.408	2.410	2.412	2.415	2.417	2.419	2.421	2.423	2.425	2.427
5.9	2.429	2.431	2.433	2.435	2.437	2.439	2.441	2.443	2.445	2.447
6.0	2.449	2.452	2.454	2.456	2.458	2.460	2.462	2.464	2.466	2.468
6.1	2.470	2.472	2.474	2.476	2.478	2.480	2.482	2.484	2.486	2.488
6.2	2.490	2.492	2.494	2.496	2.498	2.500	2.502	2.504	2.506	2.508
6.3	2.510	2.512	2.514	2.516	2.518	2.520	2.522	2.524	2.526	2.528
6.4	2.530	2.532	2.534	2.536	2.538	2.540	2.542	2.544	2.546	2.548
6.5	2.550	2.551	2.553	2.555	2.557	2.559	2.561	2.563	2.565	2.567
6.6	2.569	2.571	2.573	2.575	2.577	2.579	2.581	2.583	2.585	2.587
6.7	2.588	2.590	2.592	2.594	2.596	2.598	2.600	2.602	2.604	2.606
6.8	2.608	2.610	2.612	2.613	2.615	2.617	2.619	2.621	2.623	2.625
6.9	2.627	2.629	2.631	2.632	2.634	2.636	2.638	2.640	2.642	2.644
7.0	2.646	2.648	2.650	2.651	2.653	2.655	2.657	2.659	2.661	2.663
7.1	2.665	2.666	2.668	2.670	2.672	2.674	2.676	2.678	2.680	2.681
7.2	2.683	2.685	2.687	2.689	2.691	2.693	2.694	2.696	2.698	2.700
7.3	2.702	2.704	2.706	2.707	2.709	2.711	2.713	2.715	2.717	2.718
7.4	2.720	2.722	2.724	2.726	2.728	2.729	2.731	2.733	2.735	2.737
7.5	2.739	2.740	2.742	2.744	2.746	2.748	2.750	2.751	2.753	2.755
7.6	2.757	2.759	2.760	2.762	2.764	2.766	2.768	2.769	2.771	2.773
7.7	2.775	2.777	2.778	2.780	2.782	2.784	2.786	2.787	2.789	2.791
7.8	2.793	2.795	2.796	2.798	2.800	2.802	2.804	2.805	2.807	2.809
7.9	2.811	2.812	2.814	2.816	2.818	2.820	2.821	2.823	2.825	2.827
8.0	2.828	2.830	2.832	2.834	2.835	2.837	2.839	2.841	2.843	2.844
8.1	2.846	2.848	2.850	2.851	2.853	2.855	2.857	2.858	2.860	2.862
8.2	2.864	2.865	2.867	2.869	2.871	2.872	2.874	2.876	2.877	2.879
8.3	2.881	2.883	2.884	2.886	2.888	2.890	2.891	2.893	2.895	2.897
8.4	2.898	2.900	2.902	2.903	2.905	2.907	2.909	2.910	2.912	2.914
8.5	2.915	2.917	2.919	2.921	2.922	2.924	2.926	2.927	2.929	2.931
8.6	2.933	2.934	2.936	2.938	2.939	2.941	2.943	2.944	2.946	2.948
8.7	2.950	2.951	2.953	2.955	2.956	2.958	2.960	2.961	2.963	2.965
8.8	2.966	2.968	2.970	2.972	2.973	2.975	2.977	2.978	2.980	2.982
8.9	2.983	2.985	2.987	2.988	2.990	2.992	2.993	2.995	2.997	2.998
9.0	3.000	3.002	3.003	3.005	3.007	3.008	3.010	3.012	3.013	3.015
9.1	3.017	3.018	3.020	3.022	3.023	3.025	3.027	3.028	3.030	3.032
9.2	3.033	3.035	3.036	3.038	3.040	3.041	3.043	3.045	3.046	3.048
9.3	3.050	3.051	3.053	3.055	3.056	3.058	3.059	3.061	3.063	3.064
9.4	3.066	3.068	3.069	3.071	3.072	3.074	3.076	3.077	3.079	3.081
9.5	3.082	3.084	3.085	3.087	3.089	3.090	3.092	3.094	3.095	3.097
9.6	3.098	3.100	3.102	3.103	3.105	3.106	3.108	3.110	3.111	3.113
9.7	3.114	3.116	3.118	3.119	3.121	3.122	3.124	3.126	3.127	3.129
9.8	3.130	3.132	3.134	3.135	3.137	3.138	3.140	3.142	3.143	3.145
9.9	3.146	3.148	3.150	3.151	3.153	3.154	3.156	3.158	3.159	3.161

수	0	1	2	3	4	5	6	7	8	9
10	3.162	3.178	3.194	3.209	3.225	3.240	3.256	3.271	3.286	3.302
11	3.317	3.332	3.347	3.362	3.376	3.391	3.406	3.421	3.435	3.450
12	3.464	3.479	3.493	3.507	3.521	3.536	3.550	3.564	3.578	3.592
13	3.606	3.619	3.633	3.647	3.661	3.674	3.688	3.701	3.715	3.728
14	3.742	3.755	3.768	3.782	3.795	3.808	3.821	3.834	3.847	3.860
15	3.873	3.886	3.899	3.912	3.924	3.937	3.950	3.962	3.975	3.987
16	4.000	4.012	4.025	4.037	4.050	4.062	4.074	4.087	4.099	4.111
17	4.123	4.135	4.147	4.159	4.171	4.183	4.195	4.207	4.219	4.231
18	4.243	4.254	4.266	4.278	4.290	4.301	4.313	4.324	4.336	4.347
19	4.359	4.370	4.382	4.393	4.405	4.416	4.427	4.438	4.450	4.461
20	4.472	4.483	4.494	4.506	4.517	4.528	4.539	4.550	4.561	4.572
21	4.583	4.593	4.604	4.615	4.626	4.637	4.648	4.658	4.669	4.680
22	4.690	4.701	4.712	4.722	4.733	4.743	4.754	4.764	4.775	4.785
23	4.796	4.806	4.817	4.827	4.837	4.848	4.858	4.868	4.879	4.889
24	4.899	4.909	4.919	4.930	4.940	4.950	4.960	4.970	4.980	4.990
25	5.000	5.010	5.020	5.030	5.040	5.050	5.060	5.070	5.079	5.089
26	5.099	5.109	5.119	5.128	5.138	5.148	5.158	5.167	5.177	5.187
27	5.196	5.206	5.215	5.225	5.235	5.244	5.254	5.263	5.273	5.282
28	5.292	5.301	5.310	5.320	5.329	5.339	5.348	5.357	5.367	5.376
29	5.385	5.394	5.404	5.413	5.422	5.431	5.441	5.450	5.459	5.468
30	5.477	5.486	5.495	5.505	5.514	5.523	5.532	5.541	5.550	5.559
31	5.568	5.577	5.586	5.595	5.604	5.612	5.621	5.630	5.639	5.648
32	5.657	5.666	5.675	5.683	5.692	5.701	5.710	5.718	5.727	5.736
33	5.745	5.753	5.762	5.771	5.779	5.788	5.797	5.805	5.814	5.822
34	5.831	5.840	5.848	5.857	5.865	5.874	5.882	5.891	5.899	5.908
35	5.916	5.925	5.933	5.941	5.950	5.958	5.967	5.975	5.983	5.992
36	6.000	6.008	6.017	6.025	6.033	6.042	6.050	6.058	6.066	6.075
37	6.083	6.091	6.099	6.107	6.116	6.124	6.132	6.140	6.148	6.156
38	6.164	6.173	6.181	6.189	6.197	6.205	6.213	6.221	6.229	6.237
39	6.245	6.253	6.261	6.269	6.277	6.285	6.293	6.301	6.309	6.317
40	6.325	6.332	6.340	6.348	6.356	6.364	6.372	6.380	6.387	6.395
41	6.403	6.411	6.419	6.427	6.434	6.442	6.450	6.458	6.465	6.473
42	6.481	6.488	6.496	6.504	6.512	6.519	6.527	6.535	6.542	6.550
43	6.557	6.565	6.573	6.580	6.588	6.595	6.603	6.611	6.618	6.626
44	6.633	6.641	6.648	6.656	6.663	6.671	6.678	6.686	6.693	6.701
45	6.708	6.716	6.723	6.731	6.738	6.745	6.753	6.760	6.768	6.775
46	6.782	6.790	6.797	6.804	6.812	6.819	6.826	6.834	6.841	6.848
47	6.856	6.863	6.870	6.877	6.885	6.892	6.899	6.907	6.914	6.921
48	6.928	6.935	6.943	6.950	6.957	6.964	6.971	6.979	6.986	6.993
49	7.000	7.007	7.014	7.021	7.029	7.036	7.043	7.050	7.057	7.064
50	7.071	7.078	7.085	7.092	7.099	7.106	7.113	7.120	7.127	7.134
51	7.141	7.148	7.155	7.162	7.169	7.176	7.183	7.190	7.197	7.204
52	7.211	7.218	7.225	7.232	7.239	7.246	7.253	7.259	7.266	7.273
53	7.280	7.287	7.294	7.301	7.308	7.314	7.321	7.328	7.335	7.342
54	7.348	7.355	7.362	7.369	7.376	7.382	7.389	7.396	7.403	7.409

수	0	1	2	3	4	5	6	7	8	9
55	7.416	7.423	7.430	7.436	7.443	7.450	7.457	7.463	7.470	7.477
56	7.483	7.490	7.497	7.503	7.510	7.517	7.523	7.530	7.537	7.543
57	7.550	7.556	7.563	7.570	7.576	7.583	7.589	7.596	7.603	7.609
58	7.616	7.622	7.629	7.635	7.642	7.649	7.655	7.662	7.668	7.675
59	7.681	7.688	7.694	7.701	7.707	7.714	7.720	7.727	7.733	7.740
60	7.746	7.752	7.759	7.765	7.772	7.778	7.785	7.791	7.797	7.804
61	7.810	7.817	7.823	7.829	7.836	7.842	7.849	7.855	7.861	7.868
62	7.874	7.880	7.887	7.893	7.899	7.906	7.912	7.918	7.925	7.931
63	7.937	7.944	7.950	7.956	7.962	7.969	7.975	7.981	7.987	7.994
64	8.000	8.006	8.012	8.019	8.025	8.031	8.037	8.044	8.050	8.056
65	8.062	8.068	8.075	8.081	8.087	8.093	8.099	8.106	8.112	8.118
66	8.124	8.130	8.136	8.142	8.149	8.155	8.161	8.167	8.173	8.179
67	8.185	8.191	8.198	8.204	8.210	8.216	8.222	8.228	8.234	8.240
68	8.246	8.252	8.258	8.264	8.270	8.276	8.283	8.289	8.295	8.301
69	8.307	8.313	8.319	8.325	8.331	8.337	8.343	8.349	8.355	8.361
70	8.367	8.373	8.379	8.385	8.390	8.396	8.402	8.408	8.414	8.420
71	8.426	8.432	8.438	8.444	8.450	8.456	8.462	8.468	8.473	8.479
72	8.485	8.491	8.497	8.503	8.509	8.515	8.521	8.526	8.532	8.538
73	8.544	8.550	8.556	8.562	8.567	8.573	8.579	8.585	8.591	8.597
74	8.602	8.608	8.614	8.620	8.626	8.631	8.637	8.643	8.649	8.654
75	8.660	8.666	8.672	8.678	8.683	8.689	8.695	8.701	8.706	8.712
76	8.718	8.724	8.729	8.735	8.741	8.746	8.752	8.758	8.764	8.769
77	8.775	8.781	8.786	8.792	8.798	8.803	8.809	8.815	8.820	8.826
78	8.832	8.837	8.843	8.849	8.854	8.860	8.866	8.871	8.877	8.883
79	8.888	8.894	8.899	8.905	8.911	8.916	8.922	8.927	8.933	8.939
80	8.944	8.950	8.955	8.961	8.967	8.972	8.978	8.983	8.989	8.994
81	9.000	9.006	9.011	9.017	9.022	9.028	9.033	9.039	9.044	9.050
82	9.055	9.061	9.066	9.072	9.077	9.083	9.088	9.094	9.099	9.105
83	9.110	9.116	9.121	9.127	9.132	9.138	9.143	9.149	9.154	9.160
84	9.165	9.171	9.176	9.182	9.187	9.192	9.198	9.203	9.209	9.214
85	9.220	9.225	9.230	9.236	9.241	9.247	9.252	9.257	9.263	9.268
86	9.274	9.279	9.284	9.290	9.295	9.301	9.306	9.311	9.317	9.322
87	9.327	9.333	9.338	9.343	9.349	9.354	9.359	9.365	9.370	9.375
88	9.381	9.386	9.391	9.397	9.402	9.407	9.413	9.418	9.423	9.429
89	9.434	9.439	9.445	9.450	9.455	9.460	9.466	9.471	9.476	9.482
90	9.487	9.492	9.497	9.503	9.508	9.513	9.518	9.524	9.529	9.534
91	9.539	9.545	9.550	9.555	9.560	9.566	9.571	9.576	9.581	9.586
92	9.592	9.597	9.602	9.607	9.612	9.618	9.623	9.628	9.633	9.638
93	9.644	9.649	9.654	9.659	9.664	9.670	9.675	9.680	9.685	9.690
94	9.695	9.701	9.706	9.711	9.716	9.721	9.726	9.731	9.737	9.742
95	9.747	9.752	9.757	9.762	9.767	9.772	9.778	9.783	9.788	9.793
96	9.798	9.803	9.808	9.813	9.818	9.823	9.829	9.834	9.839	9.844
97	9.849	9.854	9.859	9.864	9.869	9.874	9.879	9.884	9.889	9.894
98	9.899	9.905	9.910	9.915	9.920	9.925	9.930	9.935	9.940	9.945
99	9.950	9.955	9.960	9.965	9.970	9.975	9.980	9.985	9.990	9.995

01 제곱근의 뜻과 이해

A 제곱하여 어떤 수가 되는 수   13쪽

1 1, −1	2 3, −3	3 5, −5
4 7, −7	5 4, −4	6 6, −6
7 [Help] 12, −12 / 12, −12		8 8, −8
9 10, −10	10 9, −9	11 11, −11
12 20, −20		

B 제곱근의 뜻   14쪽

1 4, 4, 4	2 9, 9, 9	3 25, 25, 25
4 49, 49, 49	5 64, 64, 64	6 81, 81, 81
7 100, 100, 100	8 144, 144, 144	9 $\frac{1}{16}$, $\frac{1}{16}$, $\frac{1}{16}$
10 $\frac{1}{36}$, $\frac{1}{36}$, $\frac{1}{36}$		

C 제곱근 구하기   15쪽

1 0	2 1, −1	3 7, −7
4 10, −10	5 8, −8	6 0.1, −0.1
7 13, −13	8 [Help] 14, −14 / 14, −14	
9 $\frac{1}{11}$, $-\frac{1}{11}$	10 $\frac{5}{12}$, $-\frac{5}{12}$	

---

7 $13^2=169$이므로 169의 제곱근은 13, −13

9 $11^2=121$이므로 $\frac{1}{121}$의 제곱근은 $\frac{1}{11}$, $-\frac{1}{11}$

10 $12^2=144$, $5^2=25$이므로 $\frac{25}{144}$의 제곱근은 $\frac{5}{12}$, $-\frac{5}{12}$

D 제곱근을 근호를 사용하여 나타내기   16쪽

1 $\pm\sqrt{7}$	2 $\pm\sqrt{3}$	3 $\pm\sqrt{5}$	4 $\pm\sqrt{10}$
5 $\pm\sqrt{6}$	6 $\pm\sqrt{13}$	7 $\pm\sqrt{17}$	8 $\pm\sqrt{11}$
9 $\pm\sqrt{15}$	10 $\pm\sqrt{21}$		

E 제곱근의 이해   17쪽

1 ×	2 ○	3 ○	4 ×
5 ×	6 ○	7 ○	8 ○
9 ×	10 ×		

1 양수의 제곱근은 2개, 0의 제곱근은 1개, 음수의 제곱근은 없다.

4 0의 제곱근은 0이다.

5 81의 제곱근은 ±9이다.

10 제곱하여 3이 되는 수는 ±$\sqrt{3}$이다.

 거저먹는 시험 문제   18쪽

1 25, 25	2 ③	3 19	4 ①, ④
5 ④	6 ②		

---

3 a는 6의 제곱근이므로 $a^2=6$
    b는 13의 제곱근이므로 $b^2=13$
    ∴ $a^2+b^2=6+13=19$

4 음수의 제곱근은 없다.

5 ① 16의 제곱근은 ±4이다.
    ② 0의 제곱근은 0이다.
    ③, ⑤ 0의 제곱근은 1개이고, 음수의 제곱근은 없다.

6 ② 제곱하여 0.2가 되는 수는 ±$\sqrt{0.2}$이다.

02 근호를 사용하지 않고 나타내기

A 근호를 사용하지 않고 나타내기   20쪽

1 1	2 4	3 −5	4 10
5 ±14	6 $\frac{1}{6}$	7 $-\frac{1}{3}$	8 $\frac{2}{5}$
9 0.1	10 −0.8		

---

2 16의 양의 제곱근은 4이고, 근호를 사용하여 나타내면 $\sqrt{16}$이므로 $\sqrt{16}=4$이다.

3 25의 음의 제곱근은 −5이고, 근호를 사용하여 나타내면 $-\sqrt{25}$이므로 $-\sqrt{25}=-5$이다.

5 196의 제곱근은 ±14이고, 근호를 사용하여 나타내면 $\pm\sqrt{196}$이므로 $\pm\sqrt{196}=\pm14$이다.

7 $\frac{1}{9}$의 음의 제곱근은 $-\frac{1}{3}$이고, 근호를 사용하여 나타내면 $-\sqrt{\frac{1}{9}}$이므로 $-\sqrt{\frac{1}{9}}=-\frac{1}{3}$이다.

8 $\frac{4}{25}$의 양의 제곱근은 $\frac{2}{5}$이고, 근호를 사용하여 나타내면 $\sqrt{\frac{4}{25}}$이므로 $\sqrt{\frac{4}{25}}=\frac{2}{5}$이다.

9 0.01의 양의 제곱근은 0.1이고, 근호를 사용하여 나타내면 $\sqrt{0.01}$이므로 $\sqrt{0.01}=0.1$이다.

B 근호를 사용하여 나타낸 수의 제곱근 21쪽

1 $\pm\sqrt{2}$　　2 $\pm\sqrt{3}$　　3 $\pm\sqrt{5}$　　4 $\pm\sqrt{11}$

5 $\pm\sqrt{12}$　6 $\pm\sqrt{\dfrac{1}{2}}$　7 $\pm\sqrt{\dfrac{1}{6}}$　8 $\pm\sqrt{\dfrac{2}{7}}$

9 $\pm\sqrt{\dfrac{3}{8}}$　10 $\pm\sqrt{\dfrac{5}{13}}$

---

1 $\sqrt{4}=2$이므로 2의 제곱근은 $\pm\sqrt{2}$

2 $\sqrt{9}=3$이므로 3의 제곱근은 $\pm\sqrt{3}$

3 $\sqrt{25}=5$이므로 5의 제곱근은 $\pm\sqrt{5}$

4 $\sqrt{121}=11$이므로 11의 제곱근은 $\pm\sqrt{11}$

5 $\sqrt{144}=12$이므로 12의 제곱근은 $\pm\sqrt{12}$

6 $\sqrt{\dfrac{1}{4}}=\dfrac{1}{2}$이므로 $\dfrac{1}{2}$의 제곱근은 $\pm\sqrt{\dfrac{1}{2}}$

7 $\sqrt{\dfrac{1}{36}}=\dfrac{1}{6}$이므로 $\dfrac{1}{6}$의 제곱근은 $\pm\sqrt{\dfrac{1}{6}}$

8 $\sqrt{\dfrac{4}{49}}=\dfrac{2}{7}$이므로 $\dfrac{2}{7}$의 제곱근은 $\pm\sqrt{\dfrac{2}{7}}$

9 $\sqrt{\dfrac{9}{64}}=\dfrac{3}{8}$이므로 $\dfrac{3}{8}$의 제곱근은 $\pm\sqrt{\dfrac{3}{8}}$

10 $\sqrt{\dfrac{25}{169}}=\dfrac{5}{13}$이므로 $\dfrac{5}{13}$의 제곱근은 $\pm\sqrt{\dfrac{5}{13}}$

C a의 제곱근과 제곱근 a 22쪽

1 $\pm\sqrt{5},\sqrt{5}$　　　2 $\pm\sqrt{7},\sqrt{7}$

3 $\pm\sqrt{10},\sqrt{10}$　4 $\pm\sqrt{3},\sqrt{3}$

5 $\pm\sqrt{12},\sqrt{12}$　6 $\pm2,2$

7 $\pm4,4$　　　　　8 $\pm12,12$

9 $\pm0.1,0.1$　　　10 $\pm\dfrac{3}{8},\dfrac{3}{8}$

D 실수하기 쉬운 제곱근 23쪽

1 ○　　2 ×　　3 ×　　4 ×

5 ○　　6 ○　　7 ○　　8 ×

9 ×　　10 ×

---

2 제곱근 64는 8이다.

3 -25의 제곱근은 없다.

4 $\sqrt{9}=3$이므로 3의 제곱근은 $\pm\sqrt{3}$이다.

8 $-\sqrt{3}$은 3의 음의 제곱근이다.

9 $\sqrt{121}=11$의 음의 제곱근은 $-\sqrt{11}$이다.

10 1의 제곱근은 ±1이다.

거저먹는 시험 문제 24쪽

1 ②　　　2 ④　　　3 ③　　　4 ⑤

5 -2　　6 ②

---

1 ② $\sqrt{\dfrac{25}{36}}=\sqrt{\left(\dfrac{5}{6}\right)^2}=\dfrac{5}{6}$

3 $\sqrt{81}=9$의 제곱근은 ±3, $\dfrac{16}{9}$의 제곱근은 $\pm\dfrac{4}{3}$, 0.25의 제곱근은 ±0.5이므로 3개이다.

5 $\sqrt{16}=4$이므로 4의 양의 제곱근은 2　　∴ $a=2$

　16의 음의 제곱근은 -4　　∴ $b=-4$

　∴ $a+b=-2$

6 ② $\sqrt{49}=7$이므로 7의 음의 제곱근은 $-\sqrt{7}$

03 제곱근의 성질

A 제곱근의 성질 1 26쪽

1 4　　2 3　　3 -10　　4 -5

5 $\dfrac{1}{4}$　　6 $-\dfrac{4}{9}$　　7 -7　　8 $\dfrac{2}{5}$

9 0.2　　10 $-\dfrac{3}{8}$

B 제곱근의 성질 2 27쪽

1 [Help] $1/-1$　2 [Help] $81/9$　3 ±0.4　4 -0.3

5 $\pm\sqrt{3}$　　6 ±7　　7 $-\sqrt{\dfrac{1}{6}}$　　8 $\sqrt{0.7}$

9 $\pm\sqrt{11}$　　10 $-\sqrt{8}$

---

1 $\sqrt{(-1)^2}=1$이므로 1의 음의 제곱근은 -1

2 $(-\sqrt{81})^2=81$이므로 81의 양의 제곱근은 9

4 $(-\sqrt{0.09})^2=0.09$이므로 0.09의 음의 제곱근은 -0.3

6 $(-\sqrt{49})^2=49$이므로 49의 제곱근은 ±7

7 $\sqrt{\left(\dfrac{1}{6}\right)^2}=\dfrac{1}{6}$이므로 $\dfrac{1}{6}$의 음의 제곱근은 $-\sqrt{\dfrac{1}{6}}$

C 제곱근의 성질을 이용한 계산 1

28쪽

1 12	2 15	3 −6	4 3.5
5 13	6 $-\dfrac{1}{2}$	7 Help $\dfrac{2}{5}$ / $-\dfrac{6}{5}$	
8 2	9 2.2	10 −1	

- -

1 $\sqrt{100}+\sqrt{(-2)^2}=10+2=12$

2 $\sqrt{121}+\sqrt{(-4)^2}=11+4=15$

3 $-(\sqrt{7})^2+\sqrt{(-1)^2}=-7+1=-6$

4 $(\sqrt{0.5})^2+\sqrt{9}=0.5+3=3.5$

5 $\sqrt{49}+2\sqrt{(-3)^2}=7+2\times3=13$

6 $\sqrt{\dfrac{1}{4}}-\sqrt{1}=\dfrac{1}{2}-1=-\dfrac{1}{2}$

7 $\sqrt{\dfrac{4}{25}}-\left(\sqrt{\dfrac{8}{5}}\right)^2=\dfrac{2}{5}-\dfrac{8}{5}=-\dfrac{6}{5}$

8 $-\sqrt{36}+\sqrt{(-8)^2}=-6+8=2$

9 $\sqrt{0.04}+\sqrt{(-2)^2}=0.2+2=2.2$

10 $-\sqrt{\dfrac{81}{64}}+\left(\sqrt{\dfrac{1}{8}}\right)^2=-\dfrac{9}{8}+\dfrac{1}{8}=-1$

D 제곱근의 성질을 이용한 계산 2

29쪽

1 13	2 1	3 $\dfrac{3}{10}$	4 −9
5 −15	6 18	7 −5	8 1.5
9 46	10 2		

- -

1 $\sqrt{5^2}\times(\sqrt{2})^2+\sqrt{(-3)^2}=5\times2+3=13$

2 $\sqrt{100}\div\sqrt{36}-\left(\sqrt{\dfrac{2}{3}}\right)^2=10\div6-\dfrac{2}{3}=\dfrac{5}{3}-\dfrac{2}{3}=1$

3 $-\left(\sqrt{\dfrac{3}{10}}\right)^2+\sqrt{0.09}\times\sqrt{(-2)^2}=-\dfrac{3}{10}+0.3\times2=\dfrac{3}{10}$

4 $-\sqrt{121}+\left(-\sqrt{\dfrac{2}{3}}\right)^2\times\sqrt{9}=-11+\dfrac{2}{3}\times3=-9$

5 $-\sqrt{(-5)^2}\div\sqrt{\dfrac{25}{81}}-(-\sqrt{6})^2$
$\qquad\qquad =-5\div\dfrac{5}{9}-6=-5\times\dfrac{9}{5}-6=-15$

6 $\sqrt{144}\div\sqrt{\dfrac{36}{25}}+\sqrt{(-1)^2}\times\sqrt{64}=12\div\dfrac{6}{5}+1\times8$
$\qquad\qquad =12\times\dfrac{5}{6}+8=18$

7 $\sqrt{400}\div\sqrt{2^2}-\left(\sqrt{\dfrac{5}{2}}\right)^2\times\sqrt{36}=20\div2-\dfrac{5}{2}\times6$
$\qquad\qquad =10-15=-5$

8 $-\sqrt{0.09}\times\sqrt{25}+\sqrt{(-12)^2}\div\sqrt{16}=-0.3\times5+12\div4$
$\qquad\qquad =-1.5+3=1.5$

9 $(-\sqrt{8})^2\div\sqrt{\dfrac{4}{121}}+\sqrt{\left(-\dfrac{2}{3}\right)^2}\times\sqrt{9}=8\div\dfrac{2}{11}+\dfrac{2}{3}\times3$
$\qquad\qquad\qquad =44+2=46$

10 $-\sqrt{100}\div(\sqrt{5})^2+\left(-\sqrt{\dfrac{4}{7}}\right)^2\times\sqrt{49}=-10\div5+\dfrac{4}{7}\times7$
$\qquad\qquad\qquad =-2+4=2$

거저먹는 시험 문제

30쪽

1 ②	2 ③	3 ⑤	4 ②
5 6	6 11		

1 $\left(-\sqrt{\dfrac{1}{4}}\right)^2=\dfrac{1}{4}$ 이므로 $\dfrac{1}{4}$의 제곱근은 $\pm\dfrac{1}{2}$

2 ① $-\sqrt{7^2}=-7$
  ② $-(\sqrt{7})^2=-7$
  ③ $\sqrt{(-7)^2}=7$
  ④ $-(-\sqrt{7})^2=-7$
  ⑤ 49의 음의 제곱근은 −7

3 ① $\sqrt{9^2}=9$
  ② $\sqrt{(-8)^2}=8$
  ③ $-\sqrt{\left(\dfrac{1}{4}\right)^2}=-\dfrac{1}{4}$
  ④ $(-\sqrt{0.4})^2=0.4$

4 $\sqrt{(-3)^2}\times\sqrt{5^2}-(-\sqrt{8})^2=3\times5-8=7$

5 $A=\sqrt{(-13)^2}-(-\sqrt{3})^2=13-3=10$
  $B=\sqrt{\left(\dfrac{1}{3}\right)^2}\times\sqrt{9}-(\sqrt{5})^2=\dfrac{1}{3}\times3-5=-4$
  $\therefore A+B=10-4=6$

6 $(-\sqrt{18})^2\div\sqrt{\dfrac{81}{25}}+\sqrt{\left(-\dfrac{1}{4}\right)^2}\times\sqrt{16}$
  $=18\div\dfrac{9}{5}+\dfrac{1}{4}\times4$
  $=18\times\dfrac{5}{9}+1=11$

04 $\sqrt{a^2}$의 성질

A $\sqrt{a^2}$의 성질 1

32쪽

1 a	2 $3a$	3 $6a$	4 $-2a$
5 $-10a$	6 $2a$	7 $4a$	8 $7a$
9 $-5a$	10 $-8a$		

- -

1 근호 안의 문자가 양수일 때는 부호가 바뀌지 않고 근호 밖으로 나온다.

$$\therefore \sqrt{a^2}=a$$

4 근호 밖의 $-$는 근호 안에서 나온 수 앞에 붙인다.

$$\therefore -\sqrt{(2a)^2}=-2a$$

6 $-2a$는 음수이므로 부호가 바뀌어 근호 밖으로 나온다.

$$\therefore \sqrt{(-2a)^2}=2a$$

9 $-5a$는 음수이므로 부호가 바뀌어 근호 밖으로 나오는데 근호 앞에 $-$가 있으므로 $-5a$이다.

$$\therefore -\sqrt{(-5a)^2}=-5a$$

B $\sqrt{a^2}$의 성질 2　　　　　33쪽

1 $-a$	2 $-2a$	3 $-4a$	4 $3a$
5 $6a$	6 $-2a$	7 $-5a$	8 $-7a$
9 $6a$	10 $11a$		

1 근호 안의 문자가 음수일 때는 부호가 바뀌어 근호 밖으로 나온다.

$$\therefore \sqrt{a^2}=-a$$

4 $3a$는 음수이므로 부호가 바뀌어 근호 밖으로 나오는데 근호 앞에 $-$가 있으므로 $-(-3a)$이다.

$$\therefore -\sqrt{(3a)^2}=3a$$

6 $-2a$는 양수이므로 부호가 바뀌지 않고 근호 밖으로 나온다.

$$\therefore \sqrt{(-2a)^2}=-2a$$

9 $-6a$는 양수이므로 부호가 바뀌지 않고 근호 밖으로 나오는데 근호 앞에 $-$가 있으므로 $-(-6a)$이다.

$$\therefore -\sqrt{(-6a)^2}=6a$$

C $\sqrt{a^2}$ 꼴을 포함한 식 간단히 하기　　　　　34쪽

1 $a-b$	2 $a-b$	3 $a+b$
4 $-a-b$	5 $3a-2b$	6 $-3a+b$
7 $9a+2b$	8 $-7a-10b$	

1 $a>0$, $b<0$이므로 $\sqrt{a^2}+\sqrt{b^2}=a-b$

2 $\sqrt{(-b)^2}$에서 $-b$는 양수이므로 부호가 바뀌지 않고 근호 밖으로 나와서 $-b$이다.

$$\therefore \sqrt{a^2}+\sqrt{(-b)^2}=a-b$$

3 $-\sqrt{(-b)^2}$에서 $-b$는 양수이므로 부호가 바뀌지 않고 근호 밖으로 나와서 $-b$인데 근호 앞에 $-$가 있으므로 $-(-b)$이다.

$$\therefore \sqrt{a^2}-\sqrt{(-b)^2}=a-(-b)=a+b$$

4 $-\sqrt{(-a)^2}$에서 $-a$는 음수이므로 부호가 바뀌어 근호 밖으로 나와서 a인데 근호 앞에 $-$가 있으므로 $-a$이다.

$$\therefore -\sqrt{(-a)^2}+\sqrt{b^2}=-a-b$$

5 $\sqrt{(-3a)^2}$에서 $-3a$는 음수이므로 부호가 바뀌어 근호 밖으로 나와서 $3a$이다.

$\sqrt{(2b)^2}$에서 $2b$는 음수이므로 부호가 바뀌어 근호 밖으로 나와서 $-2b$이다.

$$\therefore \sqrt{(-3a)^2}+\sqrt{(2b)^2}=3a-2b$$

6 $-\sqrt{9a^2}=-\sqrt{(3a)^2}$에서 $3a$는 양수이므로 부호가 바뀌지 않고 근호 밖으로 나오는데 근호 앞에 $-$가 있으므로 $-3a$이다.

$-\sqrt{(-b)^2}$에서 $-b$는 양수이므로 부호가 바뀌지 않고 근호 밖으로 나와서 $-b$인데 근호 앞에 $-$가 있으므로 $-(-b)$이다.

$$\therefore -\sqrt{9a^2}-\sqrt{(-b)^2}=-3a-(-b)=-3a+b$$

7 $\sqrt{81a^2}=\sqrt{(9a)^2}$에서 $9a$는 양수이므로 부호가 바뀌지 않고 근호 밖으로 나와서 $9a$이다.

$-\sqrt{4b^2}=-\sqrt{(2b)^2}$에서 $2b$는 음수이므로 부호가 바뀌어 근호 밖으로 나와서 $-2b$인데 근호 앞에 $-$가 있으므로 $-(-2b)$이다.

$$\therefore \sqrt{81a^2}-\sqrt{4b^2}=9a-(-2b)=9a+2b$$

8 $-\sqrt{49a^2}=-\sqrt{(7a)^2}$에서 $7a$는 양수이므로 부호가 바뀌지 않고 근호 밖으로 나오는데 근호 앞에 $-$가 있으므로 $-7a$이다.

$\sqrt{(10b)^2}$에서 $10b$는 음수이므로 부호가 바뀌어 근호 밖으로 나와서 $-10b$이다.

$$\therefore -\sqrt{49a^2}+\sqrt{(10b)^2}=-7a-10b$$

D $\sqrt{(a-b)^2}$ 꼴을 포함한 식 간단히 하기 1　　　　　35쪽

1 $a+1$	2 $a+3$	3 $-a+2$
4 $-a-7$	5 $-2a-12$	6 $4a+16$
7 $-3a+27$	8 $-7a+21$	

1 $a>-1$이므로 $a+1>0$

$$\therefore \sqrt{(a+1)^2}=a+1$$

2 $a>-3$이므로 $a+3>0$

$$\therefore \sqrt{(a+3)^2}=a+3$$

3 $a<2$이므로 $a-2<0$

$$\therefore \sqrt{(a-2)^2}=-(a-2)=-a+2$$

4 $a<-7$이므로 $a+7<0$

$$\therefore \sqrt{(a+7)^2}=-(a+7)=-a-7$$

5 $a<-6$이므로 $a+6<0$

$$\therefore \sqrt{4(a+6)^2}=-2(a+6)=-2a-12$$

6 $a>-4$이므로 $a+4>0$

$$\therefore \sqrt{16(a+4)^2}=4(a+4)=4a+16$$

E $\sqrt{(a-b)^2}$ 꼴을 포함한 식 간단히 하기 2　36쪽

1 2	2 $2a-1$	3 $-2a+1$
4 $2a+2$	5 $a-2b$	6 $-b$
7 $-a+b+1$	8 $a+b-2$	

- -

1 $-1<a<1$일 때, $a-1<0$, $a+1>0$

$\therefore \sqrt{(a-1)^2}+\sqrt{(a+1)^2}=-a+1+a+1=2$

2 $-1<a<2$일 때, $a+1>0$, $a-2<0$

$\therefore \sqrt{(a+1)^2}-\sqrt{(a-2)^2}=a+1+a-2=2a-1$

3 $-2<a<3$일 때, $a-3<0$, $a+2>0$

$\therefore \sqrt{(a-3)^2}-\sqrt{(a+2)^2}=-a+3-a-2=-2a+1$

4 $-3<a<1$일 때, $a+3>0$, $a-1<0$

$\therefore \sqrt{(a+3)^2}-\sqrt{(a-1)^2}=a+3+a-1=2a+2$

5 $a>0$, $b<0$일 때, $a-b>0$

$\therefore \sqrt{(a-b)^2}+\sqrt{b^2}=a-b-b=a-2b$

6 $a<0$, $b<0$일 때, $a+b<0$

$\therefore \sqrt{(a+b)^2}-\sqrt{a^2}=-a-b+a=-b$

7 $a<2$, $b>1$일 때, $a-2<0$, $b-1>0$

$\therefore \sqrt{(a-2)^2}+\sqrt{(b-1)^2}=-a+2+b-1$

$=-a+b+1$

8 $a>-1$, $b<3$일 때, $a+1>0$, $b-3<0$

$\therefore \sqrt{(a+1)^2}-\sqrt{(b-3)^2}=a+1+b-3$

$=a+b-2$

🐰 거저먹는 시험 문제　37쪽

1 ⑤	2 ②	3 ④	4 ①
5 ④	6 ③		

1 ⑤ $-2a<0$이므로 $\sqrt{(-2a)^2}=2a$

2 ② $\sqrt{4a^2}=\sqrt{(2a)^2}=-2a$

3 ㄴ. $4a<0$이므로 $-\sqrt{16a^2}=-\sqrt{(4a)^2}=4a$

ㄹ. $-a>0$이므로 $-\sqrt{(-a)^2}=-(-a)=a$

4 $a>0$, $b<0$일 때, $\sqrt{(-a)^2}+\sqrt{b^2}=a-b$

5 $-1<a<4$일 때, $a+2>0$, $a-4<0$

$\therefore \sqrt{(a+2)^2}+\sqrt{(a-4)^2}=a+2-a+4=6$

6 $a>0$, $b<0$일 때, $a-b>0$, $b-3<0$

$\therefore \sqrt{(a-b)^2}+\sqrt{(b-3)^2}=a-b-b+3$

$=a-2b+3$

🐰 05 $\sqrt{a}$가 자연수가 되는 조건

A $\sqrt{A\times x}$ 꼴을 자연수로 만들기(단, A는 자연수)　39쪽

1 3	2 2	3 3	4 7
5 3	6 10	7 6	8 15
9 10	10 14		

- -

1 $\sqrt{12x}=\sqrt{2^2\times3\times x}$이고 $2^2\times3\times x$에서 지수가 모두 짝수이어야 근호 밖으로 나올 수 있으므로 $x=3$

3 $\sqrt{27x}=\sqrt{3^3\times x}$이고 $3^3\times x$에서 지수가 짝수이어야 근호 밖으로 나올 수 있으므로 $x=3$

6 $\sqrt{40x}=\sqrt{2^3\times5\times x}$이고 $2^3\times5\times x$에서 지수가 모두 짝수이어야 근호 밖으로 나올 수 있으므로 $x=2\times5=10$

8 $\sqrt{60x}=\sqrt{2^2\times3\times5\times x}$이고 $2^2\times3\times5\times x$에서 지수가 모두 짝수 이어야 근호 밖으로 나올 수 있으므로 $x=3\times5=15$

10 $\sqrt{126x}=\sqrt{2\times3^2\times7\times x}$이고 $2\times3^2\times7\times x$에서 지수가 모두 짝수이어야 근호 밖으로 나올 수 있으므로

$x=2\times7=14$

B $\sqrt{\dfrac{A}{x}}$ 꼴을 자연수로 만들기(단, A는 자연수)　40쪽

1 2	2 3	3 7	4 5
5 2	6 2	7 3	8 6
9 5	10 6		

- -

1 $\sqrt{\dfrac{8}{x}}=\sqrt{\dfrac{2^3}{x}}$이고 $\dfrac{2^3}{x}$에서 지수가 짝수이어야 근호 밖으로 나올 수 있으므로 $x=2$

3 $\sqrt{\dfrac{28}{x}}=\sqrt{\dfrac{2^2\times7}{x}}$이고 $\dfrac{2^2\times7}{x}$에서 지수가 모두 짝수이어야 근호 밖으로 나올 수 있으므로 $x=7$

5 $\sqrt{\dfrac{50}{x}}=\sqrt{\dfrac{2\times5^2}{x}}$이고 $\dfrac{2\times5^2}{x}$에서 지수가 모두 짝수이어야 근호 밖으로 나올 수 있으므로 $x=2$

8 $\sqrt{\dfrac{150}{x}}=\sqrt{\dfrac{2\times3\times5^2}{x}}$이고 $\dfrac{2\times3\times5^2}{x}$에서 지수가 모두 짝수이어야 근호 밖으로 나올 수 있으므로 $x=2\times3=6$

10 $\sqrt{\dfrac{294}{x}}=\sqrt{\dfrac{2\times3\times7^2}{x}}$ 이고 $\dfrac{2\times3\times7^2}{x}$ 에서 지수가 모두 짝수이어야 근호 밖으로 나올 수 있으므로 $x=2\times3=6$

C $\sqrt{A+x}$ 꼴을 자연수로 만들기(단, A는 자연수)   41쪽

1 1	2 4	3 4	4 6
5 5	6 5	7 1	8 6
9 5	10 18		

1 3보다 크면서 3에 가장 가까운 제곱수는 4이므로 $3+x=4$
$\therefore x=1$

3 32보다 크면서 32에 가장 가까운 제곱수는 36이므로
$32+x=36$
$\therefore x=4$

4 115보다 크면서 115에 가장 가까운 제곱수는 121이므로
$115+x=121$
$\therefore x=6$

6 20보다 크면서 20에 가장 가까운 제곱수는 25이므로
$20+x=25$
$\therefore x=5$

8 94보다 크면서 94에 가장 가까운 제곱수는 100이므로
$94+x=100$
$\therefore x=6$

10 126보다 크면서 126에 가장 가까운 제곱수는 144이므로
$126+x=144$
$\therefore x=18$

D $\sqrt{A-x}$ 꼴을 자연수로 만들기(단, A는 지언수)   42쪽

1 1	2 2	3 3	4 7
5 9	6 5	7 2	8 4
9 8	10 6		

1 2보다 작으면서 2에 가장 가까운 제곱수는 1이므로 $2-x=1$
$\therefore x=1$

3 19보다 작으면서 19에 가장 가까운 제곱수는 16이므로
$19-x=16$
$\therefore x=3$

4 107보다 작으면서 107에 가장 가까운 제곱수는 100이므로
$107-x=100$
$\therefore x=7$

6 30보다 작으면서 30에 가장 가까운 제곱수는 25이므로
$30-x=25$
$\therefore x=5$

---

8 125보다 작으면서 125에 가장 가까운 제곱수는 121이므로
$125-x=121$
$\therefore x=4$

10 150보다 작으면서 150에 가장 가까운 제곱수는 144이므로
$150-x=144$
$\therefore x=6$

거저먹는 시험 문제   43쪽

1 ①	2 ②	3 ②	4 ①
5 ③	6 ④		

1 $\sqrt{50x}=\sqrt{2\times5^2\times x}$ 이고 $2\times5^2\times x$ 에서 지수가 모두 짝수이어야 근호 밖으로 나올 수 있으므로 $x=2$

2 ② $\sqrt{2^2\times3^3\times x}$ 에서 $x=6$이면 $\sqrt{2^2\times3^3\times6}=\sqrt{2^3\times3^4}$ 이므로 2^3이 지수가 짝수가 아니어서 근호 밖으로 나올 수 없다.

3 $\sqrt{\dfrac{48}{x}}=\sqrt{\dfrac{2^4\times3}{x}}$ 이고 $\dfrac{2^4\times3}{x}$ 에서 지수가 모두 짝수이어야 근호 밖으로 나올 수 있으므로 $x=3$

4 78보다 크면서 78에 가장 가까운 제곱수는 81이므로
$78+x=81$
$\therefore x=3$

5 ③ $\sqrt{26-x}$ 에서 $x=18$이면 $\sqrt{26-18}=\sqrt{8}$이 되어 자연수가 안된다.

6 $\sqrt{54-x}$ 가 자연수가 되도록 하는 x의 값 중에서 가장 큰 자연수는 $A=53$, 가장 작은 자연수는 $B=5$
$\therefore A-B=53-5=48$

---

06 제곱근의 대소 관계

A 제곱근의 대소 관계 1   45쪽

1 <	2 <	3 >	4 >
5 <	6 <	7 >	8 >
9 <	10 <		

B 제곱근의 대소 관계 2   46쪽

1 <	2 <	3 >	4 >
5 >	6 >	7 <	8 <
9 >	10 >		

1 $2=\sqrt{4}$이므로 $\sqrt{4}<\sqrt{5}$

3 $-4=-\sqrt{16}$이므로 $-\sqrt{16}>-\sqrt{17}$

5 $-0.1=-\sqrt{0.01}$이므로 $-\sqrt{0.01}>-\sqrt{0.02}$

7 $\dfrac{1}{6}=\sqrt{\dfrac{1}{36}}$이므로 $\sqrt{\dfrac{1}{36}}<\sqrt{\dfrac{5}{12}}$

10 $-\sqrt{\dfrac{5}{2}}=-\sqrt{2.5}$, $-2=-\sqrt{4}$이므로 $-\sqrt{\dfrac{5}{2}}>-\sqrt{4}$

C 제곱근의 성질과 대소 관계 47쪽

1 $-2+\sqrt{5}$	**2** $-\sqrt{8}+3$	**3** $2-\sqrt{3}$
4 $-\sqrt{10}+4$	**5** $3-\sqrt{7}$	**6** 2
7 1	**8** 3	**9** 2
10 1		

- -

1 $2<\sqrt{5}$이므로 $2-\sqrt{5}<0$
$\therefore \sqrt{(2-\sqrt{5})^2}=-2+\sqrt{5}$

2 $\sqrt{8}<3$이므로 $-\sqrt{8}+3>0$
$\therefore \sqrt{(-\sqrt{8}+3)^2}=-\sqrt{8}+3$

3 $2>\sqrt{3}$이므로 $2-\sqrt{3}>0$
$\therefore \sqrt{(2-\sqrt{3})^2}=2-\sqrt{3}$

4 $\sqrt{10}<4$이므로 $\sqrt{10}-4<0$
$\therefore \sqrt{(\sqrt{10}-4)^2}=-\sqrt{10}+4$

5 $3>\sqrt{7}$이므로 $3-\sqrt{7}>0$
$\therefore \sqrt{(3-\sqrt{7})^2}=3-\sqrt{7}$

6 $1<\sqrt{2}$이므로 $1-\sqrt{2}<0$
$\sqrt{2}<3$이므로 $\sqrt{2}-3<0$
$\therefore \sqrt{(1-\sqrt{2})^2}+\sqrt{(\sqrt{2}-3)^2}=-1+\sqrt{2}-\sqrt{2}+3$
$=2$

7 $2>\sqrt{3}$이므로 $-2+\sqrt{3}<0$
$\sqrt{3}>1$이므로 $\sqrt{3}-1>0$
$\therefore \sqrt{(-2+\sqrt{3})^2}+\sqrt{(\sqrt{3}-1)^2}=2-\sqrt{3}+\sqrt{3}-1$
$=1$

8 $3<\sqrt{10}$이므로 $3-\sqrt{10}<0$
$\sqrt{10}<6$이므로 $\sqrt{10}-6<0$
$\therefore \sqrt{(3-\sqrt{10})^2}+\sqrt{(\sqrt{10}-6)^2}=-3+\sqrt{10}-\sqrt{10}+6$
$=3$

9 $\sqrt{7}>2$이므로 $-\sqrt{7}+2<0$
$\sqrt{7}<4$이므로 $\sqrt{7}-4<0$
$\therefore \sqrt{(-\sqrt{7}+2)^2}+\sqrt{(\sqrt{7}-4)^2}=\sqrt{7}-2-\sqrt{7}+4$
$=2$

10 $\sqrt{6}<3$이므로 $\sqrt{6}-3<0$
$\sqrt{6}>2$이므로 $\sqrt{6}-2>0$
$\therefore \sqrt{(\sqrt{6}-3)^2}+\sqrt{(\sqrt{6}-2)^2}=-\sqrt{6}+3+\sqrt{6}-2=1$

D 제곱근을 포함한 부등식 48쪽

1 4개	**2** 6개	**3** 4개	**4** 5개
5 2개	**6** 2, 3	**7** 3, 4	**8** 4, 5
9 5, 6	**10** 6, 7, 8		

- -

1 $2<\sqrt{x}<3$의 각 변을 제곱하면 $4<x<9$이다.
따라서 만족하는 자연수 x는 5, 6, 7, 8의 4개이다.

3 $1<\sqrt{2x}<3$의 각 변을 제곱하면
$1<2x<9$, $\dfrac{1}{2}<x<\dfrac{9}{2}$
따라서 만족하는 자연수 x는 1, 2, 3, 4의 4개이다.

5 $1<\sqrt{5x+2}<4$의 각 변을 제곱하면
$1<5x+2<16$, $-1<5x<14$ $\therefore -\dfrac{1}{5}<x<\dfrac{14}{5}$
따라서 만족하는 자연수 x는 1, 2의 2개이다.

6 $\sqrt{3}<x<\sqrt{10}$의 각 변을 제곱하면 $3<x^2<10$이므로
$x=2, 3$

8 $\sqrt{10}<x<\sqrt{27}$의 각 변을 제곱하면 $10<x^2<27$이므로
$x=4, 5$

10 $\sqrt{33}<x<\sqrt{68}$의 각 변을 제곱하면 $33<x^2<68$이므로
$x=6, 7, 8$

거저먹는 시험 문제 49쪽

1 ②	**2** 3.2, $\sqrt{9}$, 0, $-\sqrt{5}$, -4
3 $-\sqrt{5}+3$	**4** ③
5 ④	**6** 7

- -

2 $-\sqrt{5}>-4$, $\sqrt{9}<3.2$이므로 크기가 큰 것부터 나열하면 3.2, $\sqrt{9}$, 0, $-\sqrt{5}$, -4이다.

3 $\sqrt{5}<3$이므로 $\sqrt{5}-3<0$
$\therefore \sqrt{(\sqrt{5}-3)^2}=-\sqrt{5}+3$

4 $3>\sqrt{7}$이므로 $3-\sqrt{7}>0$, $\sqrt{7}-3<0$
$\therefore \sqrt{(3-\sqrt{7})^2}-\sqrt{(\sqrt{7}-3)^2}=3-\sqrt{7}+\sqrt{7}-3=0$

5 $3<\sqrt{2x}<4$의 각 변을 제곱하면 $9<2x<16$
$\dfrac{9}{2}<x<8$이므로 자연수 $x=5, 6, 7$

6 $\sqrt{3}<x<\sqrt{30}$의 각 변을 제곱하면
$3<x^2<30$ $\therefore x=2, 3, 4, 5$
따라서 $a=5$, $b=2$이므로 $a+b=5+2=7$

7

A 유리수와 무리수 구별하기   51쪽

1 무	2 무	3 유	4 유
5 무	6 무	7 유	8 무
9 무	10 무		

3 $\sqrt{9}=\sqrt{3^2}=3$이므로 유리수이다.

4 $\sqrt{\dfrac{25}{36}}=\sqrt{\dfrac{5^2}{6^2}}=\dfrac{5}{6}$이므로 유리수이다.

7 $-\sqrt{\dfrac{121}{81}}=-\sqrt{\dfrac{11^2}{9^2}}=-\dfrac{11}{9}$이므로 유리수이다.

B 무리수의 이해   52쪽

1 ○	2 ×	3 ×	4 ×
5 ○	6 ○	7 ×	8 ×
9 ×	10 ○		

2 $\sqrt{64}=8$이므로 유리수이다.

3 정수가 아닌 유리수는 유한소수 또는 순환소수로 나타낼 수 있다.

4 근호를 사용하여 나타낸 수 중 근호 안의 수가 제곱수이면 유리수이다.

7 $\dfrac{(정수)}{(0이\ 아닌\ 정수)}$ 꼴로 나타낼 수 있는 수는 유리수이다.

8 무한소수 중 순환소수는 유리수이다.

9 $\sqrt{7}$은 무리수이므로 기약분수로 나타낼 수 없다.

C 직각삼각형의 대각선의 길이 구하기   53쪽

1 $\sqrt{2}$	2 $\sqrt{5}$	3 $\sqrt{10}$	4 $2\sqrt{2}$
5 $3\sqrt{2}$	6 $\sqrt{13}$	7 $4\sqrt{2}$	8 $2\sqrt{5}$

1 $\overline{AC}=\sqrt{1^2+1^2}=\sqrt{2}$

2 $\overline{AC}=\sqrt{2^2+1^2}=\sqrt{5}$

3 $\overline{AC}=\sqrt{1^2+3^2}=\sqrt{10}$

4 $\overline{AC}=\sqrt{2^2+2^2}=\sqrt{8}=2\sqrt{2}$

5 $\overline{AC}=\sqrt{3^2+3^2}=\sqrt{18}=3\sqrt{2}$

6 $\overline{AC}=\sqrt{2^2+3^2}=\sqrt{13}$

7 $\overline{AC}=\sqrt{4^2+4^2}=\sqrt{32}=4\sqrt{2}$

8 $\overline{AC}=\sqrt{4^2+2^2}=\sqrt{20}=2\sqrt{5}$

D 무리수를 수직선 위에 나타내기   54쪽

1 $\sqrt{2}$	2 $2\sqrt{2}$	3 $-\sqrt{5}$
4 $-\sqrt{10}$	5 $1+\sqrt{5}$	6 $2-2\sqrt{2}$
7 $4-\sqrt{10}$	8 $-4+\sqrt{13}$	

1 $\overline{AC}=\sqrt{1^2+1^2}=\sqrt{2}$

점 P는 원점에서 오른쪽으로 $\sqrt{2}$만큼 떨어진 점이므로 점 P에 대응하는 수는 $\sqrt{2}$이다.

2 $\overline{AC}=\sqrt{2^2+2^2}=\sqrt{8}=2\sqrt{2}$

점 P는 원점에서 오른쪽으로 $2\sqrt{2}$만큼 떨어진 점이므로 점 P에 대응하는 수는 $2\sqrt{2}$이다.

3 $\overline{AC}=\sqrt{1^2+2^2}=\sqrt{5}$

점 P는 원점에서 왼쪽으로 $\sqrt{5}$만큼 떨어진 점이므로 점 P에 대응하는 수는 $-\sqrt{5}$이다.

4 $\overline{AC}=\sqrt{1^2+3^2}=\sqrt{10}$

점 P는 원점에서 왼쪽으로 $\sqrt{10}$만큼 떨어진 점이므로 점 P에 대응하는 수는 $-\sqrt{10}$이다.

5 $\overline{AC}=\sqrt{2^2+1^2}=\sqrt{5}$

점 P는 1을 나타내는 점에서 오른쪽으로 $\sqrt{5}$만큼 떨어진 점이므로 점 P에 대응하는 수는 $1+\sqrt{5}$이다.

6 $\overline{AC}=\sqrt{2^2+2^2}=\sqrt{8}=2\sqrt{2}$

점 P는 2를 나타내는 점에서 왼쪽으로 $2\sqrt{2}$만큼 떨어진 점이므로 점 P에 대응하는 수는 $2-2\sqrt{2}$이다.

7 $\overline{AC}=\sqrt{3^2+1^2}=\sqrt{10}$

점 P는 4를 나타내는 점에서 왼쪽으로 $\sqrt{10}$만큼 떨어진 점이므로 점 P에 대응하는 수는 $4-\sqrt{10}$이다.

8 $\overline{AC}=\sqrt{2^2+3^2}=\sqrt{13}$

점 P는 -4를 나타내는 점에서 오른쪽으로 $\sqrt{13}$만큼 떨어진 점이므로 점 P에 대응하는 수는 $-4+\sqrt{13}$이다.

거저먹는 시험 문제   55쪽

1 ②	2 ③	3 ④, ⑤

4 P$(2-\sqrt{10})$, Q$(2+\sqrt{10})$

5 P$(-1-\sqrt{5})$, Q$(1+3\sqrt{2})$

3 무한소수 중 순환하는 무한소수는 유리수이고 순환하지 않는 무한소수는 무리수이다.

4 $\overline{AC}=\sqrt{1^2+3^2}=\sqrt{10}$

점 P는 2를 나타내는 점에서 왼쪽으로 $\sqrt{10}$만큼 떨어진 점이므로 점 P에 대응하는 수는 $2-\sqrt{10}$이고, 점 Q는 2를 나타내는 점에서 오른쪽으로 $\sqrt{10}$만큼 떨어진 점이므로 점 Q에 대응하는 수는 $2+\sqrt{10}$이다.

5 $\overline{BC}=\sqrt{2^2+1^2}=\sqrt{5}$

점 P는 -1을 나타내는 점에서 왼쪽으로 $\sqrt{5}$만큼 떨어진 점이므로 점 P에 대응하는 수는 $-1-\sqrt{5}$이다.

$\overline{DF}=\sqrt{3^2+3^2}=\sqrt{18}=3\sqrt{2}$

점 Q는 1을 나타내는 점에서 오른쪽으로 $3\sqrt{2}$만큼 떨어진 점이므로 점 Q에 대응하는 수는 $1+3\sqrt{2}$이다.

08 실수와 수직선

A 실수와 수직선 57쪽

1 ○	2 ×	3 ○	4 ×
5 ×	6 ○	7 ○	8 ×
9 ○	10 ○		

2 수직선은 실수에 대응하는 점으로 완전히 메울 수 있다.
4 $\sqrt{8}$과 $\sqrt{11}$ 사이에는 자연수가 3만 있다.
5 무리수는 수직선에 나타낼 수 있다.
8 어떤 수에 가장 가까운 무리수는 정할 수 없다.

B 수직선에서 무리수에 대응하는 점 58쪽

1 C	2 B	3 E	4 D
5 A	6 B	7 C	8 E
9 D	10 A		

1 $1<\sqrt{2}<2$이므로 $\sqrt{2}$에 대응하는 점은 점 C이다.
2 $-2<-\sqrt{3}<-1$이므로 $-\sqrt{3}$에 대응하는 점은 점 B이다.
3 $3<\sqrt{15}<4$이므로 $\sqrt{15}$에 대응하는 점은 점 E이다.
4 $2<\sqrt{7}<3$이므로 $\sqrt{7}$에 대응하는 점은 점 D이다.
5 $-4<-\sqrt{11}<-3$이므로 $-\sqrt{11}$에 대응하는 점은 점 A이다.
6 $1<\sqrt{2}<2$, $-1<1-\sqrt{2}<0$이므로 $1-\sqrt{2}$에 대응하는 점은 점 B이다.
7 $1<\sqrt{3}<2$, $2<4-\sqrt{3}<3$이므로 $4-\sqrt{3}$에 대응하는 점은 점 C이다.
8 $3<\sqrt{12}<4$, $5<\sqrt{12}+2<6$이므로 $\sqrt{12}+2$에 대응하는 점은 점 E이다.
9 $2<\sqrt{8}<3$, $3<\sqrt{8}+1<4$이므로 $\sqrt{8}+1$에 대응하는 점은 점 D이다.
10 $1<\sqrt{2}<2$, $-2<-3+\sqrt{2}<-1$이므로 $-3+\sqrt{2}$에 대응하는 점은 점 A이다.

C 두 실수의 대소 관계 59쪽

1 <	2 <	3 >	4 >
5 <	6 <	7 <	8 <
9 >	10 >		

1 $\sqrt{15}<\sqrt{17}$이므로 양변에서 4를 빼면
$\sqrt{15}-4<\sqrt{17}-4$이다.
2 $-\sqrt{6}<-\sqrt{5}$이므로 양변에 2를 더하면
$2-\sqrt{6}<2-\sqrt{5}$이다.
3 $\sqrt{15}>\sqrt{12}$이므로 양변에 10을 더하면
$\sqrt{15}+10>\sqrt{12}+10$이다.
4 $3>-2$이므로 양변에 $\sqrt{5}$를 더하면
$\sqrt{5}+3>-2+\sqrt{5}$이다.
5 $-8<-6$이므로 양변에 $\sqrt{11}$을 더하면
$-8+\sqrt{11}<\sqrt{11}-6$이다.
6 $\sqrt{1}<\sqrt{3}<\sqrt{4}$이므로 $1<\sqrt{3}<2$
각 변에서 1을 빼면
$0<\sqrt{3}-1<1$이므로 $\sqrt{3}-1<2$
7 $\sqrt{4}<\sqrt{7}<\sqrt{9}$이므로 $2<\sqrt{7}<3$
각 변에 1을 더하면
$3<1+\sqrt{7}<4$이므로 $1+\sqrt{7}<5$
8 $\sqrt{81}<\sqrt{99}<\sqrt{100}$이므로 $9<\sqrt{99}<10$
각 변에 1을 더하면
$10<\sqrt{99}+1<11$이므로 $10<\sqrt{99}+1$
9 $\sqrt{4}<\sqrt{8}<\sqrt{9}$이므로 $2<\sqrt{8}<3$
$-3<-\sqrt{8}<-2$에서
각 변에 9를 더하면 $6<9-\sqrt{8}<7$
$\therefore 9-\sqrt{8}>5$
10 $\sqrt{9}<\sqrt{10}<\sqrt{16}$이므로 $3<\sqrt{10}<4$
$-4<-\sqrt{10}<-3$에서
각 변에서 8을 빼면 $-12<-\sqrt{10}-8<-11$
$\therefore -10>-\sqrt{10}-8$

거저먹는 시험 문제 60쪽

1 ②	2 ①, ④	3 점 D	4 ③
5 ②, ⑤	6 ④		

2 ② $\sqrt{2}$과 $\sqrt{3}$ 사이에는 유리수도 무리수도 무수히 많다.
③ $1<\sqrt{3}<2$, $3<\sqrt{10}<4$이므로 $\sqrt{3}$과 $\sqrt{10}$ 사이에는 2, 3의 2개의 정수가 있다.
⑤ 3과 4 사이에는 무수히 많은 무리수가 있다.
3 $\sqrt{25}<\sqrt{29}<\sqrt{36}$이므로 $5<\sqrt{29}<6$
따라서 $\sqrt{29}$에 대응하는 점은 점 D이다.

4 $\sqrt{9}<\sqrt{12}<\sqrt{16}$이므로 $3<\sqrt{12}<4$

각 변에서 2를 빼면 $1<\sqrt{12}-2<2$

따라서 $\sqrt{12}-2$에 대응하는 점은 점 C이다.

5 ① $\sqrt{9}>\sqrt{8}$에서 $3>\sqrt{8}$ ∴ $-3<-\sqrt{8}$

② $\sqrt{4}<\sqrt{7}<\sqrt{9}$에서 $2<\sqrt{7}<3$

각 변에 2를 더하면 $4<\sqrt{7}+2<5$

∴ $4<\sqrt{7}+2$

③ $1<\sqrt{2}$의 양변에 $\sqrt{5}$를 더하면

$1+\sqrt{5}<\sqrt{2}+\sqrt{5}$

④ $\sqrt{3}<\sqrt{4}$에서 $\sqrt{3}<2$

양변에서 $\sqrt{10}$을 빼면

$\sqrt{3}-\sqrt{10}<2-\sqrt{10}$

⑤ $\sqrt{21}<\sqrt{23}$이므로 양변에서 5를 빼면

$\sqrt{21}-5<-5+\sqrt{23}$

따라서 옳지 않은 것은 ②, ⑤이다.

6 ㄱ. $\sqrt{9}<\sqrt{10}$에서 $3<\sqrt{10}$

양변에 $\sqrt{3}$을 더하면

$3+\sqrt{3}<\sqrt{10}+\sqrt{3}$

ㄴ. $-\sqrt{12}<-\sqrt{11}$

양변에서 4를 빼면

$-4-\sqrt{12}<-4-\sqrt{11}$

ㄷ. $\sqrt{9}>\sqrt{8}$에서 $3>\sqrt{8}$

양변에서 $\sqrt{5}$를 빼면

$3-\sqrt{5}>\sqrt{8}-\sqrt{5}$

ㄹ. $\sqrt{9}<\sqrt{12}<\sqrt{16}$에서 $3<\sqrt{12}<4$

각 변에 1을 더하면

$4<\sqrt{12}+1<5$

∴ $\sqrt{12}+1>4$

따라서 옳은 것은 ㄴ, ㄹ이다.

 09 제곱근의 곱셈

A 제곱근의 곱셈 1   63쪽

1 $\sqrt{6}$	2 $\sqrt{30}$	3 $-\sqrt{5}$	4 $-\sqrt{22}$
5 $\sqrt{10}$	6 $\sqrt{70}$	7 $\sqrt{210}$	8 $\sqrt{105}$
9 $-\sqrt{30}$	10 $-\sqrt{\dfrac{11}{6}}$		

1 $\sqrt{2}\times\sqrt{3}=\sqrt{2\times3}=\sqrt{6}$

3 $(-\sqrt{35})\times\sqrt{\dfrac{1}{7}}=-\sqrt{35\times\dfrac{1}{7}}=-\sqrt{5}$

5 $\sqrt{\dfrac{12}{5}}\times\sqrt{\dfrac{25}{6}}=\sqrt{\dfrac{12}{5}\times\dfrac{25}{6}}=\sqrt{10}$

7 $\sqrt{10}\times\sqrt{3}\times\sqrt{7}=\sqrt{10\times3\times7}=\sqrt{210}$

9 $\left(-\sqrt{\dfrac{10}{3}}\right)\times\sqrt{6}\times\sqrt{\dfrac{3}{2}}=-\sqrt{\dfrac{10}{3}\times6\times\dfrac{3}{2}}=-\sqrt{30}$

B 제곱근의 곱셈 2   64쪽

1 $6\sqrt{10}$	2 $20\sqrt{15}$	3 $-10\sqrt{30}$	4 $-35\sqrt{33}$
5 $12\sqrt{77}$	6 $-8\sqrt{2}$	7 $-12\sqrt{3}$	8 $-8\sqrt{\dfrac{7}{2}}$
9 $-3\sqrt{\dfrac{3}{2}}$	10 $-15\sqrt{\dfrac{5}{6}}$		

1 $3\sqrt{5}\times2\sqrt{2}=3\times2\sqrt{5\times2}=6\sqrt{10}$

3 $(-2\sqrt{3})\times5\sqrt{10}=-2\times5\sqrt{3\times10}=-10\sqrt{30}$

5 $(-3\sqrt{7})\times(-4\sqrt{11})=-3\times(-4)\sqrt{7\times11}=12\sqrt{77}$

6 $(-2\sqrt{10})\times4\sqrt{\dfrac{1}{5}}=-2\times4\sqrt{10\times\dfrac{1}{5}}=-8\sqrt{2}$

8 $4\sqrt{\dfrac{7}{6}}\times(-2\sqrt{3})=4\times(-2)\sqrt{\dfrac{7}{6}\times3}=-8\sqrt{\dfrac{7}{2}}$

9 $9\sqrt{\dfrac{5}{9}}\times\left(-\dfrac{1}{3}\sqrt{\dfrac{27}{10}}\right)=9\times\left(-\dfrac{1}{3}\right)\sqrt{\dfrac{5}{9}\times\dfrac{27}{10}}=-3\sqrt{\dfrac{3}{2}}$

C $\sqrt{a^2b}=a\sqrt{b}$를 이용한 식의 변형 1   65쪽

1 2, 2	2 3, 3	3 2, 2	4 2, 2
5 5, 5	6 2, 2	7 3, 3	8 5, 5
9 7, 7	10 3, 3		

D $\sqrt{a^2b}=a\sqrt{b}$를 이용한 식의 변형 2   66쪽

1 $2\sqrt{2}$	2 $3\sqrt{3}$	3 $3\sqrt{5}$	4 $4\sqrt{3}$
5 $6\sqrt{2}$	6 $3\sqrt{10}$	7 $6\sqrt{3}$	8 $9\sqrt{2}$
9 $5\sqrt{7}$	10 $10\sqrt{2}$		

1 $\sqrt{8}=\sqrt{2^3}=\sqrt{2^2\times2}=2\sqrt{2}$

2 $\sqrt{27}=\sqrt{3^3}=\sqrt{3^2\times3}=3\sqrt{3}$

3 $\sqrt{45}=\sqrt{3^2\times5}=3\sqrt{5}$

4 $\sqrt{48}=\sqrt{2^4\times3}=\sqrt{4^2\times3}=4\sqrt{3}$

5 $\sqrt{72}=\sqrt{2^3\times3^2}=\sqrt{2^2\times3^2\times2}=6\sqrt{2}$

6 $\sqrt{90}=\sqrt{2\times3^2\times5}=3\sqrt{10}$

$7\ \sqrt{108}=\sqrt{2^2\times 3^2\times 3}=6\sqrt{3}$

$8\ \sqrt{162}=\sqrt{2\times 3^4}=\sqrt{2\times 9^2}=9\sqrt{2}$

$9\ \sqrt{175}=\sqrt{5^2\times 7}=5\sqrt{7}$

$10\ \sqrt{200}=\sqrt{2^3\times 5^2}=\sqrt{2^2\times 5^2\times 2}=10\sqrt{2}$

E $a\sqrt{b}=\sqrt{a^2b}$를 이용한 식의 변형

1 2, 12	2 4, 96	3 5, 50	4 2, 20
5 3, 63	6 $\sqrt{18}$	7 $-\sqrt{75}$	8 $\sqrt{24}$
9 $\sqrt{112}$	10 $-\sqrt{99}$		

$6\ 3\sqrt{2}=\sqrt{3^2\times 2}=\sqrt{18}$

$7\ -5\sqrt{3}=-\sqrt{5^2\times 3}=-\sqrt{75}$

$8\ 2\sqrt{6}=\sqrt{2^2\times 6}=\sqrt{24}$

$9\ 4\sqrt{7}=\sqrt{4^2\times 7}=\sqrt{112}$

$10\ -3\sqrt{11}=-\sqrt{3^2\times 11}=-\sqrt{99}$

거저먹는 시험 문제

68쪽

1 ②, ⑤	2 ③	3 ⑤	4 $\sqrt{6}$
5 ④	6 2		

$2\ 3\sqrt{3}\times 2\sqrt{6}\times\dfrac{1}{\sqrt{2}}=3\times 2\sqrt{3\times 6\times\dfrac{1}{2}}$

$\qquad\qquad\qquad\quad =6\sqrt{9}=18$

$3\ ⑤\ -7\sqrt{2}=-\sqrt{7^2\times 2}=-\sqrt{98}$

$4\ \sqrt{8}=\sqrt{2^3}=2\sqrt{2},\ \sqrt{27}=\sqrt{3^3}=3\sqrt{3}$

$\quad \therefore a=2,\ b=3$

$\quad \therefore \sqrt{ab}=\sqrt{6}$

$5\ ①\ 4\sqrt{2}=\sqrt{4^2\times 2}=\sqrt{32}$

$\quad ②\ 2\sqrt{7}=\sqrt{2^2\times 7}=\sqrt{28}$

$\quad ③\ 3\sqrt{5}=\sqrt{3^2\times 5}=\sqrt{45}$

$\quad ④\ 5\sqrt{3}=\sqrt{5^2\times 3}=\sqrt{75}$

$\quad ⑤\ 6\sqrt{2}=\sqrt{6^2\times 2}=\sqrt{72}$

$\quad$ 따라서 가장 큰 수는 ④ $5\sqrt{3}$이다.

$6\ 2\times\sqrt{8}\times\sqrt{k}=8$에서 $\sqrt{8}\times\sqrt{k}=4$

$\quad \sqrt{8\times k}=\sqrt{16}$

$\quad \therefore k=2$

10 제곱근의 나눗셈

A 제곱근의 나눗셈 1

70쪽

1 $-\sqrt{2}$	2 $\sqrt{5}$	3 $-\sqrt{5}$	4 $\sqrt{3}$
5 $\sqrt{6}$	6 $-\sqrt{7}$	7 $\sqrt{15}$	8 $\sqrt{23}$
9 $-\sqrt{14}$	10 $\sqrt{6}$		

$1\ -\sqrt{6}\div\sqrt{3}=-\sqrt{\dfrac{6}{3}}=-\sqrt{2}$

$3\ (-\sqrt{35})\div\sqrt{7}=-\sqrt{\dfrac{35}{7}}=-\sqrt{5}$

$6\ -\dfrac{\sqrt{14}}{\sqrt{2}}=-\sqrt{\dfrac{14}{2}}=-\sqrt{7}$

$8\ \dfrac{\sqrt{69}}{\sqrt{3}}=\sqrt{\dfrac{69}{3}}=\sqrt{23}$

B 제곱근의 나눗셈 2

71쪽

1 $\sqrt{2}$	2 $2\sqrt{2}$	3 $-2\sqrt{6}$	4 $-5\sqrt{7}$
5 $4\sqrt{5}$	6 -6	7 -10	8 -1
9 -5	10 -6		

$1\ 2\sqrt{12}\div 2\sqrt{6}=(2\div 2)\sqrt{12\div 6}=\sqrt{2}$

$3\ (-6\sqrt{18})\div 3\sqrt{3}=-6\div 3\sqrt{18\div 3}=-2\sqrt{6}$

$5\ 12\sqrt{30}\div 3\sqrt{6}=12\div 3\sqrt{30\div 6}=4\sqrt{5}$

$6\ (-4\sqrt{18})\div 2\sqrt{2}=-4\div 2\sqrt{18\div 2}$

$\qquad\qquad\qquad\qquad =-2\sqrt{9}=-6$

$8\ \sqrt{98}\div(-7\sqrt{2})=1\div(-7)\sqrt{98\div 2}$

$\qquad\qquad\qquad\qquad =-\dfrac{1}{7}\sqrt{49}=-1$

$10\ 6\sqrt{40}\div(-2\sqrt{10})=6\div(-2)\sqrt{40\div 10}$

$\qquad\qquad\qquad\qquad\quad =-3\sqrt{4}=-6$

C $\sqrt{\dfrac{b}{a^2}}=\dfrac{\sqrt{b}}{a}$를 이용한 식의 변형

72쪽

1 2, 2	2 3, 3	3 4, 4	4 2, 2
5 5, 5	6 $\dfrac{\sqrt{5}}{2}$	7 $\dfrac{\sqrt{6}}{10}$	8 $\dfrac{\sqrt{2}}{7}$
9 $\dfrac{\sqrt{3}}{2}$	10 $\dfrac{\sqrt{2}}{3}$		

$6\ \sqrt{\dfrac{35}{28}}=\sqrt{\dfrac{5}{4}}=\sqrt{\dfrac{5}{2^2}}=\dfrac{\sqrt{5}}{2}$

$7\ \sqrt{0.06}=\sqrt{\dfrac{6}{100}}=\sqrt{\dfrac{6}{10^2}}=\dfrac{\sqrt{6}}{10}$

$8\ \sqrt{\dfrac{4}{98}}=\sqrt{\dfrac{2}{49}}=\sqrt{\dfrac{2}{7^2}}=\dfrac{\sqrt{2}}{7}$

$9\ \sqrt{\dfrac{15}{20}}=\sqrt{\dfrac{3}{4}}=\sqrt{\dfrac{3}{2^2}}=\dfrac{\sqrt{3}}{2}$

$10\ \sqrt{\dfrac{12}{54}}=\sqrt{\dfrac{2}{9}}=\sqrt{\dfrac{2}{3^2}}=\dfrac{\sqrt{2}}{3}$

D 제곱근표를 이용하여 제곱근의 값 구하기 73쪽

1 1.900	2 1.879	3 1.929	4 1.952
5 1.876	6 4.472	7 4.615	8 4.806
9 4.712	10 4.506		

E 제곱근표에 없는 수의 제곱근의 값 1 74쪽

1 100, 10, 14.14   2 10000, 100, 141.4

$3\ \dfrac{1}{100},\ \dfrac{1}{10},\ 0.4472$ $4\ \dfrac{1}{100},\ \dfrac{1}{10},\ 0.1414$

$5\ \dfrac{1}{10000},\ \dfrac{1}{100},\ 0.04472$ 6 100, 10, 22.36

$7\ \dfrac{1}{100},\ \dfrac{1}{10},\ 0.2236$ $8\ \dfrac{1}{100},\ \dfrac{1}{10},\ 0.7071$

$9\ \dfrac{1}{10000},\ \dfrac{1}{100},\ 0.07071$ 10 10000, 100, 223.6

F 제곱근표에 없는 수의 제곱근의 값 2 75쪽

1 20.25	2 0.6403	3 72.80	4 0.2302
5 0.8246	6 26.08	7 29.15	8 0.2915

$1\ \sqrt{410}=\sqrt{4.1\times100}=10\sqrt{4.1}=20.25$

$2\ \sqrt{0.41}=\sqrt{41\times\dfrac{1}{100}}=\dfrac{1}{10}\sqrt{41}=0.6403$

$3\ \sqrt{5300}=\sqrt{53\times100}=10\sqrt{53}=72.80$

$4\ \sqrt{0.053}=\sqrt{5.3\times\dfrac{1}{100}}=\dfrac{1}{10}\sqrt{5.3}=0.2302$

$5\ \sqrt{0.68}=\sqrt{68\times\dfrac{1}{100}}=\dfrac{1}{10}\sqrt{68}=0.8246$

$6\ \sqrt{680}=\sqrt{6.8\times100}=10\sqrt{6.8}=26.08$

$7\ \sqrt{850}=\sqrt{8.5\times100}=10\sqrt{8.5}=29.15$

$8\ \sqrt{0.085}=\sqrt{8.5\times\dfrac{1}{100}}=\dfrac{1}{10}\sqrt{8.5}=0.2915$

🐰 **거저먹는** 시험 문제 76쪽

1 ③	2 ②	3 ②	4 ①
5 0.7635	6 ④		

$3\ \sqrt{0.52}=\sqrt{52\times\dfrac{1}{100}}=\sqrt{2^2\times13\times\dfrac{1}{100}}$

$\qquad=\dfrac{2}{10}\sqrt{13}=k\sqrt{13}$

$\therefore k=0.2$

$4\ \sqrt{\dfrac{15}{147}}=\sqrt{\dfrac{5}{49}}=\dfrac{\sqrt{5}}{7}$

$\therefore a=7,\ b=5$

$\therefore a+b=12$

$5\ \sqrt{0.583}=\sqrt{58.3\times\dfrac{1}{100}}=\dfrac{1}{10}\sqrt{58.3}=0.7635$

$6\ ④\ \sqrt{0.0456}=\sqrt{4.56\times\dfrac{1}{100}}=\dfrac{1}{10}\sqrt{4.56}=0.2135$

👩 **11** 분모의 유리화

A 분모의 유리회 1 78쪽

$1\ \dfrac{3\sqrt{2}}{2}$	$2\ \dfrac{5\sqrt{3}}{3}$	$3\ \dfrac{6\sqrt{5}}{5}$	$4\ \dfrac{\sqrt{22}}{11}$
$5\ \dfrac{\sqrt{35}}{7}$	$6\ \dfrac{\sqrt{10}}{5}$	$7\ \dfrac{\sqrt{42}}{7}$	$8\ \dfrac{\sqrt{39}}{3}$
$9\ \dfrac{\sqrt{66}}{6}$	$10\ \dfrac{\sqrt{91}}{13}$		

$1\ \dfrac{3}{\sqrt{2}}=\dfrac{3\times\sqrt{2}}{\sqrt{2}\times\sqrt{2}}=\dfrac{3\sqrt{2}}{2}$

$3\ \dfrac{6}{\sqrt{5}}=\dfrac{6\times\sqrt{5}}{\sqrt{5}\times\sqrt{5}}=\dfrac{6\sqrt{5}}{5}$

$6\ \sqrt{\dfrac{2}{5}}=\dfrac{\sqrt{2}}{\sqrt{5}}=\dfrac{\sqrt{2}\times\sqrt{5}}{\sqrt{5}\times\sqrt{5}}=\dfrac{\sqrt{10}}{5}$

$8\ \sqrt{\dfrac{13}{3}}=\dfrac{\sqrt{13}}{\sqrt{3}}=\dfrac{\sqrt{13}\times\sqrt{3}}{\sqrt{3}\times\sqrt{3}}=\dfrac{\sqrt{39}}{3}$

$10\ \sqrt{\dfrac{7}{13}}=\dfrac{\sqrt{7}}{\sqrt{13}}=\dfrac{\sqrt{7}\times\sqrt{13}}{\sqrt{13}\times\sqrt{13}}=\dfrac{\sqrt{91}}{13}$

B 분모의 유리화 2 79쪽

1 $\dfrac{\sqrt{2}}{2}$ 2 $\dfrac{2\sqrt{3}}{3}$ 3 $\sqrt{6}$ 4 $\dfrac{\sqrt{10}}{2}$

5 $2\sqrt{10}$ 6 $\dfrac{\sqrt{6}}{10}$ 7 $\dfrac{2\sqrt{6}}{3}$ 8 $\sqrt{2}$

9 $\dfrac{\sqrt{6}}{3}$ 10 $\dfrac{\sqrt{35}}{5}$

---

1 $\dfrac{\sqrt{3}}{\sqrt{6}}=\dfrac{\sqrt{3}}{\sqrt{3}\times\sqrt{2}}=\dfrac{1}{\sqrt{2}}=\dfrac{\sqrt{2}}{\sqrt{2}\times\sqrt{2}}=\dfrac{\sqrt{2}}{2}$

2 $\dfrac{4}{\sqrt{12}}=\dfrac{4}{2\sqrt{3}}=\dfrac{2\times\sqrt{3}}{\sqrt{3}\times\sqrt{3}}=\dfrac{2\sqrt{3}}{3}$

3 $\dfrac{4\sqrt{3}}{\sqrt{8}}=\dfrac{4\sqrt{3}}{2\sqrt{2}}=\dfrac{2\sqrt{3}\times\sqrt{2}}{\sqrt{2}\times\sqrt{2}}=\dfrac{2\sqrt{6}}{2}=\sqrt{6}$

4 $\dfrac{3\sqrt{5}}{\sqrt{18}}=\dfrac{3\sqrt{5}}{3\sqrt{2}}=\dfrac{\sqrt{5}\times\sqrt{2}}{\sqrt{2}\times\sqrt{2}}=\dfrac{\sqrt{10}}{2}$

5 $\dfrac{10\sqrt{6}}{\sqrt{15}}=\dfrac{10\times\sqrt{2}\times\sqrt{3}}{\sqrt{3}\times\sqrt{5}}=\dfrac{10\sqrt{2}}{\sqrt{5}}=\dfrac{10\sqrt{2}\times\sqrt{5}}{\sqrt{5}\times\sqrt{5}}$
$=\dfrac{10\sqrt{10}}{5}=2\sqrt{10}$

6 $\dfrac{\sqrt{3}}{\sqrt{50}}=\dfrac{\sqrt{3}}{5\sqrt{2}}=\dfrac{\sqrt{3}\times\sqrt{2}}{5\sqrt{2}\times\sqrt{2}}=\dfrac{\sqrt{6}}{10}$

7 $\dfrac{12}{\sqrt{54}}=\dfrac{12}{3\sqrt{6}}=\dfrac{4}{\sqrt{6}}=\dfrac{4\times\sqrt{6}}{\sqrt{6}\times\sqrt{6}}=\dfrac{4\sqrt{6}}{6}=\dfrac{2\sqrt{6}}{3}$

8 $\dfrac{8}{\sqrt{32}}=\dfrac{8}{4\sqrt{2}}=\dfrac{2}{\sqrt{2}}=\dfrac{2\times\sqrt{2}}{\sqrt{2}\times\sqrt{2}}=\dfrac{2\sqrt{2}}{2}=\sqrt{2}$

9 $\dfrac{\sqrt{10}}{\sqrt{3}\times\sqrt{5}}=\dfrac{\sqrt{2}\times\sqrt{5}}{\sqrt{3}\times\sqrt{5}}=\dfrac{\sqrt{2}}{\sqrt{3}}=\dfrac{\sqrt{2}\times\sqrt{3}}{\sqrt{3}\times\sqrt{3}}=\dfrac{\sqrt{6}}{3}$

10 $\dfrac{\sqrt{14}}{\sqrt{2}\times\sqrt{5}}=\dfrac{\sqrt{2}\times\sqrt{7}}{\sqrt{2}\times\sqrt{5}}=\dfrac{\sqrt{7}}{\sqrt{5}}$
$=\dfrac{\sqrt{7}\times\sqrt{5}}{\sqrt{5}\times\sqrt{5}}=\dfrac{\sqrt{35}}{5}$

C 제곱근의 곱셈과 나눗셈의 혼합 계산 1 80쪽

1 $\sqrt{10}$ 2 $\sqrt{21}$ 3 $3\sqrt{3}$ 4 2

5 $\sqrt{2}$ 6 $\dfrac{\sqrt{30}}{5}$ 7 $\dfrac{2\sqrt{3}}{3}$ 8 $\dfrac{\sqrt{35}}{7}$

9 $\dfrac{3\sqrt{10}}{2}$ 10 $\dfrac{2\sqrt{15}}{3}$

---

1 $\sqrt{6}\div\sqrt{3}\times\sqrt{5}=\sqrt{6}\times\dfrac{1}{\sqrt{3}}\times\sqrt{5}=\sqrt{\dfrac{6\times5}{3}}=\sqrt{10}$

2 $\sqrt{7}\div\sqrt{2}\times\sqrt{6}=\sqrt{7}\times\dfrac{1}{\sqrt{2}}\times\sqrt{6}=\sqrt{\dfrac{7\times6}{2}}=\sqrt{21}$

3 $\sqrt{45}\div\sqrt{5}\times\sqrt{3}=\sqrt{45}\times\dfrac{1}{\sqrt{5}}\times\sqrt{3}=\sqrt{\dfrac{45\times3}{5}}=3\sqrt{3}$

4 $\sqrt{14}\times\sqrt{2}\div\sqrt{7}=\sqrt{14}\times\sqrt{2}\times\dfrac{1}{\sqrt{7}}=\sqrt{\dfrac{14\times2}{7}}=2$

---

5 $\sqrt{8}\div\sqrt{12}\times\sqrt{3}=\sqrt{8}\times\dfrac{1}{\sqrt{12}}\times\sqrt{3}=\sqrt{\dfrac{8\times3}{12}}=\sqrt{2}$

6 $\sqrt{2}\times\sqrt{6}\div\sqrt{10}=\sqrt{2}\times\sqrt{6}\times\dfrac{1}{\sqrt{10}}=\sqrt{\dfrac{2\times6}{10}}=\dfrac{\sqrt{6}}{\sqrt{5}}$
$=\dfrac{\sqrt{6}\times\sqrt{5}}{\sqrt{5}\times\sqrt{5}}=\dfrac{\sqrt{30}}{5}$

7 $\sqrt{8}\div\sqrt{18}\times\sqrt{3}=\sqrt{8}\times\dfrac{1}{\sqrt{18}}\times\sqrt{3}=\sqrt{\dfrac{8\times3}{18}}=\sqrt{\dfrac{4}{3}}$
$=\dfrac{2}{\sqrt{3}}=\dfrac{2\times\sqrt{3}}{\sqrt{3}\times\sqrt{3}}=\dfrac{2\sqrt{3}}{3}$

8 $\sqrt{5}\times\sqrt{3}\div\sqrt{21}=\sqrt{5}\times\sqrt{3}\times\dfrac{1}{\sqrt{21}}=\sqrt{\dfrac{5\times3}{21}}=\sqrt{\dfrac{5}{7}}$
$=\dfrac{\sqrt{5}}{\sqrt{7}}=\dfrac{\sqrt{5}\times\sqrt{7}}{\sqrt{7}\times\sqrt{7}}=\dfrac{\sqrt{35}}{7}$

9 $\sqrt{27}\div\sqrt{6}\times\sqrt{5}=\sqrt{27}\times\dfrac{1}{\sqrt{6}}\times\sqrt{5}=\sqrt{\dfrac{27\times5}{6}}=\sqrt{\dfrac{45}{2}}$
$=\dfrac{3\sqrt{5}}{\sqrt{2}}=\dfrac{3\sqrt{5}\times\sqrt{2}}{\sqrt{2}\times\sqrt{2}}=\dfrac{3\sqrt{10}}{2}$

10 $\sqrt{32}\div\sqrt{24}\times\sqrt{5}=\sqrt{32}\times\dfrac{1}{\sqrt{24}}\times\sqrt{5}=\sqrt{\dfrac{32\times5}{24}}=\sqrt{\dfrac{20}{3}}$
$=\dfrac{2\sqrt{5}}{\sqrt{3}}=\dfrac{2\sqrt{5}\times\sqrt{3}}{\sqrt{3}\times\sqrt{3}}=\dfrac{2\sqrt{15}}{3}$

D 제곱근의 곱셈과 나눗셈의 혼합 계산 2 81쪽

1 $6\sqrt{5}$ 2 $\dfrac{3\sqrt{10}}{2}$ 3 8 4 $\dfrac{3\sqrt{7}}{2}$

5 $2\sqrt{10}$ 6 $\dfrac{8\sqrt{14}}{7}$ 7 $\dfrac{3\sqrt{6}}{2}$ 8 $\sqrt{5}$

9 $\sqrt{3}$ 10 $\dfrac{1}{4}$

---

1 $2\sqrt{5}\times3\sqrt{3}\div\sqrt{3}=2\sqrt{5}\times3\sqrt{3}\times\dfrac{1}{\sqrt{3}}=6\sqrt{5}$

2 $3\sqrt{35}\div2\sqrt{7}\times\sqrt{2}=3\sqrt{35}\times\dfrac{1}{2\sqrt{7}}\times\sqrt{2}=\dfrac{3\sqrt{10}}{2}$

3 $2\sqrt{6}\div3\sqrt{2}\times4\sqrt{3}=2\sqrt{6}\times\dfrac{1}{3\sqrt{2}}\times4\sqrt{3}=8$

4 $6\sqrt{2}\times2\sqrt{21}\div8\sqrt{6}=6\sqrt{2}\times2\sqrt{21}\times\dfrac{1}{8\sqrt{6}}=\dfrac{3\sqrt{7}}{2}$

5 $4\sqrt{14}\div2\sqrt{7}\times\sqrt{5}=4\sqrt{14}\times\dfrac{1}{2\sqrt{7}}\times\sqrt{5}=2\sqrt{10}$

6 $\dfrac{2}{\sqrt{3}}\times\dfrac{4}{\sqrt{2}}\div\dfrac{\sqrt{7}}{\sqrt{12}}=\dfrac{2}{\sqrt{3}}\times\dfrac{4}{\sqrt{2}}\times\dfrac{\sqrt{12}}{\sqrt{7}}=\dfrac{8\sqrt{2}}{\sqrt{7}}=\dfrac{8\sqrt{14}}{7}$

7 $\dfrac{\sqrt{2}}{\sqrt{5}}\div\dfrac{\sqrt{10}}{9}\times\dfrac{5}{\sqrt{6}}=\dfrac{\sqrt{2}}{\sqrt{5}}\times\dfrac{9}{\sqrt{10}}\times\dfrac{5}{\sqrt{6}}=\dfrac{9}{\sqrt{6}}=\dfrac{3\sqrt{6}}{2}$

8 $\dfrac{\sqrt{3}}{\sqrt{2}}\times\dfrac{\sqrt{15}}{\sqrt{6}}\div\dfrac{\sqrt{6}}{\sqrt{8}}=\dfrac{\sqrt{3}}{\sqrt{2}}\times\dfrac{\sqrt{15}}{\sqrt{6}}\times\dfrac{\sqrt{8}}{\sqrt{6}}=\sqrt{5}$

9 $\dfrac{\sqrt{24}}{\sqrt{10}}\div\dfrac{\sqrt{6}}{\sqrt{5}}\times\dfrac{\sqrt{3}}{\sqrt{2}}=\dfrac{\sqrt{24}}{\sqrt{10}}\times\dfrac{\sqrt{5}}{\sqrt{6}}\times\dfrac{\sqrt{3}}{\sqrt{2}}=\sqrt{3}$

10 $\dfrac{\sqrt{3}}{\sqrt{14}}\div\dfrac{\sqrt{12}}{\sqrt{7}}\times\dfrac{\sqrt{2}}{2}=\dfrac{\sqrt{3}}{\sqrt{14}}\times\dfrac{\sqrt{7}}{\sqrt{12}}\times\dfrac{\sqrt{2}}{2}=\dfrac{1}{4}$

| 1 ⑤ | 2 ① | 3 $\frac{1}{6}$ | 4 ④ |
| 5 1 | 6 ④ | | |

1 $\dfrac{\sqrt{6}}{3\sqrt{3}}=\dfrac{\sqrt{6}\times\sqrt{3}}{3\sqrt{3}\times\sqrt{3}}=\dfrac{\sqrt{18}}{9}=\dfrac{3\sqrt{2}}{9}=\dfrac{\sqrt{2}}{3}$

2 $\dfrac{1}{\sqrt{72}}=\dfrac{1}{6\sqrt{2}}=\dfrac{\sqrt{2}}{6\sqrt{2}\times\sqrt{2}}=\dfrac{\sqrt{2}}{12}$

$\therefore k=\dfrac{1}{12}$

3 $\dfrac{\sqrt{2}}{\sqrt{3}}=\dfrac{\sqrt{2}\times\sqrt{3}}{\sqrt{3}\times\sqrt{3}}=\dfrac{\sqrt{6}}{3}$　　$\therefore a=\dfrac{1}{3}$

$\dfrac{\sqrt{10}}{2\sqrt{5}}=\dfrac{\sqrt{2}}{2}$　　$\therefore b=\dfrac{1}{2}$

$\therefore ab=\dfrac{1}{6}$

4 $2\sqrt{6}\times6\sqrt{5}\div4\sqrt{3}=2\sqrt{6}\times6\sqrt{5}\times\dfrac{1}{4\sqrt{3}}=3\sqrt{10}$

5 $\dfrac{3}{\sqrt{5}}\times\dfrac{2}{\sqrt{8}}\div\dfrac{\sqrt{18}}{2\sqrt{5}}=\dfrac{3}{\sqrt{5}}\times\dfrac{2}{\sqrt{8}}\times\dfrac{2\sqrt{5}}{\sqrt{18}}=1$

6 $\sqrt{\dfrac{9}{7}}\div\dfrac{\sqrt{2}}{\sqrt{3}}\times\dfrac{4\sqrt{7}}{3\sqrt{2}}=\dfrac{\sqrt{9}}{\sqrt{7}}\times\dfrac{\sqrt{3}}{\sqrt{2}}\times\dfrac{4\sqrt{7}}{3\sqrt{2}}=2\sqrt{3}$

$\therefore a=2$

12 제곱근의 덧셈과 뺄셈 1

A 제곱근의 덧셈과 뺄셈 1　　84쪽

1 $4\sqrt{2}$	2 $5\sqrt{3}$	3 $\sqrt{5}$	4 $3\sqrt{2}$
5 $-4\sqrt{7}$	6 $4\sqrt{3}$	7 $-6\sqrt{6}$	8 $-3\sqrt{11}$
9 0	10 $8\sqrt{5}$		

1 $\sqrt{2}+3\sqrt{2}=(1+3)\sqrt{2}=4\sqrt{2}$

3 $4\sqrt{5}-3\sqrt{5}=(4-3)\sqrt{5}=\sqrt{5}$

5 $-6\sqrt{7}+2\sqrt{7}=(-6+2)\sqrt{7}=-4\sqrt{7}$

6 $-2\sqrt{3}+10\sqrt{3}-4\sqrt{3}=(-2+10-4)\sqrt{3}=4\sqrt{3}$

8 $4\sqrt{11}-5\sqrt{11}-2\sqrt{11}=(4-5-2)\sqrt{11}=-3\sqrt{11}$

10 $\sqrt{5}-2\sqrt{5}+9\sqrt{5}=(1-2+9)\sqrt{5}=8\sqrt{5}$

B 제곱근의 덧셈과 뺄셈 2　　85쪽

1 $3\sqrt{2}-2\sqrt{5}$	2 $-\sqrt{3}+4\sqrt{7}$
3 $\sqrt{3}-3\sqrt{6}$	4 $-3\sqrt{5}-2\sqrt{7}$
5 $-\dfrac{3\sqrt{2}}{5}+\dfrac{4\sqrt{5}}{3}$	6 $-\dfrac{\sqrt{2}}{2}+\sqrt{3}$
7 $-\dfrac{\sqrt{3}}{6}-\dfrac{5\sqrt{7}}{12}$	8 $\dfrac{2\sqrt{2}}{15}+\dfrac{3\sqrt{11}}{10}$

1 $2\sqrt{2}-3\sqrt{5}+\sqrt{2}+\sqrt{5}=(2+1)\sqrt{2}+(-3+1)\sqrt{5}$
$=3\sqrt{2}-2\sqrt{5}$

3 $-4\sqrt{3}+2\sqrt{6}-5\sqrt{6}+5\sqrt{3}=(-4+5)\sqrt{3}+(2-5)\sqrt{6}$
$=\sqrt{3}-3\sqrt{6}$

5 $\dfrac{5\sqrt{5}}{3}-\sqrt{2}+\dfrac{2\sqrt{2}}{5}-\dfrac{\sqrt{5}}{3}=\left(-1+\dfrac{2}{5}\right)\sqrt{2}+\left(\dfrac{5}{3}-\dfrac{1}{3}\right)\sqrt{5}$
$=-\dfrac{3\sqrt{2}}{5}+\dfrac{4\sqrt{5}}{3}$

6 $\dfrac{3\sqrt{2}}{4}-\dfrac{\sqrt{3}}{2}-\dfrac{5\sqrt{2}}{4}+\dfrac{3\sqrt{3}}{2}=\left(\dfrac{3}{4}-\dfrac{5}{4}\right)\sqrt{2}+\left(-\dfrac{1}{2}+\dfrac{3}{2}\right)\sqrt{3}$
$=-\dfrac{\sqrt{2}}{2}+\sqrt{3}$

8 $\dfrac{4\sqrt{11}}{5}-\dfrac{2\sqrt{2}}{3}-\dfrac{\sqrt{11}}{2}+\dfrac{4\sqrt{2}}{5}$
$=\left(-\dfrac{2}{3}+\dfrac{4}{5}\right)\sqrt{2}+\left(\dfrac{4}{5}-\dfrac{1}{2}\right)\sqrt{11}$
$=\dfrac{2\sqrt{2}}{15}+\dfrac{3\sqrt{11}}{10}$

C $\sqrt{a^2b}=a\sqrt{b}$를 이용한 제곱근의 덧셈과 뺄셈 1　　86쪽

| 1 $5\sqrt{2}$ | 2 $-\sqrt{3}$ | 3 $\sqrt{2}$ | 4 $-3\sqrt{3}$ |
| 5 $\sqrt{10}$ | 6 0 | 7 $-5\sqrt{5}$ | 8 $3\sqrt{2}$ |

1 $\sqrt{18}+\sqrt{8}=\sqrt{2\times3^2}+\sqrt{2^3}$
$=3\sqrt{2}+2\sqrt{2}=5\sqrt{2}$

2 $\sqrt{12}-\sqrt{27}=\sqrt{2^2\times3}-\sqrt{3^3}$
$=2\sqrt{3}-3\sqrt{3}=-\sqrt{3}$

3 $-\sqrt{50}+\sqrt{32}=-\sqrt{2\times5^2}+\sqrt{2^5}$
$=-5\sqrt{2}+4\sqrt{2}=-\sqrt{2}$

4 $-\sqrt{75}+\sqrt{12}=-\sqrt{3\times5^2}+\sqrt{2^2\times3}$
$=-5\sqrt{3}+2\sqrt{3}=-3\sqrt{3}$

5 $\sqrt{40}-\sqrt{90}+2\sqrt{10}=\sqrt{2^3\times5}-\sqrt{2\times3^2\times5}+2\sqrt{10}$
$=2\sqrt{10}-3\sqrt{10}+2\sqrt{10}$
$=\sqrt{10}$

6 $\sqrt{24}+\sqrt{54}-\sqrt{150}=\sqrt{2^3\times3}+\sqrt{2\times3^3}-\sqrt{2\times3\times5^2}$
$=2\sqrt{6}+3\sqrt{6}-5\sqrt{6}=0$

$7\ \sqrt{20}-\sqrt{45}-\sqrt{80}=\sqrt{2^2\times5}-\sqrt{3^2\times5}-\sqrt{2^4\times5}$
$\qquad\qquad\qquad\qquad=2\sqrt5-3\sqrt5-4\sqrt5=-5\sqrt5$
$8\ \sqrt{72}+\sqrt8-\sqrt{50}=\sqrt{2\times6^2}+\sqrt{2^3}-\sqrt{2\times5^2}$
$\qquad\qquad\qquad\qquad=6\sqrt2+2\sqrt2-5\sqrt2=3\sqrt2$

$6\ \sqrt{125}-\sqrt{63}+\sqrt{20}+5\sqrt7=5\sqrt5-3\sqrt7+2\sqrt5+5\sqrt7$
$\qquad\qquad\qquad\qquad\qquad\quad=7\sqrt5+2\sqrt7$
따라서 $a=7,\ b=2$이므로
$a-b=5$

D $\sqrt{a^2b}=a\sqrt b$를 이용한 제곱근의 덧셈과 뺄셈 2 〔87쪽〕

1 $5\sqrt3+5\sqrt2$　　　　　2 $\sqrt5+2\sqrt2$
3 $4\sqrt3$　　　　　　　　4 $9\sqrt3-6$
5 $9\sqrt2$　　　　　　　　6 $-2\sqrt3+5\sqrt7$
7 $9\sqrt6-7\sqrt{11}$　　　　8 $6\sqrt2+2\sqrt{10}$

- -

$1\ \sqrt{12}+\sqrt{27}+\sqrt{50}=2\sqrt3+3\sqrt3+5\sqrt2$
$\qquad\qquad\qquad\qquad=5\sqrt3+5\sqrt2$
$2\ 2\sqrt{20}-\sqrt{45}+\sqrt8=4\sqrt5-3\sqrt5+2\sqrt2$
$\qquad\qquad\qquad\quad=\sqrt5+2\sqrt2$
$3\ -2\sqrt{32}+\sqrt{48}+4\sqrt8=-8\sqrt2+4\sqrt3+8\sqrt2$
$\qquad\qquad\qquad\qquad\quad=4\sqrt3$
$4\ -2\sqrt{72}+\sqrt{18}-\sqrt{36}=-12\sqrt2+3\sqrt2-6$
$\qquad\qquad\qquad\qquad\quad=-9\sqrt2-6$
$5\ \sqrt{32}-2\sqrt{45}+\sqrt{50}+3\sqrt{20}=4\sqrt2-6\sqrt5+5\sqrt2+6\sqrt5$
$\qquad\qquad\qquad\qquad\qquad\quad=9\sqrt2$
$6\ \sqrt{48}+\sqrt{28}-3\sqrt{12}+\sqrt{63}=4\sqrt3+2\sqrt7-6\sqrt3+3\sqrt7$
$\qquad\qquad\qquad\qquad\qquad\quad=-2\sqrt3+5\sqrt7$
$7\ 3\sqrt{24}-\sqrt{99}-2\sqrt{44}+\sqrt{54}=6\sqrt6-3\sqrt{11}-4\sqrt{11}+3\sqrt6$
$\qquad\qquad\qquad\qquad\qquad\quad=9\sqrt6-7\sqrt{11}$
$8\ -\sqrt{160}-\sqrt{72}+3\sqrt{40}+4\sqrt{18}$
$\ =-4\sqrt{10}-6\sqrt2+6\sqrt{10}+12\sqrt2$
$\ =6\sqrt2+2\sqrt{10}$

거저먹는 시험 문제 〔88쪽〕

1 ③, ④　　　2 $-\sqrt2-\dfrac{2\sqrt5}{7}$　3 ①　　　4 ②
5 $\sqrt3$　　　　6 ④

3 $A+B=2\sqrt2-3\sqrt5+3\sqrt2-6\sqrt2+5\sqrt5$
$\qquad\quad=-\sqrt2+2\sqrt5$
4 $3\sqrt2+2\sqrt8-\sqrt{32}=3\sqrt2+4\sqrt2-4\sqrt2$
$\qquad\qquad\qquad\quad=3\sqrt2$
$\therefore a=3$
5 $\sqrt{12}+\sqrt{48}-\sqrt{75}=2\sqrt3+4\sqrt3-5\sqrt3=\sqrt3$

---

13 제곱근의 덧셈과 뺄셈 2

A 분배법칙을 이용한 제곱근의 덧셈과 뺄셈 〔90쪽〕

1 $3+3\sqrt2$　　　　　　2 $5\sqrt2-10\sqrt3$
3 $-8-2\sqrt3$　　　　　4 $-2\sqrt7+2$
5 $-2+2\sqrt{15}$　　　　6 $8\sqrt2-2\sqrt{10}$
7 $-\sqrt2+2\sqrt3$　　　　8 $4\sqrt2+4\sqrt7$

- -

$1\ \sqrt3(\sqrt3+\sqrt6)=\sqrt3\times\sqrt3+\sqrt3\times\sqrt6$
$\qquad\qquad\qquad=3+3\sqrt2$
$2\ (\sqrt{10}-2\sqrt{15})\sqrt5=\sqrt{10}\times\sqrt5-2\sqrt{15}\times\sqrt5$
$\qquad\qquad\qquad\qquad=5\sqrt2-10\sqrt3$
$3\ -\sqrt2(4\sqrt2+\sqrt6)=-\sqrt2\times4\sqrt2+(-\sqrt2)\times\sqrt6$
$\qquad\qquad\qquad\qquad=-8-2\sqrt3$
$4\ -\sqrt2(\sqrt{14}-\sqrt2)=-\sqrt2\times\sqrt{14}+\sqrt2\times\sqrt2$
$\qquad\qquad\qquad\qquad=-2\sqrt7+2$
$5\ \sqrt3(\sqrt5+\sqrt3)+\sqrt5(\sqrt3-\sqrt5)$
$\ =\sqrt3\times\sqrt5+\sqrt3\times\sqrt3+\sqrt5\times\sqrt3-\sqrt5\times\sqrt5$
$\ =\sqrt{15}+3+\sqrt{15}-5$
$\ =-2+2\sqrt{15}$
$6\ \sqrt2(3-\sqrt5)-\sqrt5(\sqrt2-\sqrt{10})$
$\ =\sqrt2\times3-\sqrt2\times\sqrt5-\sqrt5\times\sqrt2+\sqrt5\times\sqrt{10}$
$\ =3\sqrt2-\sqrt{10}-\sqrt{10}+5\sqrt2$
$\ =8\sqrt2-2\sqrt{10}$
$7\ \sqrt6(\sqrt3-\sqrt2)+\sqrt2(\sqrt{24}-4)$
$\ =\sqrt6\times\sqrt3-\sqrt6\times\sqrt2+\sqrt2\times\sqrt{24}-\sqrt2\times4$
$\ =3\sqrt2-2\sqrt3+4\sqrt3-4\sqrt2$
$\ =-\sqrt2+2\sqrt3$
$8\ \sqrt7(\sqrt{14}-2)-3(\sqrt2-\sqrt{28})$
$\ =\sqrt7\times\sqrt{14}-\sqrt7\times2-3\times\sqrt2+3\times\sqrt{28}$
$\ =7\sqrt2-2\sqrt7-3\sqrt2+6\sqrt7$
$\ =4\sqrt2+4\sqrt7$

B 분모의 유리화를 이용한 제곱근의 덧셈과 뺄셈　91쪽

1 $\dfrac{8\sqrt{2}}{5}$　　2 $\dfrac{3\sqrt{2}}{2}$　　3 $\dfrac{2\sqrt{3}}{9}$　　4 $\dfrac{3\sqrt{5}}{10}$

5 $3\sqrt{2}$　　6 $-\dfrac{\sqrt{3}}{9}$　　7 $\dfrac{\sqrt{7}}{14}+\dfrac{\sqrt{3}}{3}$　　8 $\dfrac{\sqrt{2}}{2}+\dfrac{2\sqrt{3}}{3}$

---

1 $\dfrac{1}{5\sqrt{2}}+\dfrac{3}{\sqrt{2}}=\dfrac{\sqrt{2}}{5\sqrt{2}\times\sqrt{2}}+\dfrac{3\sqrt{2}}{\sqrt{2}\times\sqrt{2}}$

$\qquad=\dfrac{\sqrt{2}}{10}+\dfrac{3\sqrt{2}}{2}=\dfrac{\sqrt{2}}{10}+\dfrac{15\sqrt{2}}{10}$

$\qquad=\dfrac{16\sqrt{2}}{10}=\dfrac{8\sqrt{2}}{5}$

2 $\dfrac{1}{\sqrt{2}}+\dfrac{4}{\sqrt{8}}=\dfrac{\sqrt{2}}{\sqrt{2}\times\sqrt{2}}+\dfrac{4\sqrt{2}}{2\sqrt{2}\times\sqrt{2}}$

$\qquad=\dfrac{\sqrt{2}}{2}+\sqrt{2}=\dfrac{3\sqrt{2}}{2}$

3 $\dfrac{2}{\sqrt{3}}-\dfrac{4}{\sqrt{27}}=\dfrac{2\times\sqrt{3}}{\sqrt{3}\times\sqrt{3}}-\dfrac{4\sqrt{3}}{3\sqrt{3}\times\sqrt{3}}$

$\qquad=\dfrac{2\sqrt{3}}{3}-\dfrac{4\sqrt{3}}{9}=\dfrac{2\sqrt{3}}{9}$

4 $\dfrac{4}{\sqrt{5}}-\dfrac{5}{\sqrt{20}}=\dfrac{4\sqrt{5}}{\sqrt{5}\times\sqrt{5}}-\dfrac{5\times\sqrt{5}}{2\sqrt{5}\times\sqrt{5}}$

$\qquad=\dfrac{4\sqrt{5}}{5}-\dfrac{5\sqrt{5}}{10}$

$\qquad=\dfrac{8\sqrt{5}}{10}-\dfrac{5\sqrt{5}}{10}=\dfrac{3\sqrt{5}}{10}$

5 $\sqrt{18}-\dfrac{3}{\sqrt{2}}+\dfrac{6}{\sqrt{8}}=3\sqrt{2}-\dfrac{3\sqrt{2}}{\sqrt{2}\times\sqrt{2}}+\dfrac{6\sqrt{2}}{2\sqrt{2}\times\sqrt{2}}$

$\qquad=3\sqrt{2}-\dfrac{3\sqrt{2}}{2}+\dfrac{3\sqrt{2}}{2}=3\sqrt{2}$

6 $\dfrac{2}{\sqrt{12}}+\dfrac{5}{\sqrt{27}}-\sqrt{3}=\dfrac{2}{2\sqrt{3}}+\dfrac{5}{3\sqrt{3}}-\sqrt{3}$

$\qquad=\dfrac{\sqrt{3}}{\sqrt{3}\times\sqrt{3}}+\dfrac{5\sqrt{3}}{3\sqrt{3}\times\sqrt{3}}-\sqrt{3}$

$\qquad=\dfrac{\sqrt{3}}{3}+\dfrac{5\sqrt{3}}{9}-\sqrt{3}$

$\qquad=\dfrac{3\sqrt{3}}{9}+\dfrac{5\sqrt{3}}{9}-\dfrac{9\sqrt{3}}{9}$

$\qquad=-\dfrac{\sqrt{3}}{9}$

7 $\dfrac{3}{2\sqrt{7}}-\dfrac{\sqrt{7}}{\sqrt{21}}+\dfrac{2}{\sqrt{3}}-\dfrac{1}{\sqrt{7}}$

$\qquad=\dfrac{3\sqrt{7}}{2\sqrt{7}\times\sqrt{7}}-\dfrac{\sqrt{3}}{\sqrt{3}\times\sqrt{3}}+\dfrac{2\sqrt{3}}{\sqrt{3}\times\sqrt{3}}-\dfrac{\sqrt{7}}{\sqrt{7}\times\sqrt{7}}$

$\qquad=\dfrac{3\sqrt{7}}{14}-\dfrac{\sqrt{3}}{3}+\dfrac{2\sqrt{3}}{3}-\dfrac{\sqrt{7}}{7}$

$\qquad=\dfrac{\sqrt{7}}{14}+\dfrac{\sqrt{3}}{3}$

8 $\dfrac{\sqrt{6}}{\sqrt{3}}-\dfrac{1}{\sqrt{2}}-\dfrac{4}{\sqrt{3}}+\sqrt{12}$

$\qquad=\sqrt{2}-\dfrac{\sqrt{2}}{\sqrt{2}\times\sqrt{2}}-\dfrac{4\sqrt{3}}{\sqrt{3}\times\sqrt{3}}+2\sqrt{3}$

$\qquad=\sqrt{2}-\dfrac{\sqrt{2}}{2}-\dfrac{4\sqrt{3}}{3}+2\sqrt{3}=\dfrac{\sqrt{2}}{2}+\dfrac{2\sqrt{3}}{3}$

C 분배법칙과 분모의 유리화를 이용한 제곱근의 덧셈과 뺄셈　92쪽

1 $\dfrac{\sqrt{6}-2}{2}$　　2 $\dfrac{4\sqrt{15}-3\sqrt{3}}{3}$　　3 $\dfrac{2\sqrt{5}-5}{5}$

4 $\dfrac{\sqrt{14}-3\sqrt{7}}{7}$　　5 $1-\sqrt{6}$　　6 $-\sqrt{15}+10$

7 $\dfrac{5\sqrt{2}+6\sqrt{10}}{20}$　　8 $2\sqrt{6}-8\sqrt{3}$

---

1 $\dfrac{\sqrt{3}-\sqrt{2}}{\sqrt{2}}=\dfrac{\sqrt{2}(\sqrt{3}-\sqrt{2})}{\sqrt{2}\times\sqrt{2}}=\dfrac{\sqrt{6}-2}{2}$

2 $\dfrac{4\sqrt{5}-3}{\sqrt{3}}=\dfrac{\sqrt{3}(4\sqrt{5}-3)}{\sqrt{3}\times\sqrt{3}}=\dfrac{4\sqrt{15}-3\sqrt{3}}{3}$

3 $\dfrac{2-\sqrt{5}}{\sqrt{5}}=\dfrac{\sqrt{5}(2-\sqrt{5})}{\sqrt{5}\times\sqrt{5}}=\dfrac{2\sqrt{5}-5}{5}$

4 $\dfrac{\sqrt{2}-3}{\sqrt{7}}=\dfrac{\sqrt{7}(\sqrt{2}-3)}{\sqrt{7}\times\sqrt{7}}=\dfrac{\sqrt{14}-3\sqrt{7}}{7}$

5 $\dfrac{\sqrt{18}-6\sqrt{3}}{3\sqrt{2}}=\dfrac{\sqrt{2}(3\sqrt{2}-6\sqrt{3})}{3\sqrt{2}\times\sqrt{2}}$

$\qquad=\dfrac{6-6\sqrt{6}}{6}$

$\qquad=1-\sqrt{6}$

6 $\dfrac{-5\sqrt{3}+10\sqrt{5}}{\sqrt{5}}=\dfrac{\sqrt{5}(-5\sqrt{3}+10\sqrt{5})}{\sqrt{5}\times\sqrt{5}}$

$\qquad=\dfrac{-5\sqrt{15}+50}{5}$

$\qquad=-\sqrt{15}+10$

7 $\dfrac{\sqrt{10}+\sqrt{72}}{4\sqrt{5}}=\dfrac{\sqrt{5}(\sqrt{10}+6\sqrt{2})}{4\sqrt{5}\times\sqrt{5}}$

$\qquad=\dfrac{5\sqrt{2}+6\sqrt{10}}{20}$

8 $\dfrac{4\sqrt{3}-8\sqrt{6}}{\sqrt{2}}=\dfrac{\sqrt{2}(4\sqrt{3}-8\sqrt{6})}{\sqrt{2}\times\sqrt{2}}$

$\qquad=\dfrac{4\sqrt{6}-16\sqrt{3}}{2}$

$\qquad=2\sqrt{6}-8\sqrt{3}$

D 근호를 포함한 식의 계산 1　93쪽

1 6　　2 $-\dfrac{5\sqrt{2}}{2}$　　3 $\sqrt{5}+2$

4 $-\dfrac{9\sqrt{10}}{5}+1$　　5 $\dfrac{\sqrt{10}}{10}-3$　　6 $-\sqrt{2}$

7 -3　　8 $-\sqrt{3}+\sqrt{2}$

---

1 $\dfrac{6\sqrt{2}-4}{\sqrt{2}}+\sqrt{8}=\dfrac{\sqrt{2}(6\sqrt{2}-4)}{\sqrt{2}\times\sqrt{2}}+2\sqrt{2}$

$\qquad=6-2\sqrt{2}+2\sqrt{2}$

$\qquad=6$

$2\ \dfrac{\sqrt{12}+\sqrt{3}}{\sqrt{6}}-\sqrt{32}=\sqrt{2}+\dfrac{1}{\sqrt{2}}-4\sqrt{2}$

$\qquad\qquad\qquad =\dfrac{\sqrt{2}}{2}-3\sqrt{2}=-\dfrac{5\sqrt{2}}{2}$

$3\ \sqrt{20}-\dfrac{\sqrt{35}-2\sqrt{7}}{\sqrt{7}}=2\sqrt{5}-(\sqrt{5}-2)$

$\qquad\qquad\qquad =2\sqrt{5}-\sqrt{5}+2=\sqrt{5}+2$

$4\ -\sqrt{40}+\dfrac{\sqrt{2}+\sqrt{5}}{\sqrt{5}}=-2\sqrt{10}+\dfrac{\sqrt{5}(\sqrt{2}+\sqrt{5})}{\sqrt{5}\times\sqrt{5}}$

$\qquad\qquad\qquad =-2\sqrt{10}+\dfrac{\sqrt{10}+5}{5}$

$\qquad\qquad\qquad =-\dfrac{9\sqrt{10}}{5}+1$

$5\ \dfrac{3\sqrt{2}-\sqrt{5}}{\sqrt{5}}-\dfrac{\sqrt{5}+\sqrt{8}}{\sqrt{2}}=\dfrac{\sqrt{5}(3\sqrt{2}-\sqrt{5})}{\sqrt{5}\times\sqrt{5}}-\dfrac{\sqrt{2}(\sqrt{5}+2\sqrt{2})}{\sqrt{2}\times\sqrt{2}}$

$\qquad\qquad\qquad =\dfrac{3\sqrt{10}-5}{5}-\dfrac{\sqrt{10}+4}{2}$

$\qquad\qquad\qquad =\dfrac{\sqrt{10}}{10}-3$

$6\ \dfrac{\sqrt{12}-\sqrt{6}}{\sqrt{3}}-\dfrac{\sqrt{32}-\sqrt{8}}{\sqrt{2}}=\sqrt{4}-\sqrt{2}-\sqrt{16}+\sqrt{4}$

$\qquad\qquad\qquad =2-\sqrt{2}-4+2$

$\qquad\qquad\qquad =-\sqrt{2}$

$7\ \dfrac{\sqrt{28}+\sqrt{21}}{\sqrt{7}}-\dfrac{\sqrt{15}+\sqrt{125}}{\sqrt{5}}=\sqrt{4}+\sqrt{3}-\sqrt{3}-\sqrt{25}$

$\qquad\qquad\qquad =2+\sqrt{3}-\sqrt{3}-5$

$\qquad\qquad\qquad =-3$

$8\ \dfrac{\sqrt{40}-\sqrt{6}}{\sqrt{2}}+\dfrac{\sqrt{6}-2\sqrt{15}}{\sqrt{3}}=\sqrt{20}-\sqrt{3}+\sqrt{2}-2\sqrt{5}$

$\qquad\qquad\qquad =2\sqrt{5}-\sqrt{3}+\sqrt{2}-2\sqrt{5}$

$\qquad\qquad\qquad =-\sqrt{3}+\sqrt{2}$

E 근호를 포함한 식의 계산 2　　　　　　　94쪽

$1\ -\sqrt{3}$	$2\ -9-\sqrt{5}$	$3\ 5\sqrt{3}-5$
$4\ 7$	$5\ 2$	$6\ -1$
$7\ \sqrt{3}+1$	$8\ 1$	

- -

$1\ \dfrac{2\sqrt{3}+3}{\sqrt{3}}-\sqrt{2}(\sqrt{6}+\sqrt{2})=\dfrac{\sqrt{3}(2\sqrt{3}+3)}{\sqrt{3}\times\sqrt{3}}-\sqrt{2}(\sqrt{6}+\sqrt{2})$

$\qquad\qquad\qquad =\dfrac{6+3\sqrt{3}}{3}-(\sqrt{12}+2)$

$\qquad\qquad\qquad =2+\sqrt{3}-2\sqrt{3}-2$

$\qquad\qquad\qquad =-\sqrt{3}$

$2\ \dfrac{\sqrt{32}-\sqrt{18}}{\sqrt{2}}-\sqrt{5}(1+\sqrt{20})=\dfrac{4\sqrt{2}-3\sqrt{2}}{\sqrt{2}}-\sqrt{5}(1+2\sqrt{5})$

$\qquad\qquad\qquad =4-3-\sqrt{5}-10$

$\qquad\qquad\qquad =-9-\sqrt{5}$

$3\ \sqrt{8}(\sqrt{6}-\sqrt{2})+\dfrac{\sqrt{15}-\sqrt{5}}{\sqrt{5}}=4\sqrt{3}-4+\sqrt{3}-1$

$\qquad\qquad\qquad =5\sqrt{3}-5$

$4\ \dfrac{2\sqrt{5}-3\sqrt{2}}{\sqrt{2}}+\sqrt{5}(2\sqrt{5}-\sqrt{2})$

$\quad =\dfrac{\sqrt{2}(2\sqrt{5}-3\sqrt{2})}{\sqrt{2}\times\sqrt{2}}+\sqrt{5}(2\sqrt{5}-\sqrt{2})$

$\quad =\sqrt{10}-3+10-\sqrt{10}$

$\quad =7$

$5\ \sqrt{3}\left(\dfrac{2\sqrt{2}-\sqrt{3}}{\sqrt{6}}\right)+\dfrac{\sqrt{3}}{\sqrt{2}}=\dfrac{2\sqrt{2}-\sqrt{3}}{\sqrt{2}}+\dfrac{\sqrt{6}}{2}$

$\qquad\qquad\qquad =\dfrac{\sqrt{2}(2\sqrt{2}-\sqrt{3})}{2}+\dfrac{\sqrt{6}}{2}$

$\qquad\qquad\qquad =\dfrac{4-\sqrt{6}}{2}+\dfrac{\sqrt{6}}{2}=2$

$6\ \sqrt{2}\left(\dfrac{\sqrt{3}-\sqrt{5}}{\sqrt{10}}\right)-\dfrac{\sqrt{3}}{\sqrt{5}}=\dfrac{\sqrt{3}-\sqrt{5}}{\sqrt{5}}-\dfrac{\sqrt{3}}{\sqrt{5}}$

$\qquad\qquad\qquad =\dfrac{\sqrt{5}(\sqrt{3}-\sqrt{5})}{\sqrt{5}\times\sqrt{5}}-\dfrac{\sqrt{3}\times\sqrt{5}}{\sqrt{5}\times\sqrt{5}}$

$\qquad\qquad\qquad =\dfrac{\sqrt{15}-5}{5}-\dfrac{\sqrt{15}}{5}=-1$

$7\ \dfrac{2}{\sqrt{3}}+\sqrt{5}\left(\dfrac{1+\sqrt{3}}{\sqrt{15}}\right)=\dfrac{2}{\sqrt{3}}+\dfrac{1+\sqrt{3}}{\sqrt{3}}$

$\qquad\qquad\qquad =\dfrac{2\sqrt{3}}{\sqrt{3}\times\sqrt{3}}+\dfrac{\sqrt{3}(1+\sqrt{3})}{\sqrt{3}\times\sqrt{3}}$

$\qquad\qquad\qquad =\dfrac{2\sqrt{3}}{3}+\dfrac{\sqrt{3}+3}{3}$

$\qquad\qquad\qquad =\sqrt{3}+1$

$8\ \dfrac{2}{\sqrt{7}}-\sqrt{3}\left(\dfrac{2-\sqrt{7}}{\sqrt{21}}\right)=\dfrac{2}{\sqrt{7}}-\dfrac{2-\sqrt{7}}{\sqrt{7}}$

$\qquad\qquad\qquad =\dfrac{2\sqrt{7}}{\sqrt{7}\times\sqrt{7}}-\dfrac{\sqrt{7}(2-\sqrt{7})}{\sqrt{7}\times\sqrt{7}}$

$\qquad\qquad\qquad =\dfrac{2\sqrt{7}}{7}-\dfrac{2\sqrt{7}-7}{7}$

$\qquad\qquad\qquad =1$

거저먹는 시험 문제　　　　　　　95쪽

$1\ ④$	$2\ ④$	$3\ -2+6\sqrt{3}$	$4\ ①$
$5\ ②$	$6\ 2\sqrt{3}+3\sqrt{5}$		

$1\ \sqrt{\dfrac{1}{3}}-\dfrac{8}{\sqrt{48}}+2\sqrt{3}=\dfrac{1}{\sqrt{3}}-\dfrac{8}{4\sqrt{3}}+2\sqrt{3}$

$\qquad\qquad\qquad =\dfrac{\sqrt{3}}{\sqrt{3}\times\sqrt{3}}-\dfrac{2\sqrt{3}}{\sqrt{3}\times\sqrt{3}}+2\sqrt{3}$

$\qquad\qquad\qquad =\dfrac{\sqrt{3}}{3}-\dfrac{2\sqrt{3}}{3}+2\sqrt{3}$

$\qquad\qquad\qquad =\dfrac{5\sqrt{3}}{3}$

2 $a=\sqrt{3}, b=\sqrt{2}$이므로

$$\dfrac{b}{a}-\dfrac{a}{b}=\dfrac{\sqrt{2}}{\sqrt{3}}-\dfrac{\sqrt{3}}{\sqrt{2}}=\dfrac{\sqrt{2}\times\sqrt{3}}{\sqrt{3}\times\sqrt{3}}-\dfrac{\sqrt{3}\times\sqrt{2}}{\sqrt{2}\times\sqrt{2}}$$
$$=\dfrac{\sqrt{6}}{3}-\dfrac{\sqrt{6}}{2}$$
$$=-\dfrac{\sqrt{6}}{6}$$

3 $\sqrt{75}-\dfrac{\sqrt{12}-3}{\sqrt{3}}=5\sqrt{3}-\dfrac{\sqrt{3}(2\sqrt{3}-3)}{\sqrt{3}\times\sqrt{3}}$
$$=5\sqrt{3}-\dfrac{6-3\sqrt{3}}{3}=5\sqrt{3}-2+\sqrt{3}$$
$$=-2+6\sqrt{3}$$

4 $\dfrac{2\sqrt{15}+\sqrt{6}}{\sqrt{3}}-\dfrac{\sqrt{10}+1}{\sqrt{5}}=2\sqrt{5}+\sqrt{2}-\dfrac{\sqrt{5}(\sqrt{10}+1)}{\sqrt{5}\times\sqrt{5}}$
$$=\dfrac{10\sqrt{5}+5\sqrt{2}}{5}-\dfrac{5\sqrt{2}+\sqrt{5}}{5}$$
$$=\dfrac{9\sqrt{5}}{5}$$

5 $\sqrt{3}(3\sqrt{2}-1)+\dfrac{\sqrt{12}-2\sqrt{6}}{\sqrt{2}}=3\sqrt{6}-\sqrt{3}+\sqrt{6}-2\sqrt{3}$
$$=4\sqrt{6}-3\sqrt{3}$$

6 $\dfrac{10}{\sqrt{5}}+\sqrt{6}\left(\dfrac{6+\sqrt{15}}{\sqrt{18}}\right)=\dfrac{10\sqrt{5}}{\sqrt{5}\times\sqrt{5}}+\dfrac{6+\sqrt{15}}{\sqrt{3}}$
$$=2\sqrt{5}+\dfrac{\sqrt{3}(6+\sqrt{15})}{\sqrt{3}\times\sqrt{3}}$$
$$=2\sqrt{5}+\dfrac{6\sqrt{3}+3\sqrt{5}}{3}$$
$$=2\sqrt{3}+3\sqrt{5}$$

14 제곱근의 덧셈과 뺄셈의 활용

A 도형에서의 활용 97쪽

1 $2\sqrt{6}+6\sqrt{2}$	**2** $12\sqrt{6}$	**3** $5\sqrt{6}$
4 $6\sqrt{3}+9\sqrt{2}$	**5** $12\sqrt{5}-8\sqrt{2}$	**6** $14+28\sqrt{2}$

1 (직사각형의 넓이)$=2\sqrt{3}(\sqrt{2}+\sqrt{6})=2\sqrt{6}+6\sqrt{2}$

2 (삼각형의 넓이)$=\dfrac{1}{2}\times(6\sqrt{8}-4\sqrt{2})\times3\sqrt{3}$
$$=\dfrac{1}{2}\times8\sqrt{2}\times3\sqrt{3}=12\sqrt{6}$$

3 (사다리꼴의 넓이)$=\dfrac{1}{2}\times(2\sqrt{2}+\sqrt{18})\times2\sqrt{3}$
$$=\dfrac{1}{2}\times5\sqrt{2}\times2\sqrt{3}=5\sqrt{6}$$

4 (직육면체의 부피)$=(\sqrt{2}+\sqrt{3})\times\sqrt{2}\times3\sqrt{3}$
$$=(\sqrt{2}+\sqrt{3})\times3\sqrt{6}$$
$$=6\sqrt{3}+9\sqrt{2}$$

5 (직육면체의 모든 모서리의 길이의 합)
$$=4\times(\sqrt{5}+\sqrt{2}+2\sqrt{5}-3\sqrt{2})$$
$$=4\times(3\sqrt{5}-2\sqrt{2})$$
$$=12\sqrt{5}-8\sqrt{2}$$

6 (직육면체의 겉넓이)$=2\times$(밑넓이)$+$(옆넓이)
$$=2\times\sqrt{7}\times\sqrt{7}+4\times\sqrt{7}\times\sqrt{14}$$
$$=14+28\sqrt{2}$$

B 차를 이용한 실수의 대소 관계 98쪽

1 $<$	**2** $>$	**3** $>$	**4** $<$
5 $<$	**6** $<$	**7** $>$	**8** $<$

1 $\sqrt{5}+\sqrt{2}-3\sqrt{2}=\sqrt{5}-2\sqrt{2}<0$
∴ $\sqrt{5}+\sqrt{2}<3\sqrt{2}$

2 $5\sqrt{3}-\sqrt{7}-3\sqrt{3}=2\sqrt{3}-\sqrt{7}>0$
∴ $5\sqrt{3}-\sqrt{7}>3\sqrt{3}$

3 $4\sqrt{10}-(-2\sqrt{3}+2\sqrt{10})=4\sqrt{10}+2\sqrt{3}-2\sqrt{10}$
$$=2\sqrt{10}+2\sqrt{3}>0$$
∴ $4\sqrt{10}>-2\sqrt{3}+2\sqrt{10}$

4 $-2\sqrt{5}+\sqrt{6}-(\sqrt{5}-\sqrt{6})=-2\sqrt{5}+\sqrt{6}-\sqrt{5}+\sqrt{6}$
$$=-3\sqrt{5}+2\sqrt{6}<0$$
∴ $-2\sqrt{5}+\sqrt{6}<\sqrt{5}-\sqrt{6}$

5 $2\sqrt{3}+\sqrt{5}-(\sqrt{3}+2\sqrt{5})=2\sqrt{3}+\sqrt{5}-\sqrt{3}-2\sqrt{5}$
$$=\sqrt{3}-\sqrt{5}<0$$
∴ $2\sqrt{3}+\sqrt{5}<\sqrt{3}+2\sqrt{5}$

6 $2\sqrt{7}-\sqrt{3}-(\sqrt{7}+\sqrt{3})=2\sqrt{7}-\sqrt{3}-\sqrt{7}-\sqrt{3}$
$$=\sqrt{7}-2\sqrt{3}<0$$
∴ $2\sqrt{7}-\sqrt{3}<\sqrt{7}+\sqrt{3}$

7 $3\sqrt{5}+\sqrt{2}-(2\sqrt{5}-\sqrt{2})=3\sqrt{5}+\sqrt{2}-2\sqrt{5}+\sqrt{2}$
$$=\sqrt{5}+2\sqrt{2}>0$$
∴ $3\sqrt{5}+\sqrt{2}>2\sqrt{5}-\sqrt{2}$

8 $\sqrt{18}-\sqrt{27}-(2\sqrt{12}-\sqrt{8})=3\sqrt{2}-3\sqrt{3}-4\sqrt{3}+2\sqrt{2}$
$$=5\sqrt{2}-7\sqrt{3}<0$$
∴ $\sqrt{18}-\sqrt{27}<2\sqrt{12}-\sqrt{8}$

C 무리수의 정수 부분과 소수 부분

99쪽

1 $1, \sqrt{3}-1$	2 $2, \sqrt{5}-2$	3 $3, \sqrt{10}-3$
4 $3, \sqrt{15}-3$	5 $4, \sqrt{21}-4$	6 $0, \sqrt{2}-1$
7 $2, \sqrt{3}-1$	8 $4, \sqrt{7}-2$	9 $1, \sqrt{14}-3$
10 $1, \sqrt{8}-2$		

- -

1 $1<\sqrt{3}<2$이므로 정수 부분은 1, 소수 부분은 $\sqrt{3}-1$이다.

2 $2<\sqrt{5}<3$이므로 정수 부분은 2, 소수 부분은 $\sqrt{5}-2$이다.

3 $3<\sqrt{10}<4$이므로 정수 부분은 3, 소수 부분은 $\sqrt{10}-3$이다.

4 $3<\sqrt{15}<4$이므로 정수 부분은 3, 소수 부분은 $\sqrt{15}-3$이다.

5 $4<\sqrt{21}<5$이므로 정수 부분은 4, 소수 부분은 $\sqrt{21}-4$이다.

6 $1<\sqrt{2}<2$이므로 $0<\sqrt{2}-1<1$

따라서 정수 부분은 0, 소수 부분은 $\sqrt{2}-1$이다.

7 $1<\sqrt{3}<2$이므로 $2<\sqrt{3}+1<3$

따라서 정수 부분은 2, 소수 부분은 $\sqrt{3}+1-2=\sqrt{3}-1$이다.

8 $2<\sqrt{7}<3$이므로 $4<\sqrt{7}+2<5$

따라서 정수 부분은 4, 소수 부분은 $\sqrt{7}+2-4=\sqrt{7}-2$이다.

9 $3<\sqrt{14}<4$이므로 $1<\sqrt{14}-2<2$

따라서 정수 부분은 1, 소수 부분은 $\sqrt{14}-2-1=\sqrt{14}-3$이다.

10 $2<\sqrt{8}<3$이므로 $1<\sqrt{8}-1<2$

따라서 정수 부분은 1, 소수 부분은 $\sqrt{8}-1-1=\sqrt{8}-2$이다.

거저먹는 시험 문제

100쪽

1 ②	2 $8\sqrt{3}+8\sqrt{5}$	3 ③ 4 ①
5 ③	6 ⑤	

1 (사다리꼴의 넓이)$=\frac{1}{2}\times(2\sqrt{3}+\sqrt{12}+\sqrt{5})\times2\sqrt{5}$

$\qquad\qquad\qquad =\sqrt{5}\times(4\sqrt{3}+\sqrt{5})$

$\qquad\qquad\qquad =4\sqrt{15}+5$

2 (직육면체의 모서리의 길이의 합)

$\quad =4\times(\sqrt{3}+\sqrt{5}+\sqrt{3}+\sqrt{5})=4\times(2\sqrt{3}+2\sqrt{5})$

$\quad =8\sqrt{3}+8\sqrt{5}$

3 ③ $10-2\sqrt{2}-(10-\sqrt{10})=10-2\sqrt{2}-10+\sqrt{10}$

$\qquad\qquad\qquad\qquad\qquad =-2\sqrt{2}+\sqrt{10}>0$

$\quad \therefore 10-2\sqrt{2}>10-\sqrt{10}$

4 $a-b=2\sqrt{5}+3-(3\sqrt{5}+2)$

$\qquad =2\sqrt{5}+3-3\sqrt{5}-2$

$\qquad =1-\sqrt{5}<0$

$\quad \therefore a<b$

$b-c=3\sqrt{5}+2-(5\sqrt{5}-1)$

$\qquad =3\sqrt{5}+2-5\sqrt{5}+1$

$\qquad =-2\sqrt{5}+3<0$

$\therefore b<c$

$\therefore a<b<c$

5 $3<\sqrt{10}<4$이므로 $1<-2+\sqrt{10}<2$

$\therefore a=1, b=-2+\sqrt{10}-1=\sqrt{10}-3$

$\therefore a-b=1-(\sqrt{10}-3)=4-\sqrt{10}$

6 $1<\sqrt{3}<2$이므로 $4<3+\sqrt{3}<5$

$\therefore a=4, b=3+\sqrt{3}-4=\sqrt{3}-1$

$\therefore a-b=4-(\sqrt{3}-1)=5-\sqrt{3}$

15 곱셈 공식 1

A (다항식)×(다항식)의 계산

103쪽

1 $ab-2a+3b-6$	2 $xy+4x-5y-20$
3 $xy-8x+3y-24$	4 $2a^2+7ab-15b^2$
5 $-6x^2+xy+12y^2$	6 $3x^2+16x-12$
7 $a^2+9ab+18b^2$	8 $3x^2-5xy+3x-2y^2+y$
9 $2a^2+ab-b^2-4a+2b$	10 $2a^2-11ab+15b^2+a-3b$

B 특정한 문자의 계수 구하기

104쪽

1 3	2 -2	3 8	4 -10
5 12	6 -1	7 -5	8 -13
9 -2	10 1		

- -

1 $(x^2-2x+1)(x-1)$의 전개식에서 x가 나오는 항만 구하면

$\quad -2x\times(-1)+1\times x=3x$

따라서 x의 계수는 3이다.

6 $(x-2y+5)(x+y-1)$의 전개식에서 xy가 나오는 항만 구하면

$\quad x\times y+(-2y)\times x=-xy$

따라서 xy의 계수는 -1이다.

C 곱셈 공식 1 - 합의 제곱

105쪽

1 x^2+2x+1	2 y^2+4y+4
3 $a^2+10a+25$	4 $x^2+x+\frac{1}{4}$

5 $\frac{1}{9}y^2+2y+9$ 6 $x^2+2xy+y^2$

7 $4a^2+4ab+b^2$ 8 $x^2+6xy+9y^2$

9 $\frac{1}{16}x^2+\frac{1}{2}xy+y^2$ 10 $36x^2+6xy+\frac{1}{4}y^2$

D 곱셈 공식 2 - 차의 제곱   106쪽

1 a^2-2a+1 2 x^2-6x+9

3 $y^2-8y+16$ 4 $x^2-\frac{1}{2}x+\frac{1}{16}$

5 $\frac{1}{4}y^2-2y+4$ 6 $x^2-2xy+y^2$

7 $9x^2-6xy+y^2$ 8 $4a^2-4ab+b^2$

9 $\frac{1}{16}x^2-xy+4y^2$ 10 $\frac{1}{9}x^2-xy+\frac{9}{4}y^2$

E 합의 제곱과 차의 제곱의 응용   107쪽

1 Help 1 / $A=1, B=1$ 2 $A=3, B=9$

3 Help 2 / $A=2, B=4$ 4 $A=10, B=100$

5 $A=5, B=25$ 6 $A=3, B=24$

7 $A=2, B=-\frac{8}{3}$ 8 $A=6, B=-12$

9 $A=9, B=6$ 10 $A=7, B=-35$

- - - - - - - - - - - - - - - - - - - -

1 $(Ax+2)^2=Bx^2+4x+4$에서 $2\times Ax\times 2=4x$

   ∴ $A=1, B=A^2=1$

3 $(Aa+4b)^2=Ba^2+16ab+16b^2$에서

   $2\times Aa\times 4b=16ab$

   ∴ $A=2, B=A^2=4$

5 $(2a+A)^2=4a^2+20a+B$에서

   $2\times 2a\times A=20a$

   ∴ $A=5, B=A^2=25$

6 $(Ax-4)^2=9x^2-Bx+16$에서

   $A^2=9, 2\times A\times(-4)=-B$

   $A>0$이므로 $A=3, B=24$

8 $(x-Ay)^2=x^2+Bxy+36y^2$에서

   $A^2=36, 2\times 1\times(-A)=B$

   $A>0$이므로 $A=6, B=-12$

🥕 거저먹는 시험 문제   108쪽

1 $3x^2-8xy+6x+5y^2-10y$ 2 ②   3 ①

4 $9x^2+12x+4$ 5 ①   6 ③

---

1 $(3x-5y)(x-y+2)=3x^2-3xy+6x-5xy+5y^2-10y$
                    $=3x^2-8xy+6x+5y^2-10y$

2 $(-2x-3y)(Ax+4y)=-2Ax^2-(8+3A)xy-12y^2$
   $-2A=6, -8-3A=B$ ∴ $A=-3, B=1$
   ∴ $A+B=-2$

3 $a=14, b=13$ ∴ $a-b=1$

4 $(-3x-2)^2=\{-(3x+2)\}^2=(3x+2)^2$
              $=9x^2+12x+4$

5 $a=\frac{1}{4}, b=\frac{1}{2}$ ∴ $b-a=\frac{1}{4}$

6 $(ax-2)^2=49x^2-bx+c$에서
   $a^2=49, 2\times a\times(-2)=-b, (-2)^2=c$
   $a>0$이므로 $a=7, b=28, c=4$
   ∴ $a-b+c=7-28+4=-17$

👧 **16 곱셈 공식 2**

A 곱셈 공식 3 - 합과 차의 곱   110쪽

1 x^2-4 2 a^2-9 3 $25-y^2$ 4 $\frac{1}{9}x^2-4$

5 $\frac{1}{4}-25x^2$ 6 x^2-16y^2 7 $36x^2-y^2$ 8 $25b^2-4a^2$

9 $4x^2-\frac{1}{9}y^2$ 10 $\frac{4}{9}x^2-49y^2$

B 곱셈 공식 4 - 일차항의 계수가 1인 두 일차식의 곱

111쪽

1 x^2+3x+2 2 $a^2+7a+12$

3 $y^2+7y+10$ 4 $x^2-\frac{7}{2}x-2$

5 $b^2+\frac{4}{3}b-\frac{4}{3}$ 6 $x^2+3xy-4y^2$

7 $a^2+8ab+15b^2$ 8 $a^2+4ab-32b^2$

9 $x^2-\frac{1}{3}xy-\frac{2}{9}y^2$ 10 $x^2+\frac{7}{12}xy-\frac{1}{8}y^2$

C 곱셈 공식 5 - 일차항의 계수가 1이 아닌 두 일차식의 곱

112쪽

1 $2x^2+x-3$ 2 $-3a^2-11a+4$

3 $-9y^2+9y+10$ 4 $3x^2+x-\frac{2}{3}$

$5\ 8x^2-2x-\dfrac{3}{8}$　　　　$6\ 2x^2+5xy-3y^2$

$7\ -3a^2+10ab-8b^2$　　　$8\ 6x^2-7xy-5y^2$

$9\ 15x^2+xy-\dfrac{2}{15}y^2$　　　$10\ 20x^2-5xy-\dfrac{3}{10}y^2$

D 곱셈 공식 종합 1　　　　　　　113쪽

$1\ x^2+x-2$　　　　　　$2\ x^2-10x+25$

$3\ x^2-36$　　　　　　　$4\ 4y^2-9x^2$

$5\ 4a^2+28a+49$　　　　$6\ \dfrac{1}{4}x^2-y^2$

$7\ \dfrac{4}{9}x^2-8x+36$　　　$8\ x^2+4xy-21y^2$

$9\ 9x^2+24x+16$　　　　$10\ 8x^2-10xy-3y^2$

E 곱셈 공식 종합 2　　　　　　　114쪽

$1\ 16a^2-24a+9$　　　　$2\ 4-25x^2$

$3\ 36a^2+12a+1$　　　　$4\ y^2-6xy-40x^2$

$5\ 3x^2-xy-10y^2$　　　$6\ a^2-9b^2$

$7\ x^2+3x-70$　　　　　$8\ -3a^2+10a-8$

$9\ 25x^2-40x+16$　　　$10\ 2a^2+7ab-4b^2$

- -

$1\ (-4a+3)^2=\{-(4a-3)\}^2=(4a-3)^2$
　　　　　　　$=16a^2-24a+9$

$2\ (-5x+2)(5x+2)=(2-5x)(2+5x)=4-25x^2$

$3\ (-6a-1)^2=\{-(6a+1)\}^2=(6a+1)^2$
　　　　　　　$=36a^2+12a+1$

$6\ (-a-3b)(-a+3b)=(-a)^2-(3b)^2=a^2-9b^2$

거저먹는 시험 문제　　　　　　　115쪽

1 ④	2 ②	3 $\dfrac{3}{10}$	4 ②
5 ④	6 ⑤		

$1\ (-2x-3y)(2x-3y)=(-3y-2x)(-3y+2x)$
　　　　　　　　$=9y^2-4x^2$

$2\ (x-1)(x+1)(x^2+1)=(x^2-1)(x^2+1)=x^4-1$

$3\ a=-\dfrac{17}{10},\ b=-2$　　$\therefore a-b=\dfrac{3}{10}$

$4\ (ax-4)(3x+b)=3ax^2+(ab-12)x-4b$
　　　　　　　　$=12x^2+cx-8$

에서 $3a=12,\ ab-12=c,\ 4b=8$

따라서 $a=4,\ b=2,\ c=-4$이므로 $a+b+c=2$

$5\ ①\ (-3x+y)^2=9x^2-6xy+y^2$

$②\ (x+10)(x-8)=x^2+2x-80$

$③\ (3x-y)(4x+y)=12x^2-xy-y^2$

$④\ (2x+4y)^2=4x^2+16xy+16y^2$

$⑤\ (2x-7y)(2x+7y)=4x^2-49y^2$

$6\ x$의 계수는 각각 다음과 같다.

$①, ②, ③, ④\ -14$　$⑤\ 14$

---

17 곱셈 공식을 이용한 다항식의 계산

A 곱셈 공식을 이용한 다항식의 계산　　117쪽

$1\ 2x^2-2x-8$　　　　　$2\ -4x-29$

$3\ -3x-5$　　　　　　$4\ 2x^2-x$

$5\ 3x^2-5x-17$　　　　$6\ 4x^2-9$

$7\ x^2-2x-23$　　　　　$8\ -7x^2+4x-15$

$9\ -x^2+7x-9$　　　　$10\ 11x^2+8x-6$

- -

$1\ (x-3)(x+3)+(x-1)^2=x^2-9+x^2-2x+1$
　　　　　　　　　　　$=2x^2-2x-8$

$3\ (x+1)^2-(x+2)(x+3)=x^2+2x+1-x^2-5x-6$
　　　　　　　　　　　　$=-3x-5$

$5\ (2x+1)^2-(x+3)(x+6)=4x^2+4x+1-x^2-9x-18$
　　　　　　　　　　　　$=3x^2-5x-17$

$7\ (2x+6)(x+2)-(x+5)(x+7)$
　　$=2x^2+10x+12-x^2-12x-35=x^2-2x-23$

$9\ (x-2)(x+2)-(2x-5)(x-1)=x^2-4-2x^2+7x-5$
　　　　　　　　　　　　$=-x^2+7x-9$

B 치환을 이용한 다항식의 전개　　118쪽

$1\ x^2-2x+xy-y+1$

$2\ a^2+2ab+b^2+2a+2b$

$3\ a^2-2ab+b^2+2a-2b+1$

$4\ x^2-4xy+4y^2-2x+4y+1$

$5\ 9x^2+6xy+y^2+12x+4y+4$

$6\ x^2+2xy+y^2-4$

$7\ a^2-2ab+b^2-9$

$8\ x^2-8xy+16y^2-16$

$9\ x^2+2xy+y^2+5x+5y-14$

$10\ a^2+6ab+9b^2+4a+12b-45$

- -

1 $(x-1)(x-1+y)$에서 $x-1=A$라 하면
$$(x-1)(x-1+y)=A(A+y)=A^2+Ay$$
$$=(x-1)^2+(x-1)y$$
$$=x^2-2x+1+xy-y$$

3 $(a-b+1)^2$에서 $a-b=A$라 하면
$$(a-b+1)^2=(A+1)^2=A^2+2A+1$$
$$=(a-b)^2+2(a-b)+1$$
$$=a^2-2ab+b^2+2a-2b+1$$

5 $(3x+y+2)^2$에서 $3x+y=A$라 하면
$$(3x+y+2)^2=(A+2)^2=A^2+4A+4$$
$$=(3x+y)^2+4(3x+y)+4$$
$$=9x^2+6xy+y^2+12x+4y+4$$

8 $(x-4y-4)(x-4y+4)$에서 $x-4y=A$라 하면
$$(x-4y-4)(x-4y+4)=(A-4)(A+4)=A^2-16$$
$$=(x-4y)^2-16$$
$$=x^2-8xy+16y^2-16$$

9 $(x+y-2)(x+y+7)$에서 $x+y=A$라 하면
$$(A-2)(A+7)=A^2+5A-14$$
$$=(x+y)^2+5(x+y)-14$$
$$=x^2+2xy+y^2+5x+5y-14$$

C 곱셈 공식을 이용한 수의 계산 1 - 수의 제곱의 계산

119쪽

1 Help 40 / 361	2 Help 40 / 441	3 784
4 1024	5 1521	6 1681
7 9604	8 9801	9 10201
10 10609		

1 $19^2=(20-1)^2=400-2\times20\times1+1=361$
2 $21^2=(20+1)^2=400+2\times20\times1+1=441$
5 $39^2=(40-1)^2=1600-2\times40\times1+1=1521$
6 $41^2=(40+1)^2=1600+2\times40\times1+1=1681$
7 $98^2=(100-2)^2=10000-2\times100\times2+4=9604$
9 $101^2=(100+1)^2=10000+2\times100\times1+1=10201$

D 곱셈 공식을 이용한 수의 계산 2 - 두 수의 곱의 계산

120쪽

1 Help 1 / 399	2 Help 4 / 396	3 899
4 2496	5 9991	6 Help 1, 3 / 143
7 575	8 1054	9 Help −2, 3 / 414
10 945		

1 $21\times19=(20+1)(20-1)=400-1=399$
3 $31\times29=(30+1)(30-1)=900-1=899$

5 $103\times97=(100+3)(100-3)=10000-9=9991$
6 $11\times13=(10+1)(10+3)=10^2+4\times10+3=143$
8 $31\times34=(30+1)(30+4)=900+5\times30+4=1054$
10 $27\times35=(30-3)(30+5)=900+2\times30-15=945$

| 1 ② | 2 ③ | 3 $x^2+2xy+y^2-16$ |
| 4 ① | 5 ② | 6 ③ |

1 $(x-3y)(x+y)-(x-5y)(x+5y)$
$$=x^2-2xy-3y^2-x^2+25y^2$$
$$=-2xy+22y^2$$

2 $(3x-2)(x-4)-(x+7)(x-2)$
$$=3x^2-14x+8-(x^2+5x-14)$$
$$=2x^2-19x+22$$
$$\therefore a+b+c=2-19+22=5$$

3 $(x+4+y)(x-4+y)$에서 $x+y=A$라 하면
$$(x+4+y)(x-4+y)=(A+4)(A-4)=A^2-16$$
$$=(x+y)^2-16=x^2+2xy+y^2-16$$

4 $a=-4, b=1$ $\therefore a+b=-3$

18 곱셈 공식을 이용한 무리수의 계산

A 곱셈 공식을 이용한 무리수의 계산 1

123쪽

1 $5+2\sqrt{6}$	2 $8+2\sqrt{15}$	3 $8-4\sqrt{3}$
4 $34-6\sqrt{21}$	5 4	6 6
7 18	8 −2	

1 $(\sqrt{3}+\sqrt{2})^2=(\sqrt{3})^2+2\times\sqrt{3}\times\sqrt{2}+(\sqrt{2})^2$
$$=3+2\sqrt{6}+2=5+2\sqrt{6}$$

2 $(\sqrt{5}+\sqrt{3})^2=(\sqrt{5})^2+2\times\sqrt{5}\times\sqrt{3}+(\sqrt{3})^2$
$$=5+2\sqrt{15}+3=8+2\sqrt{15}$$

3 $(\sqrt{6}-\sqrt{2})^2=(\sqrt{6})^2-2\times\sqrt{6}\times\sqrt{2}+(\sqrt{2})^2$
$$=6-2\sqrt{12}+2=8-4\sqrt{3}$$

4 $(3\sqrt{3}-\sqrt{7})^2=(3\sqrt{3})^2-2\times3\sqrt{3}\times\sqrt{7}+(\sqrt{7})^2$
$$=27-6\sqrt{21}+7=34-6\sqrt{21}$$

5 $(\sqrt{6}+\sqrt{2})(\sqrt{6}-\sqrt{2})=(\sqrt{6})^2-(\sqrt{2})^2=4$
6 $(\sqrt{11}-\sqrt{5})(\sqrt{11}+\sqrt{5})=(\sqrt{11})^2-(\sqrt{5})^2=6$
7 $(2\sqrt{5}+\sqrt{2})(2\sqrt{5}-\sqrt{2})=(2\sqrt{5})^2-(\sqrt{2})^2=18$
8 $(3\sqrt{2}+2\sqrt{5})(3\sqrt{2}-2\sqrt{5})=(3\sqrt{2})^2-(2\sqrt{5})^2=-2$

B 곱셈 공식을 이용한 무리수의 계산 2 124쪽

1 $-20+\sqrt{10}$	2 $-1+\sqrt{5}$	3 $-21-2\sqrt{3}$
4 $8+4\sqrt{13}$	5 $11-\sqrt{2}$	6 $-6+5\sqrt{6}$
7 $49-3\sqrt{5}$	8 $15-7\sqrt{3}$	

1 $(\sqrt{10}+6)(\sqrt{10}-5)=(\sqrt{10})^2+(6-5)\sqrt{10}+6\times(-5)$
$\qquad\qquad\qquad\quad=10+\sqrt{10}-30=-20+\sqrt{10}$

2 $(\sqrt{5}-2)(\sqrt{5}+3)=(\sqrt{5})^2+(3-2)\sqrt{5}+(-2)\times3$
$\qquad\qquad\qquad\quad=5+\sqrt{5}-6=-1+\sqrt{5}$

3 $(\sqrt{3}+4)(\sqrt{3}-6)=(\sqrt{3})^2+(4-6)\sqrt{3}+4\times(-6)$
$\qquad\qquad\qquad\quad=3-2\sqrt{3}-24=-21-2\sqrt{3}$

4 $(\sqrt{13}-1)(\sqrt{13}+5)=(\sqrt{13})^2+(5-1)\sqrt{13}+(-1)\times5$
$\qquad\qquad\qquad\qquad=13+4\sqrt{13}-5=8+4\sqrt{13}$

5 $(3\sqrt{2}+1)(2\sqrt{2}-1)=6(\sqrt{2})^2+(-3+2)\sqrt{2}+1\times(-1)$
$\qquad\qquad\qquad\qquad=12-\sqrt{2}-1=11-\sqrt{2}$

6 $(2\sqrt{6}+9)(\sqrt{6}-2)=2(\sqrt{6})^2+(-4+9)\sqrt{6}+9\times(-2)$
$\qquad\qquad\qquad\qquad=12+5\sqrt{6}-18=-6+5\sqrt{6}$

7 $(5\sqrt{5}+1)(2\sqrt{5}-1)=10(\sqrt{5})^2+(-5+2)\sqrt{5}+1\times(-1)$
$\qquad\qquad\qquad\qquad=50-3\sqrt{5}-1=49-3\sqrt{5}$

8 $(4\sqrt{3}-3)(\sqrt{3}-1)$
$\quad=4(\sqrt{3})^2+(-4-3)\sqrt{3}+(-3)\times(-1)$
$\quad=12-7\sqrt{3}+3=15-7\sqrt{3}$

C 제곱근의 계산 결과가 유리수가 되는 조건 125쪽

1 0	2 0	3 2	4 -3
5 2	6 $\frac{1}{2}$	7 $\frac{2}{5}$	8 $\frac{3}{4}$

1 $\sqrt{2}(a+4\sqrt{2})=a\sqrt{2}+8$ $\quad\therefore a=0$

2 $3(5-a\sqrt{3})=15-3a\sqrt{3}$ $\quad\therefore a=0$

3 $\sqrt{7}(\sqrt{14}+a)-\sqrt{2}(7+\sqrt{14})$
$\quad=7\sqrt{2}+a\sqrt{7}-7\sqrt{2}-2\sqrt{7}=(a-2)\sqrt{7}$
근호 앞에 있는 수가 0이어야 하므로 $a=2$

4 $\sqrt{3}(2\sqrt{3}-\sqrt{30})-\sqrt{2}(a\sqrt{5}-\sqrt{2})$
$\quad=6-3\sqrt{10}-a\sqrt{10}+2=8+(-3-a)\sqrt{10}$
근호 앞에 있는 수가 0이어야 하므로 $a=-3$

5 $(a\sqrt{3}+2)(\sqrt{3}-1)=3a+(-a+2)\sqrt{3}-2$
$\qquad\qquad\qquad\qquad=(3a-2)+(-a+2)\sqrt{3}$
근호 앞에 있는 수가 0이어야 하므로 $a=2$

6 $(\sqrt{5}+a)(2\sqrt{5}-1)=10+(-1+2a)\sqrt{5}-a$

$\qquad\qquad\qquad\qquad=(10-a)+(-1+2a)\sqrt{5}$
근호 앞에 있는 수가 0이어야 하므로 $a=\frac{1}{2}$

7 $(5\sqrt{2}+2)(\sqrt{2}-a)=10+(-5a+2)\sqrt{2}-2a$
$\qquad\qquad\qquad\qquad=(10-2a)+(-5a+2)\sqrt{2}$
근호 앞에 있는 수가 0이어야 하므로 $a=\frac{2}{5}$

8 $(a\sqrt{7}-3)(\sqrt{7}+4)=7a+(4a-3)\sqrt{7}-12$
$\qquad\qquad\qquad\qquad=(7a-12)+(4a-3)\sqrt{7}$
근호 앞에 있는 수가 0이어야 하므로 $a=\frac{3}{4}$

D 곱셈 공식을 이용한 분모의 유리화 1 126쪽

1 $3\sqrt{2}-3$	2 $-1-\sqrt{3}$
3 $\sqrt{5}+\sqrt{2}$	4 $-2\sqrt{3}+2\sqrt{5}$
5 $-2\sqrt{3}-3\sqrt{2}$	6 $\sqrt{42}+6$
7 $7+4\sqrt{3}$	8 $-8+3\sqrt{7}$

1 $\dfrac{3}{\sqrt{2}+1}=\dfrac{3(\sqrt{2}-1)}{(\sqrt{2}+1)(\sqrt{2}-1)}=\dfrac{3\sqrt{2}-3}{2-1}$
$\qquad\quad=3\sqrt{2}-3$

2 $\dfrac{2}{1-\sqrt{3}}=\dfrac{2(1+\sqrt{3})}{(1-\sqrt{3})(1+\sqrt{3})}=\dfrac{2+2\sqrt{3}}{1-3}$
$\qquad\quad=-\dfrac{2+2\sqrt{3}}{2}=-1-\sqrt{3}$

3 $\dfrac{3}{\sqrt{5}-\sqrt{2}}=\dfrac{3(\sqrt{5}+\sqrt{2})}{(\sqrt{5}-\sqrt{2})(\sqrt{5}+\sqrt{2})}$
$\qquad\quad=\dfrac{3(\sqrt{5}+\sqrt{2})}{3}=\sqrt{5}+\sqrt{2}$

4 $\dfrac{4}{\sqrt{3}+\sqrt{5}}=\dfrac{4(\sqrt{3}-\sqrt{5})}{(\sqrt{3}+\sqrt{5})(\sqrt{3}-\sqrt{5})}$
$\qquad\quad=\dfrac{4(\sqrt{3}-\sqrt{5})}{3-5}=-2\sqrt{3}+2\sqrt{5}$

5 $\dfrac{\sqrt{6}}{\sqrt{2}-\sqrt{3}}=\dfrac{\sqrt{6}(\sqrt{2}+\sqrt{3})}{(\sqrt{2}-\sqrt{3})(\sqrt{2}+\sqrt{3})}$
$\qquad\quad=\dfrac{2\sqrt{3}+3\sqrt{2}}{2-3}=-2\sqrt{3}-3\sqrt{2}$

6 $\dfrac{\sqrt{6}}{\sqrt{7}-\sqrt{6}}=\dfrac{\sqrt{6}(\sqrt{7}+\sqrt{6})}{(\sqrt{7}-\sqrt{6})(\sqrt{7}+\sqrt{6})}$
$\qquad\quad=\dfrac{\sqrt{42}+6}{7-6}=\sqrt{42}+6$

7 $\dfrac{2+\sqrt{3}}{2-\sqrt{3}}=\dfrac{(2+\sqrt{3})^2}{(2-\sqrt{3})(2+\sqrt{3})}=\dfrac{4+4\sqrt{3}+3}{4-3}$
$\qquad\quad=7+4\sqrt{3}$

8 $\dfrac{\sqrt{7}-3}{\sqrt{7}+3}=\dfrac{(\sqrt{7}-3)^2}{(\sqrt{7}+3)(\sqrt{7}-3)}=\dfrac{7-6\sqrt{7}+9}{7-9}$
$\qquad\quad=\dfrac{16-6\sqrt{7}}{-2}=-8+3\sqrt{7}$

E 곱셈 공식을 이용한 분모의 유리화 2　127쪽

1 $-1-3\sqrt{2}$	2 $7+3\sqrt{5}$	3 $4+\sqrt{7}$
4 $3-\sqrt{2}$	5 $5\sqrt{3}-9\sqrt{2}$	6 $4\sqrt{5}+\sqrt{3}$
7 $3+5\sqrt{3}$	8 $-3-2\sqrt{7}$	

---

1 $\dfrac{\sqrt{8}-5}{\sqrt{2}-1}=\dfrac{(2\sqrt{2}-5)(\sqrt{2}+1)}{(\sqrt{2}-1)(\sqrt{2}+1)}$

$\qquad =\dfrac{4-3\sqrt{2}-5}{2-1}=-1-3\sqrt{2}$

2 $\dfrac{\sqrt{5}+1}{\sqrt{5}-2}=\dfrac{(\sqrt{5}+1)(\sqrt{5}+2)}{(\sqrt{5}-2)(\sqrt{5}+2)}$

$\qquad =\dfrac{5+3\sqrt{5}+2}{5-4}=7+3\sqrt{5}$

3 $\dfrac{\sqrt{28}-1}{\sqrt{7}-2}=\dfrac{(2\sqrt{7}-1)(\sqrt{7}+2)}{(\sqrt{7}-2)(\sqrt{7}+2)}$

$\qquad =\dfrac{14+3\sqrt{7}-2}{7-4}=\dfrac{12+3\sqrt{7}}{3}=4+\sqrt{7}$

4 $\dfrac{-\sqrt{32}+5}{1-\sqrt{2}}=\dfrac{(-4\sqrt{2}+5)(1+\sqrt{2})}{(1-\sqrt{2})(1+\sqrt{2})}$

$\qquad =\dfrac{-4\sqrt{2}-8+5+5\sqrt{2}}{1-2}=3-\sqrt{2}$

5 $\dfrac{7}{\sqrt{3}+\sqrt{2}}-\dfrac{2}{\sqrt{3}-\sqrt{2}}$

$\quad =\dfrac{7(\sqrt{3}-\sqrt{2})}{(\sqrt{3}+\sqrt{2})(\sqrt{3}-\sqrt{2})}-\dfrac{2(\sqrt{3}+\sqrt{2})}{(\sqrt{3}-\sqrt{2})(\sqrt{3}+\sqrt{2})}$

$\quad =\dfrac{7\sqrt{3}-7\sqrt{2}}{3-2}-\dfrac{2\sqrt{3}+2\sqrt{2}}{3-2}=5\sqrt{3}-9\sqrt{2}$

6 $\dfrac{5}{\sqrt{5}-\sqrt{3}}+\dfrac{3}{\sqrt{5}+\sqrt{3}}$

$\quad =\dfrac{5(\sqrt{5}+\sqrt{3})}{(\sqrt{5}-\sqrt{3})(\sqrt{5}+\sqrt{3})}+\dfrac{3(\sqrt{5}-\sqrt{3})}{(\sqrt{5}+\sqrt{3})(\sqrt{5}-\sqrt{3})}$

$\quad =\dfrac{5\sqrt{5}+5\sqrt{3}}{5-3}+\dfrac{3\sqrt{5}-3\sqrt{3}}{5-3}$

$\quad =\dfrac{8\sqrt{5}+2\sqrt{3}}{2}=4\sqrt{5}+\sqrt{3}$

7 $\dfrac{\sqrt{6}-\sqrt{8}}{\sqrt{2}}+\dfrac{2-3\sqrt{3}}{\sqrt{3}-2}$

$\quad =\sqrt{3}-\sqrt{4}+\dfrac{(2-3\sqrt{3})(\sqrt{3}+2)}{(\sqrt{3}-2)(\sqrt{3}+2)}$

$\quad =\sqrt{3}-2+\dfrac{2\sqrt{3}+4-9-6\sqrt{3}}{3-4}$

$\quad =\sqrt{3}-2+5+4\sqrt{3}=3+5\sqrt{3}$

8 $\dfrac{1-2\sqrt{7}}{\sqrt{7}-2}+\dfrac{\sqrt{3}-\sqrt{21}}{\sqrt{3}}$

$\quad =\dfrac{(1-2\sqrt{7})(\sqrt{7}+2)}{(\sqrt{7}-2)(\sqrt{7}+2)}+1-\sqrt{7}$

$\quad =\dfrac{\sqrt{7}+2-14-4\sqrt{7}}{7-4}+1-\sqrt{7}$

$\quad =\dfrac{-12-3\sqrt{7}}{3}+1-\sqrt{7}$

$\quad =-4-\sqrt{7}+1-\sqrt{7}=-3-2\sqrt{7}$

 **거저먹는 시험 문제**　128쪽

1 ③	2 $5-4\sqrt{2}$	3 ④	4 2
5 ①	6 $6+11\sqrt{3}$		

---

1 ③ $(\sqrt{5}-2)(\sqrt{5}+6)=(\sqrt{5})^2+(-2+6)\sqrt{5}-12$

$\qquad\qquad\qquad\qquad\qquad =-7+4\sqrt{5}$

2 $(2\sqrt{2}-1)^2-(3+\sqrt{5})(3-\sqrt{5})$

$\quad =(2\sqrt{2})^2-2\times2\sqrt{2}+1-(9-5)$

$\quad =8-4\sqrt{2}+1-4=5-4\sqrt{2}$

3 $\sqrt{5}(\sqrt{3}-\sqrt{20})-\sqrt{3}(a\sqrt{5}-\sqrt{27})$

$\quad =\sqrt{15}-10-a\sqrt{15}+9$

$\quad =-1+(1-a)\sqrt{15}$

근호 앞에 있는 수가 0이어야 하므로 $a=1$

4 $(a\sqrt{13}+4)(\sqrt{13}-2)=13a+(-2a+4)\sqrt{13}-8$

$\qquad\qquad\qquad\qquad =(13a-8)+(-2a+4)\sqrt{13}$

근호 앞에 있는 수가 0이어야 하므로 $a=2$

5 $\dfrac{2+\sqrt{2}}{4-3\sqrt{2}}=\dfrac{(2+\sqrt{2})(4+3\sqrt{2})}{(4-3\sqrt{2})(4+3\sqrt{2})}$

$\qquad\quad =\dfrac{8+6\sqrt{2}+4\sqrt{2}+6}{16-18}$

$\qquad\quad =\dfrac{14+10\sqrt{2}}{-2}$

$\qquad\quad =-7-5\sqrt{2}$

$\therefore a=-7,\,b=-5\quad\therefore a-b=-2$

6 $\dfrac{7}{2-\sqrt{3}}-\dfrac{4}{2+\sqrt{3}}=\dfrac{7(2+\sqrt{3})}{(2-\sqrt{3})(2+\sqrt{3})}-\dfrac{4(2-\sqrt{3})}{(2+\sqrt{3})(2-\sqrt{3})}$

$\qquad\qquad\qquad\quad =\dfrac{14+7\sqrt{3}}{4-3}-\dfrac{8-4\sqrt{3}}{4-3}$

$\qquad\qquad\qquad\quad =14+7\sqrt{3}-8+4\sqrt{3}$

$\qquad\qquad\qquad\quad =6+11\sqrt{3}$

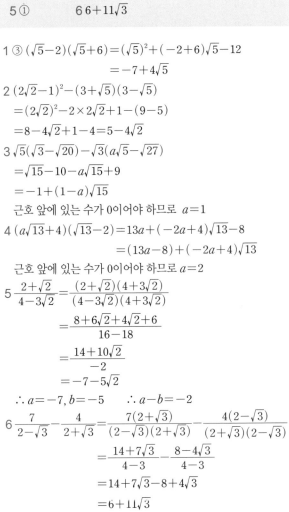 **19 곱셈 공식을 변형하여 식의 값 구하기**

A 곱셈 공식을 변형하여 식의 값 구하기 1　130쪽

1 6	2 11	3 18	4 34
5 3	6 10	7 -6	8 4

---

1 $x+y=2\sqrt{2}$, $xy=1$이므로

$\quad x^2+y^2=(x+y)^2-2xy=8-2=6$

2 $x-y=\sqrt{3}$, $xy=4$이므로

$x^2+y^2=(x-y)^2+2xy=3+8=11$

3 $x=\dfrac{1}{\sqrt{5}+2}=\dfrac{\sqrt{5}-2}{5-4}=\sqrt{5}-2$

$y=\dfrac{1}{\sqrt{5}-2}=\dfrac{\sqrt{5}+2}{5-4}=\sqrt{5}+2$

$x+y=2\sqrt{5}$, $xy=1$이므로

$x^2+y^2=(x+y)^2-2xy=20-2=18$

4 $a=\dfrac{1}{3-\sqrt{8}}=\dfrac{3+\sqrt{8}}{9-8}=3+2\sqrt{2}$

$b=\dfrac{1}{3+\sqrt{8}}=\dfrac{3-\sqrt{8}}{9-8}=3-2\sqrt{2}$

$a+b=6$, $ab=1$이므로

$a^2+b^2=(a+b)^2-2ab=36-2=34$

5 $x+y=\sqrt{15}$, $xy=3$이므로

$\dfrac{y}{x}+\dfrac{x}{y}=\dfrac{x^2+y^2}{xy}=\dfrac{(x+y)^2-2xy}{xy}=\dfrac{15-6}{3}=3$

6 $x+y=2\sqrt{3}$, $xy=1$이므로

$\dfrac{y}{x}+\dfrac{x}{y}=\dfrac{x^2+y^2}{xy}=\dfrac{(x+y)^2-2xy}{xy}=\dfrac{12-2}{1}=10$

7 $a=1-\sqrt{2}$, $b=1+\sqrt{2}$에서 $a+b=2$, $ab=-1$이므로

$\dfrac{b}{a}+\dfrac{a}{b}=\dfrac{a^2+b^2}{ab}=\dfrac{(a+b)^2-2ab}{ab}=\dfrac{4+2}{-1}=-6$

8 $x=3-\sqrt{3}$, $y=3+\sqrt{3}$에서 $x+y=6$, $xy=6$이므로

$\dfrac{y}{x}+\dfrac{x}{y}=\dfrac{x^2+y^2}{xy}=\dfrac{(x+y)^2-2xy}{xy}=\dfrac{36-12}{6}=4$

B 곱셈 공식을 변형하여 식의 값 구하기 2　　131쪽

1 10	2 12	3 13	4 8
5 1	6 3	7 2	8 6

- -

1 $x+y=3\sqrt{2}$, $xy=2$이므로

$(x-y)^2=(x+y)^2-4xy=(3\sqrt{2})^2-4\times2=10$

2 $a+b=2\sqrt{6}$, $ab=3$이므로

$(a-b)^2=(a+b)^2-4ab=(2\sqrt{6})^2-4\times3=12$

3 $a-b=3\sqrt{5}$, $ab=-8$이므로

$(a+b)^2=(a-b)^2+4ab=(3\sqrt{5})^2+4\times(-8)=13$

4 $x-y=4\sqrt{2}$, $xy=-6$이므로

$(x+y)^2=(x-y)^2+4xy=(4\sqrt{2})^2+4\times(-6)=8$

5 $x^2+y^2=(x+y)^2-2xy$이므로 $7=9-2xy$

$\therefore xy=\dfrac{9-7}{2}=1$

6 $a^2+b^2=(a+b)^2-2ab$이므로 $10=16-2ab$

$\therefore ab=\dfrac{16-10}{2}=3$

7 $a^2+b^2=(a-b)^2+2ab$이므로 $5=1+2ab$

$\therefore ab=\dfrac{5-1}{2}=2$

8 $x^2+y^2=(x-y)^2+2xy$이므로 $16=4+2xy$

$\therefore xy=\dfrac{16-4}{2}=6$

C 곱셈 공식을 변형하여 식의 값 구하기 3　　132쪽

1 2	2 3	3 10	4 16
5 12	6 7	7 40	8 30

- -

1 $x^2+\dfrac{1}{x^2}=\left(x+\dfrac{1}{x}\right)^2-2=4-2=2$

2 $x^2+\dfrac{1}{x^2}=\left(x+\dfrac{1}{x}\right)^2-2=5-2=3$

3 $x^2+\dfrac{1}{x^2}=\left(x-\dfrac{1}{x}\right)^2+2=8+2=10$

4 $x^2+\dfrac{1}{x^2}=\left(x-\dfrac{1}{x}\right)^2+2=14+2=16$

5 $\left(x-\dfrac{1}{x}\right)^2=\left(x+\dfrac{1}{x}\right)^2-4=16-4=12$

6 $\left(x-\dfrac{1}{x}\right)^2=\left(x+\dfrac{1}{x}\right)^2-4=11-4=7$

7 $\left(x+\dfrac{1}{x}\right)^2=\left(x-\dfrac{1}{x}\right)^2+4=36+4=40$

8 $\left(x+\dfrac{1}{x}\right)^2=\left(x-\dfrac{1}{x}\right)^2+4=26+4=30$

D $x=a+\sqrt{b}$ 인 경우 이차식의 값　　133쪽

1 3	2 8	3 9	4 −17
5 1	6 −12	7 10	8 −5

- -

1 $x=\sqrt{2}-1$에서 $x+1=\sqrt{2}$이므로 양변을 제곱하면

$x^2+2x+1=2$, $x^2+2x=1$

$\therefore x^2+2x+2=1+2=3$

2 $x=\sqrt{5}+1$에서 $x-1=\sqrt{5}$이므로 양변을 제곱하면

$x^2-2x+1=5$, $x^2-2x=4$

$\therefore x^2-2x+4=4+4=8$

3 $x=-2+\sqrt{10}$에서 $x+2=\sqrt{10}$이므로 양변을 제곱하면

$x^2+4x+4=10$, $x^2+4x=6$

$\therefore x^2+4x+3=6+3=9$

4 $x=\sqrt{5}+4$에서 $x-4=\sqrt{5}$이므로 양변을 제곱하면

$x^2-8x+16=5$, $x^2-8x=-11$

$\therefore x^2-8x-6=-11-6=-17$

5 $x=3+\sqrt{7}$에서 $x-3=\sqrt{7}$이므로 양변을 제곱하면

$x^2-6x+9=7$, $x^2-6x=-2$

$\therefore x^2-6x+3=-2+3=1$

6 $x=\sqrt{10}+5$에서 $x-5=\sqrt{10}$이므로 양변을 제곱하면
$x^2-10x+25=10$, $x^2-10x=-15$
$\therefore x^2-10x+3=-15+3=-12$

7 $x=2+\sqrt{8}$에서 $x-2=\sqrt{8}$이므로 양변을 제곱하면
$x^2-4x+4=8$, $x^2-4x=4$
$\therefore x^2-4x+6=4+6=10$

8 $x=\sqrt{6}-4$에서 $x+4=\sqrt{6}$이므로 양변을 제곱하면
$x^2+8x+16=6$, $x^2+8x=-10$
$\therefore x^2+8x+5=-10+5=-5$

 거저먹는 시험 문제   134쪽

| 1 ⑤ | 2 ④ | 3 ③ | 4 ② |
| 5 ① | 6 3 | | |

2 $a=3+\sqrt{5}$, $b=3-\sqrt{5}$에서 $a+b=6$, $ab=4$이므로
$$\dfrac{b}{a}+\dfrac{a}{b}=\dfrac{a^2+b^2}{ab}=\dfrac{(a+b)^2-2ab}{ab}$$
$$=\dfrac{36-8}{4}=7$$

3 $x+y=\sqrt{10}$, $xy=2$이므로
$(x-y)^2=(x+y)^2-4xy=(\sqrt{10})^2-4\times 2=2$
$\therefore x-y=\pm\sqrt{2}$

4 $x+\dfrac{1}{x}=\sqrt{11}$이므로
$$x^2+\dfrac{1}{x^2}=\left(x+\dfrac{1}{x}\right)^2-2=(\sqrt{11})^2-2=9$$

6 $x=\dfrac{1}{3-2\sqrt{2}}=\dfrac{3+2\sqrt{2}}{9-8}=3+2\sqrt{2}$

따라서 $x-3=2\sqrt{2}$이므로 양변을 제곱하면
$x^2-6x+9=8$, $x^2-6x=-1$
$\therefore x^2-6x+4=-1+4=3$

20 공통인수를 이용한 인수분해

A 인수   137쪽

1 ○	2 ○	3 ×	4 ○
5 ○	6 ○	7 ×	8 ○
9 ×	10 ○		

B 공통인수를 이용한 인수분해 1   138쪽

1 a, $a(x+2y)$
2 x, $x(3x+y)$
3 a^2, $a^2(bx+5y)$
4 xy, $xy(yz+2a)$
5 x, $x(a+3y+4)$
6 a, $a(3b+5bc+2)$
7 x^2, $x^2(7+3xy+4y)$
8 xy, $xy(ax+2a+3by)$

C 공통인수를 이용한 인수분해 2   139쪽

1 $(x-y)$, $(x-y)(x+1)$
2 $2x-y$, $(2x-y)(a-b)$
3 $a+b$, $3y(a+b)$
4 $3a-b$, $6y(3a-b)$
5 $4(a+5)$, $4(a+5)(a+7)$
6 $3(x+y)$, $3(x+y)(2x+2y-1)$
7 $5x-y$, $(5x-y)(7x+6y)$
8 $4x-9y$, $(4x-9y)(3x-11y)$

-----

1 $x(x-y)+(x-y)=(x-y)(x+1)$
3 $(a+b)(x-2y)-(a+b)(x-5y)$
$=(a+b)(x-2y-x+5y)=3y(a+b)$
5 $4(a+5)^2+8(a+5)=4(a+5)(a+5+2)$
$=4(a+5)(a+7)$
7 $(5x-y)(2x+7y)+(5x-y)^2$
$=(5x-y)(2x+7y+5x-y)=(5x-y)(7x+6y)$

D 공통인수를 이용한 인수분해 3   140쪽

1 $(x-y)(a-1)$
2 $(u-3b)(u-3b-1)$
3 $(y-z)(5x+6)$
4 $(4a-b)(7a-2b)$
5 $xy(a-2b)(x+1)$
6 $b(5a-2)(a-1)$
7 $y^2(x-y)(x-1)$
8 $(x-5y)(2x-3y)$

-----

1 $a(x-y)+(y-x)=a(x-y)-(x-y)$
$=(x-y)(a-1)$
3 $5x(y-z)-6(-y+z)=5x(y-z)+6(y-z)$
$=(y-z)(5x+6)$
5 $x^2y(a-2b)-xy(-a+2b)=x^2y(a-2b)+xy(a-2b)$
$=xy(a-2b)(x+1)$
7 $xy^2(x-y)+y^2(-x+y)=xy^2(x-y)-y^2(x-y)$
$=y^2(x-y)(x-1)$
8 $(x-5y)^2-(-x+5y)(x+2y)$
$=(x-5y)^2+(x-5y)(x+2y)$
$=(x-5y)(x-5y+x+2y)$
$=(x-5y)(2x-3y)$

1 ④   2 ③   3 ⑤   4 ②

5 ①   6 $(2a-3b)(7a-12b)$

3 $x^3+4x^2y=x^2(x+4y)$이므로 인수는

   $1, x, x^2, x+4y, x(x+4y), x^2(x+4y)$

4 $4(x-1)^2-5(x-1)=(x-1)(4x-4-5)$

                     $=(x-1)(4x-9)$

   따라서 인수는 $1, x-1, 4x-9, (x-1)(4x-9)$

5 $a(2x-y)-b(-2x+y)=a(2x-y)+b(2x-y)$

                           $=(2x-y)(a+b)$

21 인수분해 공식 1, 2

A 인수분해 공식 1 ― 완전제곱식 1   143쪽

1 $(a+1)^2$ 2 $(a-2)^2$ 3 $(x-5)^2$

4 $(y+10)^2$ 5 $(a-3)^2$ 6 $(2x+1)^2$

7 $(3y-1)^2$ 8 $(7x+1)^2$ 9 $(8x+1)^2$

10 $(9x-1)^2$

1 $a^2+2a+1=a^2+2\times a\times1+1^2=(a+1)^2$

2 $a^2-4a+4=a^2-2\times a\times2+2^2=(a-2)^2$

3 $x^2-10x+25=x^2-2\times x\times5+5^2=(x-5)^2$

4 $y^2+20y+100=y^2+2\times y\times10+10^2=(y+10)^2$

5 $a^2-6a+9=a^2-2\times a\times3+3^2=(a-3)^2$

6 $4x^2+4x+1=(2x)^2+2\times2x\times1+1^2=(2x+1)^2$

7 $9y^2-6y+1=(3y)^2-2\times3y\times1+1^2=(3y-1)^2$

8 $49x^2+14x+1=(7x)^2+2\times7x\times1+1^2=(7x+1)^2$

9 $64x^2+16x+1=(8x)^2+2\times8x\times1+1^2=(8x+1)^2$

10 $81x^2-18x+1=(9x)^2-2\times9x\times1+1^2=(9x-1)^2$

B 인수분해 공식 1 ― 완전제곱식 2   144쪽

1 $\left(a+\dfrac{1}{2}\right)^2$ 2 $\left(x-\dfrac{1}{3}\right)^2$ 3 $\left(x-\dfrac{1}{4}\right)^2$

4 $\left(x-\dfrac{2}{3}\right)^2$ 5 $\left(y+\dfrac{4}{5}\right)^2$ 6 $(2x+3)^2$

7 $(3y-4)^2$ 8 $\left(5x+\dfrac{1}{2}y\right)^2$ 9 $\left(3x+\dfrac{1}{3}y\right)^2$

10 $(4x+7y)^2$

1 $a^2+a+\dfrac{1}{4}=a^2+2\times a\times\dfrac{1}{2}+\left(\dfrac{1}{2}\right)^2=\left(a+\dfrac{1}{2}\right)^2$

2 $x^2-\dfrac{2}{3}x+\dfrac{1}{9}=x^2-2\times x\times\dfrac{1}{3}+\left(\dfrac{1}{3}\right)^2=\left(x-\dfrac{1}{3}\right)^2$

3 $x^2-\dfrac{1}{2}x+\dfrac{1}{16}=x^2-2\times x\times\dfrac{1}{4}+\left(\dfrac{1}{4}\right)^2=\left(x-\dfrac{1}{4}\right)^2$

4 $x^2-\dfrac{4}{3}x+\dfrac{4}{9}=x^2-2\times x\times\dfrac{2}{3}+\left(\dfrac{2}{3}\right)^2=\left(x-\dfrac{2}{3}\right)^2$

5 $y^2+\dfrac{8}{5}y+\dfrac{16}{25}=y^2+2\times y\times\dfrac{4}{5}+\left(\dfrac{4}{5}\right)^2=\left(y+\dfrac{4}{5}\right)^2$

6 $4x^2+12x+9=(2x)^2+12x+3^2$

                 $=(2x)^2+2\times2x\times3+3^2=(2x+3)^2$

7 $9y^2-24y+16=(3y)^2-24y+4^2$

                 $=(3y)^2-2\times3y\times4+4^2=(3y-4)^2$

8 $25x^2+5xy+\dfrac{1}{4}y^2=(5x)^2+5xy+\left(\dfrac{1}{2}y\right)^2$

                  $=(5x)^2+2\times5x\times\dfrac{1}{2}y+\left(\dfrac{1}{2}y\right)^2$

                  $=\left(5x+\dfrac{1}{2}y\right)^2$

9 $9x^2+2xy+\dfrac{1}{9}y^2=(3x)^2+2xy+\left(\dfrac{1}{3}y\right)^2$

               $=(3x)^2+2\times3x\times\dfrac{1}{3}y+\left(\dfrac{1}{3}y\right)^2$

               $=\left(3x+\dfrac{1}{3}y\right)^2$

10 $16x^2+56xy+49y^2=(4x)^2+56xy+(7y)^2$

                  $=(4x)^2+2\times4x\times7y+(7y)^2$

                  $=(4x+7y)^2$

C 완전제곱식 만들기   145쪽

1 1   2 4   3 36   4 1

5 25   6 ±4   7 ±8   8 ±6

9 ±42   10 ±30

1 $x^2+2x+\square$에서 $2x=2\times x\times1$ $\therefore \square=1^2=1$

2 $x^2+4x+\square$에서 $4x=2\times x\times2$ $\therefore \square=2^2=4$

3 $y^2+12y+\square$에서 $12y=2\times y\times6$ $\therefore \square=6^2=36$

4 $9x^2+6x+\square$에서 $6x=2\times3x\times1$ $\therefore \square=1^2=1$

5 $4x^2+20x+\square$에서 $20x=2\times2x\times5$ $\therefore \square=5^2=25$

6 $x^2+\square x+4=x^2+\square x+2^2$에서 일차항의 계수는

   $\pm2\times1\times2=\pm4$

7 $x^2+\square x+16=x^2+\square x+4^2$에서 일차항의 계수는

   $\pm2\times1\times4=\pm8$

8 $x^2+\square x+9=x^2+\square x+3^2$에서 일차항의 계수는

   $\pm2\times1\times3=\pm6$

9 $9x^2+\square x+49=(3x)^2+\square x+7^2$에서 일차항의 계수는

   $\pm2\times3\times7=\pm42$

10 $25x^2+\square x+9=(5x)^2+\square x+3^2$에서 일차항의 계수는

   $\pm2\times5\times3=\pm30$

D 근호 안의 식이 완전제곱식으로 인수분해되는 경우

146쪽

1 $x-1$	2 $-x+1$	3 $-x+2$
4 $x-4$	5 $x-3$	6 2
7 $2x$	8 $-2x+3$	9 2
10 $2x-6$		

---

1 $\sqrt{x^2-2x+1}=\sqrt{(x-1)^2}$이고 $1<x<2$에서 $x-1>0$

$\therefore \sqrt{(x-1)^2}=x-1$

2 $\sqrt{x^2-2x+1}=\sqrt{(x-1)^2}$이고 $0<x<1$에서 $x-1<0$이므로 부호가 바뀌어 근호 밖으로 나온다.

$\therefore \sqrt{(x-1)^2}=-x+1$

3 $\sqrt{x^2-4x+4}=\sqrt{(x-2)^2}$이고 $0<x<2$에서 $x-2<0$이므로 부호가 바뀌어 근호 밖으로 나온다.

$\therefore \sqrt{(x-2)^2}=-x+2$

4 $\sqrt{x^2-8x+16}=\sqrt{(x-4)^2}$이고 $4<x<6$에서 $x-4>0$

$\therefore \sqrt{(x-4)^2}=x-4$

5 $-\sqrt{x^2-6x+9}=-\sqrt{(x-3)^2}$이고 $1<x<3$에서 $x-3<0$이므로 부호가 바뀌어 근호 밖으로 나온다.

$\therefore -\sqrt{(x-3)^2}=-(-x+3)=x-3$

6 $\sqrt{x^2-2x+1}+\sqrt{x^2-6x+9}=\sqrt{(x-1)^2}+\sqrt{(x-3)^2}$

$2<x<3$에서 $x-1>0$, $x-3<0$

$\therefore \sqrt{(x-1)^2}+\sqrt{(x-3)^2}=x-1-(x-3)=2$

7 $\sqrt{x^2+4x+4}-\sqrt{x^2-4x+4}=\sqrt{(x+2)^2}-\sqrt{(x-2)^2}$

$-2<x<2$에서 $x+2>0$, $x-2<0$

$\therefore \sqrt{(x+2)^2}-\sqrt{(x-2)^2}=x+2-(-x+2)$

$\qquad\qquad\qquad\qquad =x+2+x-2=2x$

8 $\sqrt{x^2-8x+16}-\sqrt{x^2+2x+1}=\sqrt{(x-4)^2}-\sqrt{(x+1)^2}$

$1<x<4$에서 $x-4<0$, $x+1>0$

$\therefore -(x-4)-(x+1)=-2x+3$

9 $\sqrt{x^2-6x+9}+\sqrt{x^2-10x+25}=\sqrt{(x-3)^2}+\sqrt{(x-5)^2}$

$3<x<5$에서 $x-3>0$, $x-5<0$

$\therefore \sqrt{(x-3)^2}+\sqrt{(x-5)^2}=x-3-(x-5)=2$

10 $\sqrt{x^2-4x+4}-\sqrt{x^2-8x+16}=\sqrt{(x-2)^2}-\sqrt{(x-4)^2}$

$2<x<4$에서 $x-2>0$, $x-4<0$

$\therefore \sqrt{(x-2)^2}-\sqrt{(x-4)^2}=x-2-(-x+4)$

$\qquad\qquad\qquad\qquad =x-2+x-4$

$\qquad\qquad\qquad\qquad =2x-6$

E 인수분해 공식 2 — 제곱의 차

147쪽

1 $(x+1)(x-1)$	2 $(a+2)(a-2)$
3 $(x+4)(x-4)$	4 $(y+6)(y-6)$
5 $(a+5)(a-5)$	6 $(6x+1)(6x-1)$
7 $(4x+3)(4x-3)$	8 $(2x+5y)(2x-5y)$
9 $\left(5a+\frac{1}{2}b\right)\left(5a-\frac{1}{2}b\right)$	10 $\left(\frac{1}{3}x+\frac{1}{7}y\right)\left(\frac{1}{3}x-\frac{1}{7}y\right)$

---

2 $a^2-4=a^2-2^2=(a+2)(a-2)$

6 $36x^2-1=(6x)^2-1^2=(6x+1)(6x-1)$

8 $4x^2-25y^2=(2x)^2-(5y)^2=(2x+5y)(2x-5y)$

거저먹는 시험 문제

148쪽

1 ②	2 $\left(\frac{1}{5}x-5\right)^2$	3 ③	4 ②
5 ④	6 2		

3 $36x^2-12xy+\square=(6x)^2-12xy+\square$에서

$12xy=2\times 6x\times y \qquad \therefore \square=y^2$

4 $\sqrt{x^2-4x+4}+\sqrt{x^2-18x+81}=\sqrt{(x-2)^2}+\sqrt{(x-9)^2}$

$2<x<9$에서 $x-2>0$, $x-9<0$

$\therefore \sqrt{(x-2)^2}+\sqrt{(x-9)^2}=x-2-(x-9)$

$\qquad\qquad\qquad\qquad\quad =7$

6 $16x^2-\frac{1}{4}=(4x)^2-\left(\frac{1}{2}\right)^2=\left(4x+\frac{1}{2}\right)\left(4x-\frac{1}{2}\right)$

$\qquad\qquad =(Ax+B)(Ax-B)$

따라서 $A=4$, $B=\frac{1}{2}$이므로 $AB=2$

22 인수분해 공식 3, 4

A 합과 곱을 이용하여 두 정수 구하기

150쪽

1 1, 2	2 2, 3	3 $-1, -5$	4 1, 4
5 $-4, -5$	6 2, -3	7 2, -5	8 6, -2
9 3, -5	10 7, -1		

B 인수분해 공식 3 — x^2의 계수가 1인 이차식 1

151쪽

1 1, 2, 1, x, 2, $2x$, 1, 2

2 2, 3, 2, $2x$, 3, $3x$, 2, 3

3 1, -5, 1, x, -5, $-5x$, 1, 5

4 -2, -4, -2, $-2xy$, -4, $-4xy$, 2, 4

5 2, -5, 2, $2xy$, -5, $-5xy$, 2, 5

6 3, -4, 3, $3xy$, -4, $-4xy$, 3, 4

C 인수분해 공식 3 — x^2의 계수가 1인 이차식 2 152쪽

1 $(x-1)(x+2)$	2 $(x+1)(x+5)$
3 $(x-1)(x-3)$	4 $(x+2)(x-4)$
5 $(x-2)(x+3)$	6 $(x+3y)(x+4y)$
7 $(x+2y)(x+5y)$	8 $(x+3y)(x-6y)$
9 $(x+2y)(x-7y)$	10 $(x-2y)(x+10y)$

1 합이 1, 곱이 -2인 두 수는 -1, 2이므로
$x^2+x-2=(x-1)(x+2)$

2 합이 6, 곱이 5인 두 수는 1, 5이므로
$x^2+6x+5=(x+1)(x+5)$

3 합이 -4, 곱이 3인 두 수는 -1, -3이므로
$x^2-4x+3=(x-1)(x-3)$

4 합이 -2, 곱이 -8인 두 수는 2, -4이므로
$x^2-2x-8=(x+2)(x-4)$

5 합이 1, 곱이 -6인 두 수는 -2, 3이므로
$x^2+x-6=(x-2)(x+3)$

6 합이 7, 곱이 12인 두 수는 3, 4이므로
$x^2+7xy+12y^2=(x+3y)(x+4y)$

7 합이 7, 곱이 10인 두 수는 2, 5이므로
$x^2+7xy+10y^2=(x+2y)(x+5y)$

8 합이 -3, 곱이 -18인 두 수는 3, -6이므로
$x^2-3xy-18y^2=(x+3y)(x-6y)$

9 합이 -5, 곱이 -14인 두 수는 2, -7이므로
$x^2-5xy-14y^2=(x+2y)(x-7y)$

10 합이 8, 곱이 -20인 두 수는 -2, 10이므로
$x^2+8xy-20y^2=(x-2y)(x+10y)$

D 인수분해 공식 4 — x^2의 계수가 1이 아닌 이차식 1

153쪽

1 $1, 3x, 3, 4x, 1, 3$	2 $1, 4x, 4, 5x, 1, 4$
3 $-1, -4x, 4, 2x, 1, 4$	4 $-8xy, 2, 5, 10xy, 2, 5$
5 $1, 5xy, 5, -4xy, 1, 5$	6 $4, 16xy, 4, -3xy, 4, 4$

E 인수분해 공식 4 — x^2의 계수가 1이 아닌 이차식 2

154쪽

1 $(x-1)(3x+2)$	2 $(x+2)(2x+3)$
3 $(x-2)(6x+1)$	4 $(x-4)(3x+2)$
5 $(x+2)(5x-4)$	6 $(x-6y)(3x+2y)$
7 $(x-5y)(2x+7y)$	8 $(2x-3y)(5x+2y)$
9 $(2x-3y)(2x+5y)$	10 $(x-y)(6x-5y)$

1
$$x \quad\times\quad -1 \ \longrightarrow\ -3x$$
$$3x \quad\times\quad 2 \ \longrightarrow\ +)\ \underline{2x}$$
$$-x$$
$\therefore 3x^2-x-2=(x-1)(3x+2)$

2
$$x \quad\times\quad 2 \ \longrightarrow\ 4x$$
$$2x \quad\times\quad 3 \ \longrightarrow\ +)\ \underline{3x}$$
$$7x$$
$\therefore 2x^2+7x+6=(x+2)(2x+3)$

3
$$x \quad\times\quad -2 \ \longrightarrow\ -12x$$
$$6x \quad\times\quad 1 \ \longrightarrow\ +)\ \underline{x}$$
$$-11x$$
$\therefore 6x^2-11x-2=(x-2)(6x+1)$

4
$$x \quad\times\quad -4 \ \longrightarrow\ -12x$$
$$3x \quad\times\quad 2 \ \longrightarrow\ +)\ \underline{2x}$$
$$-10x$$
$\therefore 3x^2-10x-8=(x-4)(3x+2)$

5
$$x \quad\times\quad 2 \ \longrightarrow\ 10x$$
$$5x \quad\times\quad -4 \ \longrightarrow\ +)\ \underline{-4x}$$
$$6x$$
$\therefore 5x^2+6x-8=(x+2)(5x-4)$

6
$$x \quad\times\quad -6y \ \longrightarrow\ -18xy$$
$$3x \quad\times\quad 2y \ \longrightarrow\ +)\ \underline{2xy}$$
$$-16xy$$
$\therefore 3x^2-16xy-12y^2=(x-6y)(3x+2y)$

7
$$x \quad\times\quad -5y \ \longrightarrow\ -10xy$$
$$2x \quad\times\quad 7y \ \longrightarrow\ +)\ \underline{7xy}$$
$$-3xy$$
$\therefore 2x^2-3xy-35y^2=(x-5y)(2x+7y)$

8
$$2x \quad\times\quad -3y \ \longrightarrow\ -15xy$$
$$5x \quad\times\quad 2y \ \longrightarrow\ +)\ \underline{4xy}$$
$$-11xy$$
$\therefore 10x^2-11xy-6y^2=(2x-3y)(5x+2y)$

9
$$2x \quad\times\quad -3y \ \longrightarrow\ -6xy$$
$$2x \quad\times\quad 5y \ \longrightarrow\ +)\ \underline{10xy}$$
$$4xy$$
$\therefore 4x^2+4xy-15y^2=(2x-3y)(2x+5y)$

10
$$x \quad\times\quad -y \ \longrightarrow\ -6xy$$
$$6x \quad\times\quad -5y \ \longrightarrow\ +)\ \underline{-5xy}$$
$$-11xy$$
$\therefore 6x^2-11xy+5y^2=(x-y)(6x-5y)$

거저먹는 시험 문제 155쪽

1 ④	2 ②, ③	3 $2x+1$	4 ③
5 3	6 ①		

1 $x^2+ax-18=(x+2)(x-b)=x^2+(2-b)x-2b$
  $a=2-b$, $-18=-2b$
  $\therefore a=-7$, $b=9$ $\therefore a+b=2$
2 $x^2-10xy+24y^2=(x-4y)(x-6y)$
3 $x^2+x-12=(x-3)(x+4)$에서
  $x-3+x+4=2x+1$
4 $5x^2+14x+8=(x+2)(5x+4)=(x+a)(5x+b)$
  따라서 $a=2$, $b=4$이므로 $a+b=6$
5 $4x^2+8xy-5y^2=(2x-y)(2x+5y)$
            $=(ax+by)(cx+5y)$
  $\therefore a=2$, $b=-1$, $c=2$
  $\therefore a+b+c=3$
6 $ax^2+bx-15=(x-3)(2x+c)$
          $=2x^2+(c-6)x-3c$
  $a=2$, $b=c-6$, $-15=-3c$이므로
  $a=2$, $b=-1$, $c=5$
  $\therefore a+b+c=6$

23 인수분해 공식의 종합

A 인수분해 공식의 종합 1 157쪽

1 $(a-1)^2$　　　　　　2 $(x+2y)(x-2y)$
3 $(x-2)(x-6)$　　　　4 $(x-3)(x-4)$
5 $(x+2y)^2$　　　　　6 $\left(a-\dfrac{1}{2}\right)^2$
7 $(5x+3y)(5x-3y)$　　8 $(3x-2y)(7x+2y)$
9 $(3x-y)^2$　　　　　10 $(2x+3)(3x+2)$

B 인수분해 공식의 종합 2 158쪽

1 $(a-2)(3a+1)$　　　2 $(2x-3)^2$
3 $(x+9)(x-9)$　　　　4 $(x-y)(x-4y)$
5 $(3y+5)^2$　　　　　6 $(2x+7y)(2x-7y)$
7 $(2x-1)(3x+1)$　　　8 $(x-2y)(3x+5y)$
9 $(x-2y)^2$　　　　　10 $(x+3)(x-8)$

C 인수분해 공식의 종합 3 159쪽

1 $(x+3)(x-6)$　　　　2 $\left(2x-\dfrac{1}{2}\right)^2$
3 $(3x+7)(3x-7)$　　　4 $(x-9)^2$

5 $(2x-y)(3x-2y)$　　　6 $\left(x+\dfrac{3}{4}y\right)\left(x-\dfrac{3}{4}y\right)$
7 $(x-4)(2x+3)$　　　　8 $(x+2y)(3x-4y)$
9 $(x-4)(x-5)$　　　　10 $(x-8y)^2$

D 공통인수로 묶은 후 인수분해하기 160쪽

1 $b(a+2)^2$　　　　　2 $a(x+y)(x-y)$
3 $y(x+3)(x-4)$　　　4 $a(2x-1)(3x+2)$
5 $4a(x+2)(x-2)$　　　6 $y(x-2)(5x+4)$
7 $b(4a-1)^2$　　　　8 $z(x-2)(x-8)$
9 $ay(x+5)(x-5)$　　　10 $y(x+8)(2x-3)$

- - -

1 $a^2b+4ab+4b=b(a^2+4a+4)=b(a+2)^2$
2 $ax^2-ay^2=a(x^2-y^2)=a(x+y)(x-y)$
3 $x^2y-xy-12y=y(x^2-x-12)=y(x+3)(x-4)$
4 $6ax^2+ax-2a=a(6x^2+x-2)=a(2x-1)(3x+2)$
5 $4ax^2-16a=4a(x^2-4)=4a(x+2)(x-2)$
6 $5x^2y-6xy-8y=y(5x^2-6x-8)=y(x-2)(5x+4)$
7 $16a^2b-8ab+b=b(16a^2-8a+1)=b(4a-1)^2$
8 $x^2z-10xz+16z=z(x^2-10x+16)=z(x-2)(x-8)$
9 $ax^2y-25ay=ay(x^2-25)=ay(x+5)(x-5)$
10 $2x^2y+13xy-24y=y(2x^2+13x-24)$
              $=y(x+8)(2x-3)$

E 직사각형의 넓이의 합을 이용한 인수분해 161쪽

1 $(x+1)(x+3)$　　　　2 $(x+1)(2x+1)$
3 $(x+1)(2x+3)$　　　4 $x+1$
5 $x+2$　　　　　　　6 $2x+1$

- - -

1 $x^2+4x+3=(x+1)(x+3)$
2 $2x^2+3x+1=(x+1)(2x+1)$
3 $2x^2+5x+3=(x+1)(2x+3)$
4 $x^2+2x+1=(x+1)^2$
5 $x^2+4x+4=(x+2)^2$
6 $4x^2+4x+1=(2x+1)^2$

거저먹는 시험 문제 162쪽

1 ⑤　　　2 ③　　　3 ③　　　4 $y(x-1)(x-6)$
5 ①　　　6 $ab(a-5)(2a+3)$

$1\ ⑤\ 6x^2+13x+5=(3x+5)(2x+1)$

$2\ ③\ \dfrac{1}{9}x^2-\dfrac{4}{3}x+4=\left(\dfrac{1}{3}x-2\right)^2$

$3\ x^2+ax+28=(x+b)(x+7)=x^2+(b+7)x+7b$
  $a=b+7,\ 28=7b$이므로
  $a=11,\ b=4$ $\therefore a+b=15$

$4\ x^2y-7xy+6y=y(x^2-7x+6)$
                $=y(x-1)(x-6)$

$5\ 12x^2-3y^2=3(4x^2-y^2)=3(2x+y)(2x-y)$
  $a=3,\ b=2,\ c=1$
  $\therefore a+b+c=6$

$6\ 2a^3b-7a^2b-15ab=ab(2a^2-7a-15)$
                    $=ab(a-5)(2a+3)$

24 치환을 이용한 인수분해

A 치환을 이용한 인수분해 1   164쪽

$1\ (x+4)^2$ 　　　　　　$2\ (x+y+5)(x+y-5)$
$3\ (a-b-1)(a-b-5)$ 　$4\ (a-2b+3)(a-2b-6)$
$5\ (2a+13)^2$ 　　　　　$6\ (y-1)(3y-4)$
$7\ (2x-6y+1)^2$ 　　　　$8\ (2x-3)(4x+1)$

- -

$1\ (x+1)^2+6(x+1)+9$에서 $x+1=A$로 치환하면
  $A^2+6A+9=(A+3)^2$
              $=(x+1+3)^2=(x+4)^2$

$4\ (a-2b)^2-3(a-2b)-18$에서 $a-2b=A$로 치환하면
  $A^2-3A-18=(A+3)(A-6)$
              $=(a-2b+3)(a-2b-6)$

$5\ 4(a+5)^2+12(a+5)+9$에서 $a+5=A$로 치환하면
  $4A^2+12A+9=(2A+3)^2$
                $=\{2(a+5)+3\}^2$
                $=(2a+13)^2$

$6\ 3(y-3)^2+11(y-3)+10$에서 $y-3=A$로 치환하면
  $3A^2+11A+10=(A+2)(3A+5)$
                $=(y-3+2)\{3(y-3)+5\}$
                $=(y-1)(3y-4)$

$7\ 4(x-3y)^2+4(x-3y)+1$에서 $x-3y=A$로 치환하면
  $4A^2+4A+1=(2A+1)^2$
              $=\{2(x-3y)+1\}^2=(2x-6y+1)^2$

$8\ 2(2x-1)^2-(2x-1)-6$에서 $2x-1=A$로 치환하면
  $2A^2-A-6=(A-2)(2A+3)$
            $=(2x-1-2)\{2(2x-1)+3\}$
            $=(2x-3)(4x+1)$

B 치환을 이용한 인수분해 2   165쪽

$1\ (x-1)^2$ 　　　　　　$2\ (x+1)(x-4)$
$3\ (2a-3)(5a-14)$ 　　$4\ (x-1)(x-2)$
$5\ (a+b)(4a+4b-1)$ 　$6\ (x+y)^2$
$7\ (a-b-1)(a-b-4)$ 　$8\ (3x+2y-1)(6x-5y-2)$

- -

$1\ (x-3)^2-4(-x+3)+4=(x-3)^2+4(x-3)+4$이므로
  $x-3=A$로 치환하면
  $A^2+4A+4=(A+2)^2=(x-3+2)^2=(x-1)^2$

$2\ (x-1)^2+(1-x)-6=(x-1)^2-(x-1)-6$에서
  $x-1=A$로 치환하면
  $A^2-A-6=(A+2)(A-3)=(x-1+2)(x-1-3)$
          $=(x+1)(x-4)$

$3\ 10(a-2)^2+3(2-a)-4=10(a-2)^2-3(a-2)-4$에서
  $a-2=A$로 치환하면
  $10A^2-3A-4=(2A+1)(5A-4)$
                $=\{2(a-2)+1\}\{5(a-2)-4\}$
                $=(2a-3)(5a-14)$

$4\ (x-2)^2-(-x+2)=(x-2)^2+(x-2)$에서
  $x-2=A$로 치환하면
  $A^2+A=A(A+1)=(x-2)(x-2+1)$
          $=(x-1)(x-2)$

$5\ 4(-a-b)^2-(a+b)=4(a+b)^2-(a+b)$에서
  $a+b=A$로 치환하면
  $4A^2-A=A(4A-1)$
          $=(a+b)(4a+4b-1)$

$6\ (x+y-1)^2-2(-x-y+1)+1$
  $=(x+y-1)^2+2(x+y-1)+1$에서
  $x+y-1=A$로 치환하면
  $A^2+2A+1=(A+1)^2=(x+y-1+1)^2=(x+y)^2$

$7\ (a-b+2)^2+9(-a+b-2)+18$
  $=(a-b+2)^2-9(a-b+2)+18$에서
  $a-b+2=A$로 치환하면
  $A^2-9A+18=(A-3)(A-6)$
              $=(a-b+2-3)(a-b+2-6)$
              $=(a-b-1)(a-b-4)$

$8\ 2(3x-1)^2+(1-3x)y-10y^2$
  $=2(3x-1)^2-(3x-1)y-10y^2$에서 $3x-1=A$로 치환하면
  $2A^2-Ay-10y^2=(A+2y)(2A-5y)$
                  $=(3x-1+2y)\{2(3x-1)-5y\}$
                  $=(3x+2y-1)(6x-5y-2)$

1 $(x-y-2)(x-y+3)$　　　2 $(a+b-2)(a+b-4)$

3 $(2a+b-3)(2a+b+4)$　4 $(x+4y-3)^2$

5 $(a-2b-2)^2$　　　　　6 $(3x-y+3)(3x-y-5)$

7 $(2x-3y-4)^2$　　　　8 $(a-7b+2)(a-7b-7)$

---

1 $(x-y)(x-y+1)-6$에서 $x-y=A$로 치환하면

$A(A+1)-6=A^2+A-6=(A-2)(A+3)$

$\qquad\qquad\qquad =(x-y-2)(x-y+3)$

2 $(a+b)(a+b-6)+8$에서 $a+b=A$로 치환하면

$A(A-6)+8=A^2-6A+8$

$\qquad\qquad =(A-2)(A-4)$

$\qquad\qquad =(a+b-2)(a+b-4)$

3 $-10+(2a+b-1)(2a+b+2)$에서 $2a+b=A$로 치환하면

$-10+(A-1)(A+2)=-10+A^2+A-2$

$\qquad\qquad\qquad\qquad =A^2+A-12$

$\qquad\qquad\qquad\qquad =(A-3)(A+4)$

$\qquad\qquad\qquad\qquad =(2a+b-3)(2a+b+4)$

4 $(x+4y)(x+4y-6)+9$에서 $x+4y=A$로 치환하면

$A(A-6)+9=A^2-6A+9$

$\qquad\qquad =(A-3)^2$

$\qquad\qquad =(x+4y-3)^2$

5 $(a-2b)^2-4(a-2b-1)$에서 $a-2b=A$로 치환하면

$A^2-4(A-1)=A^2-4A+4=(A-2)^2$

$\qquad\qquad\qquad\qquad =(a-2b-2)^2$

6 $-7+(3x-y-4)(3x-y+2)$에서 $3x-y=A$로 치환하면

$-7+(A-4)(A+2)=-7+A^2-2A-8$

$\qquad\qquad\qquad\qquad =A^2-2A-15$

$\qquad\qquad\qquad\qquad =(A+3)(A-5)$

$\qquad\qquad\qquad\qquad =(3x-y+3)(3x-y-5)$

7 $(2x-3y)(2x-3y-8)+16$에서 $2x-3y=A$로 치환하면

$A(A-8)+16=A^2-8A+16=(A-4)^2$

$\qquad\qquad\qquad\qquad =(2x-3y-4)^2$

8 $(a-7b)(a-7b-5)-14$에서 $a-7b=A$로 치환하면

$A(A-5)-14=A^2-5A-14=(A+2)(A-7)$

$\qquad\qquad\qquad\qquad =(a-7b+2)(a-7b-7)$

1 $4ab$　　　　　　　　2 $(x+3y+7)(x-5y-9)$

3 $(3a-4)^2$　　　　　4 $(x-3y+4)(2x+y+1)$

5 $-9b(4a-11b)$　　6 $(6a-13)^2$

7 $-17a(13a-10)$　　8 $-(5a-3b)(13a+9b)$

---

1 $(a+b)^2-(a-b)^2$에서 $a+b=A$, $a-b=B$로 치환하면

$A^2-B^2=(A+B)(A-B)$

$\qquad =(a+b+a-b)(a+b-a+b)=4ab$

2 $(x+1)^2-2(x+1)(y+2)-15(y+2)^2$에서

$x+1=A$, $y+2=B$로 치환하면

$A^2-2AB-15B^2$

$=(A+3B)(A-5B)$

$=\{x+1+3(y+2)\}\{x+1-5(y+2)\}$

$=(x+3y+7)(x-5y-9)$

3 $(a-3)^2+2(a-3)(2a-1)+(2a-1)^2$에서

$a-3=A$, $2a-1=B$로 치환하면

$A^2+2AB+B^2=(A+B)^2$

$\qquad\qquad\quad =(a-3+2a-1)^2=(3a-4)^2$

4 $2(x+1)^2-5(x+1)(y-1)-3(y-1)^2$에서

$x+1=A$, $y-1=B$로 치환하면

$2A^2-5AB-3B^2$

$=(A-3B)(2A+B)$

$=\{x+1-3(y-1)\}\{2(x+1)+y-1\}$

$=(x-3y+4)(2x+y+1)$

5 $4(a-5b)^2-(2a-b)^2$에서

$a-5b=A$, $2a-b=B$로 치환하면

$(2A)^2-B^2=(2A+B)(2A-B)$

$\qquad\qquad =(2a-10b+2a-b)(2a-10b-2a+b)$

$\qquad\qquad =-9b(4a-11b)$

7 $(2a+5)^2-25(3a-1)^2$에서

$2a+5=A$, $3a-1=B$로 치환하면

$A^2-25B^2=(A+5B)(A-5B)$

$\qquad\qquad =\{2a+5+5(3a-1)\}\{2a+5-5(3a-1)\}$

$\qquad\qquad =17a(-13a+10)$

$\qquad\qquad =-17a(13a-10)$

8 $4(a-2b)^2-8(a-2b)(3a+b)-5(3a+b)^2$에서

$a-2b=A$, $3a+b=B$로 치환하면

$4A^2-8AB-5B^2=(2A+B)(2A-5B)$

$=(2a-4b+3a+b)(2a-4b-15a-5b)$

$=-(5a-3b)(13a+9b)$

1 ②　　　2 ①　　　3 $(4x-y-3)(4x-y+6)$

4 ②　　　5 $7x(18x-y)$　6 ③

---

1 $(x+3y)^2-(x+3y)-20$에서 $x+3y=A$로 치환하면

$A^2-A-20=(A+4)(A-5)$

$\qquad\qquad =(x+3y+4)(x+3y-5)$

2 $4-(a-b)^2$에서 $a-b=A$로 치환하면

$4-A^2=(2+A)(2-A)$

$=(2+a-b)(2-a+b)$

3 $(4x-y)^2+3(4x-y-3)-9$에서 $4x-y=A$로 치환하면

$A^2+3(A-3)-9=A^2+3A-18$

$=(A-3)(A+6)$

$=(4x-y-3)(4x-y+6)$

4 $25(x-3)^2-10(x-3)(4x+1)+(4x+1)^2$에서

$x-3=A$, $4x+1=B$로 치환하면

$(5A)^2-10AB+B^2=(5A-B)^2$

$-(5x-15-4x-1)^2$

$=(x-16)^2$

5 $3(x-2y)^2+11(x-2y)(3x+y)+10(3x+y)^2$에서

$x-2y=A$, $3x+y=B$로 치환하면

$3A^2+11AB+10B^2$

$=(A+2B)(3A+5B)$

$=(x-2y+6x+2y)(3x-6y+15x+5y)$

$=7x(18x-y)$

6 $(8x+3)^2-(5x-2)^2$에서 $8x+3=A$, $5x-2=B$로 치환하면

$A^2-B^2=(A+B)(A-B)$

$=(8x+3+5x-2)(8x+3-5x+2)$

$=(13x+1)(3x+5)$

$=(13x+a)(3x+b)$

따라서 $a=1$, $b=5$이므로

$a+b=6$

25 여러 가지 인수분해

A 항이 4개일 때 인수분해 — (2항)+(2항)   170쪽

1 $(a-b)(x+1)$ 2 $(2x-1)(2y+1)$

3 $(3x+2)(y+2)$ 4 $(2a-1)(4b-1)$

5 $(x^2+3)(y+3)$ 6 $(y-2)(xy+2)$

7 $(x+1)(x-1)(2y-1)$ 8 $(x+2)(x-2)(x-3)$

- -

1 $a-b+ax-bx=(a-b)+x(a-b)=(a-b)(x+1)$

2 $4xy-2y+2x-1=2y(2x-1)+(2x-1)$

$=(2x-1)(2y+1)$

3 $3xy+6x+2y+4=3x(y+2)+2(y+2)$

$=(3x+2)(y+2)$

4 $8ab-4b-2a+1=4b(2a-1)-(2a-1)$

$=(2a-1)(4b-1)$

5 $x^2y+3x^2+3y+9=x^2(y+3)+3(y+3)$

$=(x^2+3)(y+3)$

6 $xy^2-2xy+2y-4=xy(y-2)+2(y-2)$

$=(y-2)(xy+2)$

7 $2x^2y-x^2-2y+1=x^2(2y-1)-(2y-1)$

$=(x^2-1)(2y-1)$

$=(x+1)(x-1)(2y-1)$

8 $x^3-3x^2-4x+12=x^2(x-3)-4(x-3)$

$=(x^2-4)(x-3)$

$=(x+2)(x-2)(x-3$

B 항이 4개일 때 인수분해 — (3항)+(1항)   171쪽

1 $(x+y+1)(x-y+1)$

2 $(x+2y+3)(x-2y+3)$

3 $(2a+b-1)(-2a+b+1)$

4 $(x+y-9)(-x+y-9)$

5 $(a+b+c)(a-b-c)$

6 $(x+y+3)(x+y-3)$

7 $(y+x+7)(y-x-7)$

8 $(a+b-10)(a-b-10)$

- -

1 $x^2+2x+1-y^2=(x+1)^2-y^2$

$=(x+y+1)(x-y+1)$

2 $x^2+6x+9-4y^2=(x+3)^2-(2y)^2$

$=(x+3+2y)(x+3-2y)$

3 $b^2-4a^2+4a-1=b^2-(4a^2-4a+1)$

$=b^2-(2a-1)^2$

$=(b+2a-1)(b-2a+1)$

$=(2a+b-1)(-2a+b+1)$

4 $-x^2+81+y^2-18y=y^2-18y+18-x^2$

$=(y-9)^2-x^2$

$=(y-9+x)(y-9-x)$

5 $a^2-b^2-c^2-2bc=a^2-(b^2+2bc+c^2)$

$=a^2-(b+c)^2$

$=(a+b+c)(a-b-c)$

6 $x^2-9+2xy+y^2=(x^2+2xy+y^2)-3^2$

$=(x+y)^2-3^2$

$=(x+y+3)(x+y-3)$

7 $-x^2+y^2-14x-49=y^2-(x^2+14x+49)$

$=y^2-(x+7)^2$

$=(y+x+7)(y-x-7)$

8 $a^2-b^2+100-20a=a^2-20a+100-b^2$

$=(a-10)^2-b^2$

$=(a-10+b)(a-10-b)$

C 인수분해를 이용한 수의 계산 1　172쪽

1 12, 12, 1200　　　　2 96, 96, 92, 9200
3 3, 3, 400　　　　　4 2, 3, 99, 9900
5 98, 98, 10, 2060　　6 92, 92, 9200
7 5, 4, 99, 9900　　　8 5, 5, 100

D 인수분해를 이용한 수의 계산 2　173쪽

1 57　　　2 −8　　　3 62.8　　　4 4
5 400　　6 130　　　7 2　　　8 4

1 $5.7 \times 7 + 5.7 \times 3 = 5.7 \times (7+3)$
　　　　　　　$= 5.7 \times 10 = 57$
2 $4.6^2 - 5.4^2 = (4.6+5.4)(4.6-5.4)$
　　　　　　$= 10 \times (-0.8) = -8$
3 $8.14^2 - 1.86^2 = (8.14+1.86)(8.14-1.86)$
　　　　　　　$= 10 \times 6.28 = 62.8$
4 $3^2 - 2 \times 3 \times 5 + 25 = (3-5)^2$
　　　　　　　$= (-2)^2 = 4$
5 $16^2 + 2 \times 16 \times 4 + 4^2 = (16+4)^2 = 20^2 = 400$
6 $15^2 - 7 \times 15 + 10 = (15-2)(15-5)$
　　　　　　　$= 13 \times 10 = 130$
7 $\dfrac{12 \times 3 + 12 \times 5}{8^2 - 4^2} = \dfrac{12 \times (3+5)}{(8+4)(8-4)} = \dfrac{12 \times 8}{12 \times 4} = 2$
8 $\dfrac{190 \times 3 + 190 \times 5}{96^2 - 94^2} = \dfrac{190(3+5)}{(96+94)(96-94)}$
　　　　　　　　$= \dfrac{190 \times 8}{190 \times 2} = 4$

 거저먹는 시험 문제　174쪽

1 ①　　　2 $x-1$　　3 ③
4 $(a+b+c)(-a+b-c)$　　5 ④　　6 1

1 $x^3 - 4x^2 - 3x + 12 = x^2(x-4) - 3(x-4)$
　　　　　　　$= (x-4)(x^2-3)$
2 $xy - x - y + 1 = x(y-1) - (y-1) = (x-1)(y-1)$
　$x^2 - x - xy + y = x(x-1) - y(x-1)$
　　　　　　　$= (x-1)(x-y)$
　따라서 공통인수는 $x-1$
3 $x^2 - 10x - y^2 + 25 = (x^2 - 10x + 25) - y^2$
　　　　　　　$= (x-5)^2 - y^2$
　　　　　　　$= (x+y-5)(x-y-5)$

4 $-a^2 + b^2 - c^2 - 2ac = b^2 - (a^2 + 2ac + c^2)$
　　　　　　　$= b^2 - (a+c)^2$
　　　　　　　$= (b+a+c)(b-a-c)$
6 $\dfrac{325 \times 2 + 325 \times 7}{167^2 - 158^2} = \dfrac{325(2+7)}{(167+158)(167-158)}$
　　　　　　　$= \dfrac{325 \times 9}{325 \times 9} = 1$

 26 인수분해 공식을 이용하여 식의 값 구하기

A 인수분해 공식을 이용하여 식의 값 구하기 1　176쪽

1 $-4\sqrt{2}$　　　2 $8\sqrt{5}$　　　3 $24\sqrt{2}$
4 $2\sqrt{6}$　　　5 $2 - 5\sqrt{2}$　　6 $3 - 6\sqrt{3}$
7 100　　　8 21

1 $a = \dfrac{1}{\sqrt{2}+1} = \dfrac{\sqrt{2}-1}{(\sqrt{2}+1)(\sqrt{2}-1)} = \sqrt{2}-1$
　$b = \dfrac{1}{\sqrt{2}-1} = \dfrac{\sqrt{2}+1}{(\sqrt{2}-1)(\sqrt{2}+1)} = \sqrt{2}+1$
　$\therefore a^2 - b^2 = (a+b)(a-b) = 2\sqrt{2} \times (-2) = -4\sqrt{2}$
2 $x = \sqrt{5}+2,\ y = \sqrt{5}-2$
　$\therefore x^2 - y^2 = (x+y)(x-y) = 2\sqrt{5} \times 4 = 8\sqrt{5}$
3 $x = \dfrac{1}{2\sqrt{2}-3} = \dfrac{2\sqrt{2}+3}{(2\sqrt{2}-3)(2\sqrt{2}+3)} = -2\sqrt{2}-3$
　$y = \dfrac{1}{2\sqrt{2}+3} = \dfrac{2\sqrt{2}-3}{(2\sqrt{2}+3)(2\sqrt{2}-3)} = -2\sqrt{2}+3$
　$\therefore x^2 - y^2 = (x+y)(x-y) = (-4\sqrt{2}) \times (-6)$
　　　　　　　$= 24\sqrt{2}$
4 $a = \dfrac{1}{\sqrt{6}-2} = \dfrac{\sqrt{6}+2}{(\sqrt{6}-2)(\sqrt{6}+2)} = \dfrac{\sqrt{6}+2}{2}$
　$b = \dfrac{1}{\sqrt{6}+2} = \dfrac{\sqrt{6}-2}{(\sqrt{6}+2)(\sqrt{6}-2)} = \dfrac{\sqrt{6}-2}{2}$
　$\therefore a^2 - b^2 = (a+b)(a-b) = \sqrt{6} \times 2 = 2\sqrt{6}$
5 $x^2 - 3x - 4 = (x-4)(x+1)$
　　　　　$= (4-\sqrt{2}-4)(4-\sqrt{2}+1)$
　　　　　$= -\sqrt{2}(5-\sqrt{2}) = 2 - 5\sqrt{2}$
6 $x^2 - 4x - 5 = (x+1)(x-5)$
　　　　　$= (5-\sqrt{3}+1)(5-\sqrt{3}-5)$
　　　　　$= -\sqrt{3}(6-\sqrt{3}) = 3 - 6\sqrt{3}$

$7\ a=\dfrac{\sqrt{3}+\sqrt{2}}{\sqrt{3}-\sqrt{2}}=\dfrac{(\sqrt{3}+\sqrt{2})^2}{(\sqrt{3}-\sqrt{2})(\sqrt{3}+\sqrt{2})}$

$\qquad =5+2\sqrt{6}$

$\quad\ b=\dfrac{\sqrt{3}-\sqrt{2}}{\sqrt{3}+\sqrt{2}}=\dfrac{(\sqrt{3}-\sqrt{2})^2}{(\sqrt{3}+\sqrt{2})(\sqrt{3}-\sqrt{2})}$

$\qquad =5-2\sqrt{6}$

$\quad \therefore a^2+2ab+b^2=(a+b)^2=10^2=100$

$8\ x=\dfrac{\sqrt{3}+\sqrt{7}}{\sqrt{3}-\sqrt{7}}=\dfrac{(\sqrt{3}+\sqrt{7})^2}{(\sqrt{3}-\sqrt{7})(\sqrt{3}+\sqrt{7})}$

$\qquad =\dfrac{10+2\sqrt{21}}{-4}$

$\quad\ y=\dfrac{\sqrt{3}-\sqrt{7}}{\sqrt{3}+\sqrt{7}}=\dfrac{(\sqrt{3}-\sqrt{7})^2}{(\sqrt{3}+\sqrt{7})(\sqrt{3}-\sqrt{7})}$

$\qquad =\dfrac{10-2\sqrt{21}}{-4}$

$\quad \therefore x^2-2xy+y^2=(x-y)^2=(-\sqrt{21})^2$

$\qquad\qquad\qquad =21$

$8\ x^2+6xy+9y^2+x+3y-1=(x+3y)^2+(x+3y)-1$

$\qquad\qquad\qquad\qquad\quad =2^2+2-1$

$\qquad\qquad\qquad\qquad\quad =5$

C 인수분해 공식을 이용하여 식의 값 구하기 3 178쪽

1 4	2 2	3 3	4 2
5 49	6 36	7 5	8 3

$1\ a^2-b^2+3a-3b=(a+b)(a-b)+3(a-b)$

$\qquad\qquad\qquad =(a-b)(a+b+3)$

$\qquad\qquad\qquad =5(a-b)$

$\qquad\qquad\qquad =20$

$\quad \therefore a-b=4$

$2\ x^2-y^2+4x+4y=(x+y)(x-y)+4(x+y)$

$\qquad\qquad\qquad =(x+y)(x-y+4)$

$\qquad\qquad\qquad =(x+y)\times 6$

$\qquad\qquad\qquad =12$

$\quad \therefore x+y=2$

$3\ a(a+1)-b(b-1)=a^2+a-b^2+b$

$\qquad\qquad\qquad =(a+b)(a-b)+(a+b)$

$\qquad\qquad\qquad =(a+b)(a-b+1)$

$\qquad\qquad\qquad =3(a-b+1)$

$\qquad\qquad\qquad =12$

$\quad \therefore a-b=3$

$4\ x(x+1)-y(y+1)=x^2+x-y^2-y$

$\qquad\qquad\qquad =(x+y)(x-y)+x-y$

$\qquad\qquad\qquad =(x-y)(x+y+1)$

$\qquad\qquad\qquad =-2(x+y+1)$

$\qquad\qquad\qquad =-6$

$\quad \therefore x+y=2$

$5\ ax+bx+ay+by=x(a+b)+y(a+b)$

$\qquad\qquad\qquad =(a+b)(x+y)$

$\qquad\qquad\qquad =5(a+b)$

$\qquad\qquad\qquad =35$

$\quad \therefore a+b=7$

$\quad \therefore a^2+2ab+b^2=(a+b)^2=7^2=49$

$6\ ax+bx-ay-by=x(a+b)-y(a+b)$

$\qquad\qquad\qquad =(x-y)(a+b)$

$\qquad\qquad\qquad =3(a+b)$

$\qquad\qquad\qquad =18$

$\quad \therefore a+b=6$

$\quad \therefore a^2+2ab+b^2=(a+b)^2=6^2=36$

B 인수분해 공식을 이용하여 식의 값 구하기 2 177쪽

1 12	2 56	3 −12	4 −10
5 −48	6 72	7 13	8 5

$1\ x^2-y^2+2x-2y=(x+y)(x-y)+2(x-y)$

$\qquad\qquad\qquad =(x-y)(x+y+2)=3(2+2)$

$\qquad\qquad\qquad =12$

$2\ a^2-b^2+4a+4b=(a+b)(a-b)+4(a+b)$

$\qquad\qquad\qquad =(a+b)(a-b+4)$

$\qquad\qquad\qquad =7(4+4)=56$

$3\ ac-bc-ab+b^2=c(a-b)-b(a-b)$

$\qquad\qquad\qquad =(a-b)(c-b)=4\times(-3)$

$\qquad\qquad\qquad =-12$

$4\ y^2+xz-yz-xy=z(x-y)-y(x-y)$

$\qquad\qquad\qquad =(z-y)(x-y)=-2\times 5$

$\qquad\qquad\qquad =-10$

$5\ x^3y+2x^2y^2+xy^3=xy(x^2+2xy+y^2)$

$\qquad\qquad\qquad =xy(x+y)^2=-3\times 4^2$

$\qquad\qquad\qquad =-48$

$6\ 3x^3y-6x^2y^2+3xy^3=3xy(x^2-2xy+y^2)$

$\qquad\qquad\qquad =3xy(x-y)^2$

$\qquad\qquad\qquad =3\times 6\times(-2)^2$

$\qquad\qquad\qquad =72$

$7\ x^2+4xy+4y^2+x+2y+1=(x+2y)^2+(x+2y)+1$

$\qquad\qquad\qquad\qquad\qquad =3^2+3+1$

$\qquad\qquad\qquad\qquad\qquad =13$

7 $abx+aby+x+y=ab(x+y)+(x+y)$
$=(x+y)(ab+1)$
$=2(x+y)$
$=10$
$\therefore x+y=5$

8 $axy+2a+4b+2bxy=xy(a+2b)+2(a+2b)$
$=(xy+2)(a+2b)$
$=8(a+2b)$
$=24$
$\therefore a+2b=3$

D 인수분해의 도형에의 활용   179쪽

1 $3x+4$	2 $2x+1$	3 $2x+3$
4 $3x+4$	5 $x-2$	6 $3x-1$

- -

1 $(3x^2+10x+8)\div(x+2)$
$=(x+2)(3x+4)\div(x+2)$
$=3x+4$

2 $(4x^2+12x+5)\div(2x+5)$
$=(2x+1)(2x+5)\div(2x+5)$
$=2x+1$

3 $2(2x^2-x-6)\div(2x-4)$
$=2(x-2)(2x+3)\div2(x-2)$
$=2x+3$

4 $2(3x^2+x-4)\div(2x-2)$
$=2(x-1)(3x+4)\div2(x-1)$
$=3x+4$

5 $2(x^2+x-6)\div\{(x+1)+(x+5)\}$
$=2(x+3)(x-2)\div2(x+3)$
$=x-2$

6 $2(9x^2-1)\div\{(2x+1)+(4x+1)\}$
$=2(3x+1)(3x-1)\div2(3x+1)$
$=3x-1$

---

1 $a=\dfrac{1}{\sqrt{17}-4}=\sqrt{17}+4$

$b=\dfrac{1}{\sqrt{17}+4}=\sqrt{17}-4$

$\therefore a^2-b^2=(a+b)(a-b)$
$=2\sqrt{17}\times8$
$=16\sqrt{17}$

2 $x=\dfrac{20+6\sqrt{11}}{2},\ y=\dfrac{20-6\sqrt{11}}{2}$

$\therefore x^2+2xy+y^2=(x+y)^2=20^2$
$=400$

3 $9x^2+6xy+y^2+3x+y+1=(3x+y)^2+(3x+y)+1$
$=4^2+4+1$
$=21$

4 $a(a+1)-b(b-1)=a^2+a-b^2+b$
$=(a+b)(a-b)+(a+b)$
$=(a+b)(a-b+1)$
$=5(a-b+1)$
$=10$
$\therefore a-b=1$

5 $axy+2a+6b+3bxy=xy(a+3b)+2(a+3b)$
$=(a+3b)(xy+2)$
$=10(a+3b)$
$=30$
$\therefore a+3b=3$

6 $(x+4)^2-1^2=(x+5)\times(\text{세로의 길이})$
$(x+4+1)(x+4-1)=(x+5)\times(\text{세로의 길이})$
$(x+5)(x+3)=(x+5)\times(\text{세로의 길이})$
$\therefore (\text{세로의 길이})=x+3$

《바쁜 중3을 위한 빠른 중학연산》을 효과적으로 보는 방법

〈바빠 중학연산〉 시리즈는 중학 수학 3-1 과정 중 연산 영역을 두 권으로 구성, 시중 교재 중 가장 많은 연산 문제를 훈련할 수 있습니다. 따라서 수학의 기초가 부족한 친구라도, 영역별 집중 훈련을 통해 연산의 속도와 정확성을 높일 수 있습니다.

1권 - 3학년 1학기 과정
〈제곱근과 실수, 다항식의 곱셈, 인수분해 영역〉

2권 - 3학년 1학기 과정
〈이차방정식, 이차함수 영역〉

1. 취약한 영역만 보강하려면? — 두 권 중 한 권만 선택하세요!

중3 과정 중에서도 제곱근이나 인수분해가 어렵다면 1권 〈제곱근과 실수, 다항식의 곱셈, 인수분해 영역〉을, 이차방정식이나 이차함수가 어렵다면 2권 〈이차방정식, 이차함수 영역〉을 선택하여 정리해 보세요. 중3뿐 아니라 고1이라도 자신이 취약한 영역을 집중적으로 공부하여 학습 결손을 빠르게 보충하세요.

2. 중3이지만 연산이 약하거나, 중3 수학을 준비하는 중2라면?

중학 수학 3-1 진도에 맞게 1권 〈제곱근과 실수, 다항식의 곱셈, 인수분해 영역〉 → 2권 〈이차방정식, 이차함수 영역〉 순서로 공부하세요. 기본 문제부터 풀 수 있어서, 중학 수학의 기초를 탄탄히 다질 수 있습니다.

3. 학원이나 공부방 선생님이라면?

이 책은 선생님의 수고로움을 덜어주는 책입니다.

1) 계산력이 더 필요한 학생들에게 30~40분 일찍 와서 이 책을 풀게 하세요. 선생님이 애써 설명하지 않아도 책만 있으면 학생들은 충분히 풀 수 있으니까요.

2) 가벼운 선행 학습과 학습 결손을 보강하기 위한 방학용 초단기 교재로 적합합니다.

1권은 26단계, 2권은 20단계로 구성되어 있고, 단계마다 1시간 안에 풀 수 있습니다.

바쁘니까 '바빠 중학연산'이다~

바쁜 중3을 위한 빠른 중학연산 ❶권

'바빠 중학 수학' 친구들을 응원합니다!

바빠 중학 수학 게시판에 공부 후기를 올려주신 분에게
작은 선물을 드립니다.
www.easysedu.co.kr

이지스에듀

2학기 기본 문제를
한 권으로!

3학년 2학기는
'바빠 중학도형'
이다!

3학년 2학기 과정 | 삼각비, 원의 성질, 통계

중학교 3학년 2학기는 '바빠 중학도형'이다!

2학기, 제일 먼저 풀어야 할 문제집!
도형부터 통계까지 기본 문제를 한 권에 모아, 기초가 탄탄해진다!

대치동 명강사의 노하우가 쏙쏙 '바빠 꿀팁'
책에는 없던, 말로만 듣던 꿀팁을 그대로 담았다. 더욱 쉽게 이해된다!

'앗! 실수' 코너로 실수 문제 잡기!
중학생 70%가 틀린 문제를 짚어 주어, 실수를 확~ 줄여 준다!

내신 대비 '거저먹는 시험 문제' 수록
이 문제들만 풀어도 3학년 2학기 학교 시험은 문제없다!

선생님들도 박수 치며 좋아하는 책!
자습용이나 학원 선생님들이 숙제로 내주기 딱 좋은 책이다.

완전
짱!